普通高等教育"十三五"规划教材

高等院校计算机系列教材

网络安全与密码技术导论

主 编 李 浪   欧阳陈华   厉阳春

副主编 李仲生   谢新华   许琼方

U0362697

华中科技大学出版社

中国·武汉

内 容 简 介

　　本书是结合多年教学和实践经验、参考国内外有关著作而编写的一本关于网络安全与密码技术的实用教程。本书内容涵盖了网络安全与密码技术的基本概念、原理和技术,目的是使学习者通过学习,能够掌握密码技术的基本原理、密码算法的构成和加、解密过程,熟悉网络安全的技术原理和常用网络安全软件的使用方法。

　　本书内容详实、重点难点突出,所选案例具有较强的代表性,有助于学习者举一反三。全书注重理论性和实用性的结合,特别适合作为高等院校、各类职业院校及计算机培训学校相关专业的课程教材,也可作为广大网络工程技术人员的科技参考用书。

图书在版编目(CIP)数据

网络安全与密码技术导论/李浪,欧阳陈华,厉阳春主编. —武汉:华中科技大学出版社,2015.7
ISBN 978-7-5680-1110-5

Ⅰ.①网…　Ⅱ.①李…　②欧阳…　③厉…　Ⅲ.①计算机网络-安全技术　②计算机网络-密码术
Ⅳ.①TP393.08

中国版本图书馆 CIP 数据核字(2015)第 179487 号

网络安全与密码技术导论　　　　　　　　　　　李　浪　欧阳陈华　厉阳春　主编

策划编辑:朱建丽　范　莹
责任编辑:谢　婧
封面设计:原色设计
责任校对:张　琳
责任监印:周治超
出版发行:华中科技大学出版社(中国·武汉)
　　　　　武昌喻家山　　　邮编:430074　　　电话:(027)81321913
录　　排:武汉楚海文化传播有限公司
印　　刷:武汉市籍缘印刷厂
开　　本:787mm×1092mm　1/16
印　　张:17
字　　数:414千字
版　　次:2015 年 9 月第 1 版第 1 次印刷
定　　价:39.80 元

前　言

在全球信息网络化背景下,网络已经成为一种国家级的战略资源。随着人类活动对计算机网络的依赖性不断增大,使得网络安全问题更加突出,并受到越来越广泛的关注。计算机网络的安全性已成为当今信息化建设的核心问题之一。网络安全是指网络系统的硬件、软件及其系统中的数据受到保护,不因偶然的或者恶意的原因而遭受破坏、更改、泄露,系统连续可靠运行,网络服务不中断。网络安全的首要特性即保密性,它的核心技术就是密码技术,其目的是实现隐秘地传递信息。

由于网络安全和密码技术的内容非常丰富,本书按照理论教学以"必需、够用"为度,加强实践教学环节,提高学生实践动手能力的原则组织编写。全书讲究知识性、系统性、条理性、连贯性,力求激发学生学习兴趣,注重理顺各知识点之间的内在联系,精心组织内容,做到由浅入深、由易到难、删繁就简、突出重点,适合课堂教学和实践教学。

全书共分 11 章,第 1 章介绍了信息与网络安全的概念、面临的威胁、常用的网络安全管理技术和我国的信息安全管理标准和措施;第 2 章对加密技术(主要是加密算法)进行了详细的描述,介绍了一些安全认证和密码破译的方法;第 3 章主要介绍了当前几种常见的网络攻击方式和防范方法;第 4 章主要介绍了网络防火墙的概念、作用、技术和体系结构;第 5 章介绍了入侵检测系统的类型与技术,以及入侵检测技术的实施和发展方向;第 6 章讲述了计算机病毒的概念、产生和发展,以及计算机病毒的特征和传播途径,简要介绍了计算机病毒的破坏行为以及如何防御计算机病毒和查杀计算机病毒;第 7 章介绍了无线网络安全的基础知识,以及无线网络面临的安全威胁,从无线局域网、无线城域网、无线广域网三个不同的角度描绘了无线网络安全的解决方案;第 8 章介绍了 VPN 的有关知识,并详细地论述了Windows2003 下的 VPN 服务器配置过程和在 Win7 下登录 VPN 的设置过程;第 9 章针对当前严峻的网络安全形势,从 4 种常见网络行为出发,介绍了相应的安全防范措施;第 10 章介绍了大数据环境下的云计算安全和移动支付安全;第 11 章介绍了软件保护的相关知识。每个章节均配有习题和教学课件。

本书由李浪、欧阳陈华、厉阳春担任主编并统稿,李仲生、谢新华、许琼方担任副主编。其中第 1、2 章由厉阳春编写,第 3、8、10 章由欧阳陈华编写,第 4、6、9 章由谢新华编写,第5、7、11 章由许琼方编写。李浪对全书的架构进行了设计,并对全书进行了多次审校与修改,李仲生对目录与章节安排提出了指导性意见,并参与了部分内容的编写。本书的作者都是多年从事网络安全教学和密码学研究的大学教师,在编写的过程中,参考了国内外大量文献资料,结合了多年教学科研经验及成果。尽管我们再三校对,书中可能还存在错误和不足,恳请广大专家和读者指正和谅解。

　　本书不仅可以作为高等院校、各类职业院校及计算机培训学校相关专业的课程教材,还可作为网络工程技术人员的科技参考用书。同时,本书已开发好相应的教学 PPT 课件,有需要的老师可以在华中科技大学出版社的网页上下载,也可发邮件向我们索取,我们的邮箱是 lilang911@126.com。

编　者

2015 年 5 月

目　　录

第 1 章 信息安全概述

1.1 信息与网络安全概念

1.1.1 互联网的发展

20 世纪 70 年代末到 80 年代初,计算机网络蓬勃发展,各种各样的计算机网络应运而生,网络的规模和数量都得到了很大的发展。一系列网络的建设,产生了不同网络之间互联的需求,并最终导致了 TCP/IP 协议的诞生。1980 年,TCP/IP 协议研制成功。1982 年,ARPNET 开始采用 IP 协议。1986 年美国国家科学基金会 NSF 资助建成了基于 TCP/IP 技术的主干网 NSFNET,用于连接美国的若干超级计算中心、主要大学和研究机构,世界上第一个互联网产生,迅速连接到世界各地。20 世纪 90 年代,随着 Web 技术和相应浏览器的出现,互联网的发展和应用出现了新的飞跃。1995 年,NSFNET 开始商业化运行。1994年 4 月 20 日,中国科学院计算机网络信息中心 NCFC 工程通过美国 Sprint 公司连入 Internet 的 64KB 国际专线开通,实现了与 Internet 的全功能连接。从此中国被国际上正式承认为拥有全功能 Internet 的国家。

1995 年以来,互联网用户数量呈指数增长趋势,平均每半年翻一番。截止到 2013 年6 月,全球已经有超过 22 亿用户,其中中国网民数达 5.91 亿,网络普及率达 44.41%,手机网民数达 4.64 亿。随着物联网技术的发展和 4G 手机的普及,网民数量仍将以较高的速度增长。

1.1.2 计算机、网络、信息的关系

网络用来传输信息、交换信息,计算机用来处理信息、存储信息。没有计算机,网络难以完成传输信息、交换信息的任务。同样,没有网络,计算机就不能充分发挥处理信息、存储信息的作用。若没有计算机和网络,海量的信息就无法传输、处理、存储,我们这个时代也就不能称为信息时代。21 世纪,计算机、网络和信息这三个概念已变得相辅相成、不可分割,探讨和研究三者中的任何一个问题,都离不开另外两者。计算机和网络的问世和发展,是人类社会和科技进步的结果,最终落脚点是信息,因此,信息安全是我们的根本目标,但其离不开计算机和网络的安全。

1.1.3 计算机网络安全的定义

由于网络的定义有多种,所以各种关于网络与信息安全的定义也不同。有的定义说,网络安全就是保护网上保存和传输的数据不被他人偷看、窃取或修改。也有的定义为,信息安全是指保护信息财产,以防止偶然或未被授权者对信息的泄露、修改和破坏,从而导致信息的不可信或无法处理。综合来看,计算机网络安全是指利用网络管理控制和技术措施,保证

在一个网络环境里信息数据的保密性、完整性及可使用性受到保护。网络安全的主要目标是要确保经网络传送的信息,在到达目的站时没有任何增加、改变、丢失或被非法读取。具体来讲,网络安全包括以下 5 个基本要素。

(1) 机密性。确保信息不暴露给未经授权的人或应用进程。

(2) 完整性。只有得到允许的人或应用进程才能修改数据,并且能够判别出数据是否被更改。

(3) 可用性。只有得到授权的用户在需要时才可以访问数据,即使在网络被攻击时也不能阻碍授权用户对网络的使用。

(4) 可控性。能够对授权范围内的信息流向和行为方式进行控制。

(5) 可审查性(也称为不可抵赖性)。当网络出现安全问题时,能够提供调查的依据和手段,保证用户在事后无法否认曾经对信息进行的生成、签发、接收等行为。

1.2　信息安全的重要性与所面临的威胁

1.2.1　信息安全的重要性

1946 年,世界上第一台电子计算机在美国诞生后,经过 60 多年的发展,作为社会发展三要素的物质、能源和信息的关系发生了深刻的变化。在计算机技术和通信技术的推动下,信息要素已成为支配人类社会发展进程的决定性力量之一,信息关系到一个人的成长、一个单位的业务发展,甚至一个国家的生死存亡。可以这么说,我们的社会已经开始从工业化社会进入到信息化社会。

微型计算机和大容量存储技术的发展和应用,推动了信息处理的电子化;通信技术和通信协议的发展推动了信息的高速传输和信息资源的广泛共享。20 世纪 80 年代以后,特别是 20 世纪 90 年代中后期开始的互联网狂潮,彻底改变了人们获取知识、了解信息的习惯,互联网已经成为继电视、电台、报刊之后的第四大媒体,是我们获取信息、传播信息的重要载体。互联网的使用已经深入到政治、军事、文化、商务、学习和日常生活等各个领域和方面,深刻影响着社会各阶层、个人、政体,甚至国家内部及相互之间关系的思维方式、行为方式和观念的变化。

1. 社会信息化提升了信息的地位

在国民经济和社会各个领域,不断推广和应用计算机、通信、网络等信息技术和其他相关智能技术,达到全面提高经济运行效率、劳动生产率、企业核心竞争力和人民生活质量的目的。信息化是工业社会向信息社会的动态发展过程。在这一过程中,信息产业在国民经济中所占比例上升,工业化与信息化的结合日益密切,信息资源成为重要的生产要素。

2. 社会对信息技术的依赖性增强

信息化已经成为当今世界经济和社会发展的趋势,这种趋势主要表现在:信息技术突飞猛进,成为新技术革命的领头羊;信息产业高速发展,成为经济发展的强大推动力;信息网络迅速崛起,成为社会和经济活动的重要依托。

　　网络应用已从简单获取信息发展为进行学习、学术研究、休闲娱乐、情感交流、社交、获得各种免费资源、对外通信和联络、网上金融、网上购物、商务活动、追崇时尚等多元化应用。

3. 虚拟的网络财富日益增长

　　互联网的普及，使得财产的概念除金钱、实物外，又增加了虚拟的网络财富，网络账号、各种游戏装备、游戏积分、游戏币等都是人们的财产体现，而这些虚拟财产都以信息的形式在网络中流通并使用，网络信息安全直接关系到这些财产的安全，同时，这种形式的财产保护也对我们现今的法律提出了新的要求。

4. 信息安全已经成为社会的焦点问题

　　信息使用比例的增大，使得社会对信息的真实程度、保密程度和要求不断提高，而网络化又使因虚假、泄密引起的信息危害程度越来越大。如近几年的大学英语四、六级考题泄漏事件，通过网络操作的股民账户受损事件，"熊猫烧香"病毒导致计算机网络大面积瘫痪等影响都是全国性的；2013 年美国"棱镜"事件导致美国不仅与对立国家，甚至与传统盟国之间都产生了严重的隔阂。

1.2.2　信息安全所面临的威胁

　　威胁定义为对缺陷的潜在利用，这些缺陷可能导致非授权访问、信息泄漏、资源耗尽、资源被盗或者被破坏等。信息安全所面临的威胁可能来自很多方面，并且是随着时间的变化而变化的。一般而言，主要的威胁种类有如下几种。

　　(1) 窃听。在广播式网络信息系统中，每个节点都能读取网上传输的数据。对广播网络的双绞线进行搭线窃听是很容易的，安装通信监视器和读取网上的信息也很容易。网络体系结构允许监视器接收网上传输的所有数据帧而不考虑帧的传输目的地址，这种特性使得黑客等很容易窃取网上的数据或非授权访问且不易被发现。

　　(2) 假冒。当一个实体假扮成另一个实体时就发生了假冒。一个非授权节点，或一个不被信任的、有危险的授权节点都能冒充一个完全合法的授权节点，而且冒充难度不大。很多网络适配器都允许网络数据帧的源地址由节点自己来选取或改变，这就使冒充变得较为容易。

　　(3) 重放。重放是攻击方重新发送一份合法报文或报文的一部分，以使被攻击方认为自己收到的是合法的或被授权的报文。当某个节点复制另一个节点发到其他节点的报文，并在其后重发它们时，如果不能检测重发，目标节点会依据此报文的内容接受某些操作。例如，报文的内容是以前发过的口令，则将会出现严重的后果。

　　(4) 流量分析，指通过对网上信息流的观察和分析推断出网上的数据信息，例如有无传输，传输的数量、方向、频率等。因为网络信息系统的所有节点都能访问全网，所以流量的分析易于完成。由于报头信息不能被加密，所以即使对数据进行了加密处理，也可以进行有效的流量分析。

　　(5) 破坏完整性，指有意或无意地修改或破坏信息系统，或者在非授权和不能监测的方式下对数据进行修改，使得接收方得到不正确的数据。

　　(6) 拒绝服务。当一个授权实体不能获得应有的对网络资源的访问或紧急操作被延迟时，就发生了拒绝服务。拒绝服务可能由网络部件的物理损坏而引起，也可能由使用不正确的网络协议、超载或者某些特定的网络攻击引起。

（7）资源的非授权使用，即与所定义的安全策略不一致的使用。因常规技术不能限制节点收发信息，也不能限制节点侦听数据，所以一个合法节点能访问网络上的所有数据和资源，为此，必须采用某些措施加以限制。

（8）特洛伊木马，指非法程序隐藏在一个合法程序里从而达到其特定的目的（如盗取用户的敏感数据）。这可以通过替换系统合法程序，或者在合法程序里插入恶意代码来实现。

（9）病毒。目前，全世界已经发现了上万种计算机病毒，而且新型病毒还在不断出现。随着计算机技术的不断发展和人们对计算机系统和网络依赖程度的增加，计算机病毒已经对计算机和网络构成了严重威胁。

（10）诽谤，指利用网络信息系统的广泛互联性和匿名性，散布错误的消息以达到诋毁某人或某组织形象和知名度的目的。

1.2.3　信息安全问题的起源

信息安全问题是一个系统问题，而不是单一的信息本身的问题，因此要从信息系统的角度来分析组成系统的软硬件及处理过程中信息可能面临的风险。一般认为，系统风险是系统脆弱性或漏洞，以及以系统为目标的威胁的总称。系统脆弱性和漏洞是风险产生的原因，威胁或攻击是风险的结果。从另一个角度看，风险的客体是系统脆弱性和漏洞，风险的主体是针对客体的威胁或攻击。可见，当风险的因果或主客体在时空上一致时，风险就危及或破坏了系统安全，或者说信息系统处于不稳定、不安全状态中。

一个系统如果没有任何漏洞，任何攻击都不会产生影响；没有攻击，一个有漏洞甚至是较多漏洞的系统都可以安全运行。

计算机网络是目前信息处理的主要环境和信息传输的主要载体，特别是互联网的普及，给我们的信息处理方式带来了根本的变化。互联网的"无序、无界、匿名"三大基本特征也决定了网络信息的不安全性。综合起来说，信息安全的风险主要来自以下几个方面：物理因素、系统因素、网络因素、应用因素和管理因素。

1. 物理因素

计算机本身和外部设备乃至网络和通信线路面临各种风险，如各种自然灾害、人为破坏、操作失误、设备故障、电磁干扰、被盗和各种不同类型的不安全因素所致的物质财产损失、数据资料损失等。

2. 系统因素

1）硬件组件

信息系统硬件组件的安全隐患多来源于设计，如生产工艺或制造商的原因，计算机硬件系统本身有故障（如电路短路、断线）、接触不良引起系统的不稳定、电压波动的干扰等。由于这种问题是固有的，一般除在管理上强化工作弥补措施外，采用软件方法见效不大。因此，在自制硬件或选购硬件时应尽可能避免或消除这类安全隐患。

2）软件组件

软件的"后门"是软件公司的程序设计人员为了方便而在开发时预留设置的，它一方面为软件调试、进一步开发或远程维护提供了方便，但另一方面也为非法入侵提供了通道。这些"后门"一般不被外人所知，但一旦"后门"打开，其造成的后果将不堪设想。

此外,软件组件的安全隐患来源于设计和软件工程中的问题。软件设计中的疏忽可能留下安全漏洞;软件设计中的不必要的功能冗余以及软件过长、过大,不可避免地会存在安全脆弱性;软件设计不按信息系统安全等级要求进行模块化设计,会导致软件的安全等级不能达到所声称的安全级别;软件工程实现中造成的软件系统内部逻辑混乱,会导致产生垃圾软件,这种软件从安全角度看是绝对不可用的。

3. 网络因素

在当今的网络通信协议中,安全问题最多的是基于 TCP/IP 协议族的互联网及其通信协议。TCP/IP 协议族原本只考虑互通互联和资源共享的问题,并未考虑也无法兼容解决来自网络中和网际间的大量安全问题。TCP/IP 最初设计的应用环境是美国国防系统的内部网络,这一网络环境是互相信任的,在其推广到全社会的应用环境后,安全问题就发生了。概括来说,互联网网络体系存在如下几种致命的安全威胁。

1) 缺乏对用户身份的鉴别

TCP/IP 协议的机制性安全隐患之一是缺乏对通信双方真实身份的鉴别机制。由于 TCP/IP 协议使用 IP 地址作为网络节点的唯一标识,而 IP 地址的使用和管理又存在很多问题,因而可导致下列两种主要安全隐患。

(1) IP 地址是由 InterNIC 分发的,其数据包的源地址很容易被发现,且 IP 地址隐含了所使用的子网掩码,攻击者据此可以画出目标网络的轮廓。因此,使用标准 IP 地址的网络拓扑对互联网来说是暴露的。

(2) IP 地址很容易被伪造和被更改,且 TCP/IP 协议没有对 IP 包中源地址真实性的鉴别机制和保密机制。因此,互联网上任一主机都可以产生一个带有任意源 IP 地址的 IP 包,从而假冒另一个主机进行地址欺骗。

2) 缺乏对路由协议的鉴别认证

TCP/IP 协议在 IP 层上缺乏对路由协议的安全认证机制,对路由信息缺乏鉴别与保护,因此可以通过互联网,利用路由信息修改网络传输路径,误导网络分组传输。

3) TCP/UDP 的缺陷

TCP/IP 协议规定了 TCP/UDP 是基于 IP 协议上的传输协议,TCP 分段和 UDP 数据包是封装在 IP 包中在网上传输的,除可能面临 IP 层所遇到的安全威胁外,还存在 TCP/UDP 实现中的安全隐患。

(1) 建立一个完整的 TCP 连接,需要经历"三次握手"过程,在客户机/服务器模式的"三次握手"过程中,假如客户机的 IP 地址是虚假的,是不可达的,那么 TCP 不能完成该次连接所需的"三次握手",使 TCP 连接处于"半开"状态,攻击者利用这一弱点可实施如 TCP/SYN Flooding 攻击的"拒绝服务"攻击。

(2) TCP 提供可靠连接是通过初始序列号和鉴别机制来实现的。一个合法的 TCP 连接都有一个客户机/服务器双方共享的唯一序列号作为标识和鉴别。初始序列号一般由随机数发生器产生,但问题出在很多操作系统在实现 TCP 连接初始序列号的方法中,它所产生的序列号并不是真正随机的,而是一个具有一定规律、可猜测或计算的数字。对攻击者来说,猜出了初始序列号并掌握了目标 IP 地址后,就可以对目标实施 IP Spoofing 攻击,而 IP Spoofing 攻击很难检测,因此,此类攻击危害极大。

（3）由于 UDP 是一个无连接控制协议，极易受 IP 源路由和拒绝服务型攻击。

4. 应用因素

主要是指使用者的习惯及方法不正确。据统计，10 种最危险的网络行为为：浏览不明邮件附件；安装未授权应用；关闭或禁用安全工具；浏览不明 HTML 或文本消息；浏览赌博、色情或其他非法站点；公开自己的密码、令牌或智能卡信息；重要的文档没有加密；随意访问未知、不可信站点；随意填写 Web 脚本、表格或注册页面；频繁访问聊天室或社交站点。

5. 管理因素

安全大师 Bruce Schneier 说："安全是一个过程，而不是一个产品。"也就是说，单纯依靠安全设备是不够的，它是一个汇集了硬件、软件、网络、人以及他们之间的相互关系和接口的系统。

网络与信息系统的实施主体是人，安全设备与安全策略最终要依靠人才能应用与贯彻。很多单位存在安全设备设置不合理、使用管理不当、没有专门的信息安全人员、系统密码管理混乱等现象，这时，防火墙、入侵检测、VPN 等设备就无法发挥应有的作用。因此，有人将信息安全策略称为"七分管理、三分技术"。

事实上，安全是一种意识，一个过程，而不是仅通过某种技术就能实现的。进入 21 世纪后，信息安全的理念发生了巨大的变化，目前倡导一种综合的安全解决方法：针对信息的生存周期，以"信息保障"模型作为信息安全的目标，即信息的保护技术、信息使用过程中的检测技术、信息受影响或攻击时的响应技术和信息受损后的恢复技术为系统模型的主要组成元素，简称 PDRR 模型，如图 1-1 所示。从技术角度看，PDRR 模型已经包含了信息安全的各个方面，在信息生命周期的各个环节都能对信息起到安全保障的作用。但在设计信息系统安全整体解决方案时，在 PDRR 保障模型的前提下，综合信息安全管理措施，实施立体化的信息安全防护，即整体解决方案＝PDRR 模型＋安全管理。

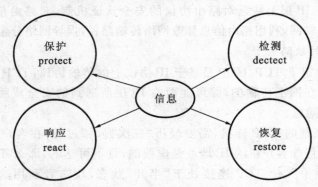

图 1-1 信息安全的 PDRR 模型

1.2.4 威胁和攻击的来源

1. 内部操作不当

当信息系统内部工作人员操作不当，特别是系统管理员和安全管理员出现管理配置的操作失误，就可能造成重大安全事故。

2．内部管理不严造成系统安全管理失控

信息系统内部缺乏健全管理制度或制度执行不力,会给内部工作人员违规和犯罪留下缝隙,其中以系统管理员和安全管理员的恶意违规和犯罪的危害最大。此外,内部人员私自安装拨号上网设备,绕过了系统安全管理控制点;内部人员利用隧道技术与外部人员实施内外勾结的犯罪,也是防火墙和监控系统难以防范的;内部工作人员的恶意违规可以造成网络和站点拥塞、无序运行,甚至导致网络瘫痪。

3．来自外部的威胁和犯罪

从外部对信息系统进行威胁和攻击的实体主要有以下三种。

1）黑客

黑客音译自英文 hacker,黑客的行为就是涉及阻挠计算机系统正常运行或利用、借助和通过复读机系统进行犯罪的行为。

2）信息间谍

信息间谍是情报间谍的派生产物。信息间谍通过信息系统组件和在环境中安装信息监听设备(具有采集信息和发送信息能力的软、硬件设备),监听或窃取包括政治、经济、军事、国家安全等各方面的情报信息。对信息系统的此类威胁一般属于国家之间或组织机构之间的对抗范畴。

3）计算机犯罪

计算机犯罪人员利用信息系统的脆弱性和漏洞,通过网络进入系统或篡改系统数据,如篡改金融账目、商务合同,或将他人信息转移到自己系统内。例如,将别人的资金转入自己账户,或者伪造、假冒政令和指令并设法逃避信息系统的安全监控,使他人蒙受经济损失、非法获取财产、损坏他人信誉,甚至造成社会混乱等犯罪行为。

1.3　常用的网络安全管理技术

针对以上所提到的网络安全问题,为了保护网络信息的安全可靠,在运用法律和管理手段的同时,还需要依靠相应的技术来加强对网络的安全管理。

1．物理安全技术

物理安全,是保护计算机网络设备、设施及其他介质免遭地震、水灾和火灾等环境事故,以及人为操作失误及各种计算机犯罪行为导致破坏的过程,主要包括环境安全、设备安全和介质安全三个方面。

2．安全隔离

传统的以太网,其信息发送采用的是广播方式,实际上就给信息"共享"打开了通道。恶意攻击者只要能够进入局域网,就可能监听所有数据通信,窃取机密。安全隔离技术的目的是在确保把有害攻击隔离在可信网络之外,并保证可信网络内部信息不外泄的前提下,完成不同网络之间信息的安全交换和共享。到目前为止,安全隔离技术已经历了以下几个发展阶段。

1）完全隔离

采用完全独立的设备、存储和线路来访问不同的网络,做到了完全的物理隔离,但需要多套网络和系统,建设和维护成本较高,一般仅适用于一些专用网络。目前,像公安系统的公安专网、军队系统的军网等专用网络采用的便是完全隔离方式。

2）硬件卡隔离

通过硬件卡控制独立存储和分时共享设备与线路来实现对不同网络的访问,多数计算机仍以单机操作为主,当需要上网时,则通过硬件卡切换到另一系统,以加强对系统数据资源的保护。目前,该技术仍然在一定范围内被使用,但存在使用不便、可用性差等问题。

3）数据转播隔离

利用转播系统分时复制文件的途径来实现隔离。该方法切换时间较长,甚至需要手工完成,不仅大大降低了访问速度,更不支持常见的网络应用,只能完成特定的基于文件的数据交换。

4）空气开关隔离

该技术通过专用通信硬件和专有交换协议等安全机制,来实现网络间的隔离和数据交换。不仅解决了以往隔离技术存在的问题,并且在网络隔离的同时实现高效的内外网数据的安全交换,它透明地支持多种网络应用,成为当前隔离技术的发展方向。

3. 访问控制

访问是使信息在不同设备之间流动的一种交互方式。访问控制决定了谁能够访问系统,能访问系统的何种资源及如何使用这些资源。适当的访问控制能够阻止未经允许的用户有意或无意地获取数据。访问控制主要是通过防火墙、交换机或路由器的使用来实现的。访问控制的手段包括用户识别代码、口令、登录控制、资源授权、授权核查、日志和审计等。

4. 加密通道

给网络通信提供加密通道,也是普遍使用的一项安全技术。随着技术的发展,目前加密通道可以建立在数据链路层、网络层、传输层甚至是应用层。它可以提供外地员工和企业内部之间、分公司和总公司之间、合作企业之间的加密通信,该技术的主要体现为 VPN 技术。

5. 入侵检测与保护

入侵检测与保护技术是近年来发展迅速的一种安全技术。我们知道,防火墙是最早被采用的访问控制措施,但由于防火墙"防外不防内"的先天性弱点,加上防火墙对实时入侵行为识别及反应能力的限制,使得入侵检测和保护技术成为整体安全解决方案中必不可少的一部分。

入侵检测与保护技术,即通过在计算机网络或计算机系统的关键点采集信息进行分析,从中发现网络或系统中是否有违反安全策略和行为和被攻击的迹象,如果发现存在被攻击的迹象,则启动主动保护措施,在网络或系统的关键位置采取阻断措施,阻止入侵行为的继续。

6. 安全扫描

安全扫描是一种主动的防御手段,可以真正了解网络当前的安全状况,对网络整体的安全状况进行有效的评估。扫描工具分为基于网络的扫描器和基于主机的扫描器,不管是哪种扫描工具,其扫描效果如何,取决于扫描规则的完备和更新程度,因此,要最大限度发挥安全扫描工具的作用,对扫描规则库进行及时更新是起码的要求。

7. 蜜罐技术

蜜罐（honeypot）是一种计算机网络中专门为吸引并"诱骗"那些试图非法入侵他人计算机系统的人而设计的"陷阱"系统，是一种被侦听、被攻击或已经被入侵的资源。蜜罐只是一种工具，是对系统和应用的仿真，可以创建一个能够将攻击者困在其中的环境，它不仅可以转移入侵者的攻击，保护用户的主机和网络不受入侵，而且可以为入侵的取证提供重要的线索和信息。

8. 灾难恢复和备份技术

灾难恢复技术，也称为业务连续性技术，是信息安全领域一项重要的技术。它能够为重要的计算机系统提供在断电、火灾等各种意外事故发生时，甚至在如洪水、地震等严重自然灾害发生时保持持续运行的能力。对企业和社会关系重大的计算机系统都应当采用灾难恢复技术予以保护。

进行灾难恢复的前提是对数据的备份，之所以要进行数据备份，是因为现实生活中有人为或非人为因素造成的意外的或不可预测的灾难发生，其中包括计算机或网络系统的软硬件故障，人为操作故障，资源不足引发的计划性停产，生产场地的灾难。

1.4　信息安全研究的主要领域

为了应对日益严峻的信息安全威胁，信息安全技术的研究有了长足的发展，主要包括以下几个研究领域。

1. 密码学

密码学是信息安全最重要的基础理论之一。现代密码学主要由密码编码学和密码分析学两部分组成。密码学是主要基于数学的密码理论与技术。基于数学的现代密码研究大致可以分为三类：私钥密码、公钥密码和 Hash 函数。事实上，为了实现密码的隐蔽性和可解密性，对密码的加密和解密都有很高、很复杂的要求。以私钥密码为例，如果 y 为 x 经过密钥 k 作用生成的密文，即 $y = Ek(x)$，那么从方程 $y = Ek(x)$ 或者 $x = Dk(y)$ 中求出密钥 k 是计算上不可行的。虽然设计密码有如此高的要求，但是这并不表示这样设计出来的密码就是绝对安全的，自古以来，信息窃取者通过各种手段窃取到经过加密的信息的例子不胜枚举。从理论上讲，"一次一密"是最安全的，因此，如果能以某种方式效仿"一次一密"密码，则将得到保密性非常高的密码。如果"一次一密"密码的仿效能取得比较大的突破，信息的安全性将得到很大的提高。

2. 网络安全

网络安全研究主要包括两部分：网络自身的安全性和网络信息的安全性。相信我们绝大多数人都受过网络入侵的危害，如垃圾邮件、电脑病毒等。近年来，随着信息技术的飞速发展，网络蠕虫、木马、分布式拒绝服务攻击以及间谍软件等技术与僵尸网络结合在一起，利用网络及信息系统的诸多漏洞，给互联网安全造成了严重的威胁。网络应急响应技术随之发展起来。网络应急响应技术主要包括：网络及系统漏洞挖掘、大规模网络特征模拟和描述、开发建设信息共享与分析中心 ISACISAC、安全事件预案系统、大型网络安全事件协同预警定位与快速隔离控制算法、联动系统、备份与恢复系统等。网络应急响应技术的发展虽然在一定程度上限制了网络入侵的发生,但入侵技术也在不断地升级和完善来增强其攻击性。为了保证信息的绝对安全,在必要的时候,我们需要以攻为守。为了提高信息的安全性和工作效率,政府、军队等部门的关键信息也通过政务系统、指挥自动化系统处于网络共享状态,而这些网络不同于公共网络,处于一个封闭的可信的环境中。但是,根据美国统计局统计的数据,大约80%的攻击来自系统内部。由此看来,可信网络环境并不可信,可信网络环境支撑技术还需要我们进一步的优化和完善。

3. 系统安全

系统安全主要包括操作系统安全、访问控制技术、数据库安全、主机安全审计及漏洞扫描、计算机病毒检测和防范等方面,也是信息安全研究的重要发展方向。

4. 信息隐藏

信息隐藏可以分为隐蔽信道技术和多媒体信息隐藏技术。其中隐蔽信道可以进一步分为阈下信道和隐信道,多媒体信息隐藏术则可分为隐写术和数字水印两个主要方向。

5. 安全基础设施

所谓安全基础设施,就是为整个系统提供安全保障的基本框架。它将保障安全所必需的安全功能有机地集合到一起,系统中任何需要安全保护的实体部分都可以自由地使用它。现在,最被认可的安全基础设施就是主要用于产生、发布和管理密钥及证书的基础设施——PKI。

6. 灾难备份

灾难备份与恢复是信息安全的重要手段和最后手段。它旨在用来保障数据的安全,使数据能在任何情况下都具有可使用性。常用的备份策略主要包括完全备份、增量备份和差分备份等。其中,增量备份是指每次备份的数据只是相当于上一次备份后增加和修改过的数据,而差分备份是指每次备份的数据只是相当于上一次全备份之后新增加和修改过的数据。为了保障网络信息的安全,必须采取一定的安全措施,合理备份,如备份系统软件,备份其他资料。还可以用一些不连入网络和局域网以外的计算机进行存储备份。

1.5 信息安全管理

1.5.1 信息安全管理标准

随着世界范围内信息化水平的不断发展和贸易全球一体化的不断普及和深入,信息系统在商业和政府组织中得到了广泛应用。许多组织对其信息系统不断增长的依赖性,加上在信息系统上运作业务的风险、收益和机会,使得信息安全管理成为企业管理越来越关键的一部分;在很多的场合,它已经成为一个组织生死存亡或贸易亏盈成败的决定性因素,因此信息安全逐渐成为人们关注的焦点。如何保障信息安全在世界范围都得到了很多关注,各相关部门和研究机构也纷纷投入相当的人力、物力和资金试图解决信息安全问题。

安全是一种"买不到"的东西。打开包装箱后即插即用并提供足够安全水平的安全防护体系是不存在的,因此,一些企业虽然安装了一些安全产品,但并不等于拥有了一个真正的安全体系。相关调查数据显示,超过75%的信息系统泄密和恶意攻击事件都是人为造成的,即由于信息安全管理的缺位而造成的。而技术本身实际上只是信息安全体系里的一小部分。一项技术不管多先进,都只是辅助实现信息安全的手段而已。大部分的信息安全管理专家认为技术并不是不重要,但在信息安全的架构里,它一定要在好的信息安全管理的基础上才能发挥作用,所以在业界素有"三分技术,七分管理"的说法。

正是在这样的世界大环境和学术界共同认同的原则下,各国的研究机构都纷纷开始研究和制定信息安全管理、风险评估、信息安全技术的标准,而英国标准化协会(BSI),这个在全世界标准界颇负盛名的机构,在成功地为 ISO9000、ISO14000、OHSAS18000 等世界著名的标准打好基础后,又一次在信息安全管理领域拔得头筹,其制定的 BS7799 信息安全管理标准又一次成为国际上最具权威和最具代表性的标准。

该标准的正文规定了 127 个安全控制措施来帮助组织识别在运作过程中对信息安全有影响的元素,组织可以根据适用的法律法规和章程加以选择和使用,或者增加其他附加控制。这 127 个控制措施被分成 10 个方面,成为组织实施信息安全管理的实用指南。

(1) 安全方针:制定信息安全方针,为信息安全提供管理指导和支持。

(2) 组织安全:建立信息安全基础设施,来管理组织范围内的信息安全,维持被第三方所访问的组织的信息处理设施和信息资产的安全,以及当信息处理外包给其他组织时,维护信息的安全。

(3) 资产的分类与控制:核查所有信息资产,以维护组织资产的适当保护,并做好信息分类,确保信息资产受到适当程度的保护。

(4) 人员安全:注意工作职责定义和人力资源中的安全,以减小人为差错、盗窃、欺诈或误用设施的风险;做好用户培训,确保用户知道信息安全威胁和事务,并准备好在其正常工作过程中支持组织的安全政策;制订对安全事故和故障的响应流程,使安全事故和故障的损害减到最小,并监视事故和从事故中学习。

(5) 物理和环境的安全:定义安全区域,以避免对业务办公场所和信息的未授权访问、损坏和干扰;保护设备的安全,防止信息资产的丢失、损坏或泄露和业务活动的中断;同时还要做好一般控制,以防止信息和信息处理设施的泄露或盗窃。

(6) 通信和操作管理:制定操作规程和职责,确保信息处理设施的正确和安全操作;建立系统规划和验收准则,将系统故障的风险减低到最小;防范恶意软件,保护软件和信息的完整性;建立内务规程,以维护信息处理和通信服务的完整性和可用性;确保信息在网络中的安全,以及保护其支持基础设施;建立媒体处置和安全的规程,防止资产损坏和业务活动的中断;防止信息和软件在组织之间交换时丢失、修改或误用。

(7) 访问控制:制定访问控制的业务要求,以控制对信息的访问;建立全面的用户访问管理,避免信息系统的未授权访问;让用户了解他对维护有效访问控制的职责,防止未授权用户的访问;对网络访问加以控制,保护网络服务;建立操作系统级的访问控制,防止对计算机的未授权访问;建立应用访问控制,防止未授权用户访问保存在信息系统中的信息;监视系统访问和使用,检测未授权的活动;当使用移动计算和远程工作时,也要确保信息安全。

(8) 系统开发和维护:标明系统的安全要求,确保安全被构建在信息系统内;控制应用系统的安全,防止应用系统中用户数据的丢失、被修改或误用;使用密码控制,保护信息的保密性、真实性或完整性;控制对系统文件的访问,确保按安全方式进行 IT 项目和支持活动;

严格控制开发和支持过程,维护应用系统软件和信息的安全。

(9) 业务持续性管理:目的是减少业务活动的中断,使关键业务过程免受主要故障或天灾的影响。

(10) 符合性:信息系统的设计、操作、使用和管理要符合法律要求,避免任何犯罪、违反民法、违背法规、规章或合约义务以及任何安全要求;定期审查安全政策和技术符合性,确保系统符合组织安全政策和标准;控制系统审核,使系统审核过程的效力最大化,干扰最小化。

1.5.2 我国在信息安全管理标准方面采取的措施

政府部门以及各行各业已经认识到了信息安全的重要性。政府部门出台了一系列相关策略,直接牵引、推进信息安全的应用和发展。由政府主导的各大信息系统工程和信息化程度要求非常高的相关行业,也开始出台对信息安全技术产品的应用标准和规范。国务院信息化工作小组最近颁布的《关于我国电子政务建设指导意见》也强调了电子政务建设中信息系统安全的重要性;中国人民银行正在加紧制定网上银行系统安全性评估指引,并明确提出对信息安全的投资要达到 IT 总投资的 10% 以上,而在其他一些关键行业,信息安全的投资甚至已经超过了 IT 总预算的 30%～50%。

2002 年 4 月,我国成立了"全国信息安全标准化技术委员会(TC260)",该委员会是在信息安全的专业领域内,从事信息安全标准化工作的技术工作组织。信息安全标委会设置了 10 个工作组,其中信息安全管理(含工程与开发)工作组(WG7)负责对信息安全的行政、技术、人员等管理,提出规范要求及指导指南,它包括信息安全管理指南、信息安全管理实施规范、人员培训教育及录用要求、信息安全社会化服务管理规范、信息安全保险业务规范框架和安全策略要求与指南。目前,WG7 正在着手制定推荐性国家标准《信息技术信息安全管理实用规则》,该标准的采用程度为等同采用标准,也就是说,该标准与 ISO/IEC 17799 相同,除了纠正排版或印刷错误、改变标点符号、增加不改变技术内容的说明和指示之外,不改变标准技术的内容。

1.5.3 信息安全管理体系的实施

BS7799-2:2002 标准详细说明了建立、实施和维护信息安全管理系统(ISMS)的要求,指出实施组织需遵循某一风险评估来鉴定最适宜的控制对象,并根据自己的需求采取适当的控制。本部分提出了建立信息安全管理体系的步骤。

1) 定义信息安全策略

信息安全策略是组织信息安全的最高方针,需要根据组织内各个部门的实际情况,分别制订不同的信息安全策略。例如,规模较小的组织单位可能只有一个信息安全策略,并适用于组织内所有部门、员工;而规模大的集团组织则需要制订一个信息安全策略文件,分别适用于不同的子公司或各分支机构。信息安全策略应该简单明了、通俗易懂,并形成书面文件,发给组织内的所有成员。同时要对所有相关员工进行信息安全策略的培训,对信息安全负有特殊责任的人员要进行特殊的培训,以使信息安全方针真正植根于组织内所有员工的脑海并落实到实际工作中。

2）定义 ISMS 的范围

ISMS 的范围确定需要重点进行信息安全管理的领域，组织需要根据自己的实际情况，在整个组织范围内，或者在个别部门或领域构架 ISMS。在本阶段，应将组织划分成不同的信息安全控制领域，以易于组织对有不同需求的领域进行适当的信息安全管理。

3）进行信息安全风险评估

信息安全风险评估的复杂程度将取决于风险的复杂程度和受保护资产的敏感程度，所采用的评估措施应该与组织对信息资产风险的保护需求相一致。风险评估主要对 ISMS 范围内的信息资产进行鉴定和估价，然后对信息资产面对的各种威胁和脆弱性进行评估，同时对已存在的或规划的安全管制措施进行鉴定。风险评估主要依赖于商业信息和系统的性质、使用信息的商业目的、所采用的系统环境等因素，组织在进行信息资产风险评估时，需要将直接后果和潜在后果一并考虑。

4）信息安全风险管理

根据风险评估的结果进行相应的风险管理。信息安全风险管理主要包括以下几种措施。

（1）降低风险：在考虑转嫁风险前，应首先考虑采取措施降低风险。

（2）避免风险：有些风险很容易避免，例如，通过采用不同的技术、更改操作流程、采用简单的技术措施等。

（3）转嫁风险：通常只有当风险不能被降低或避免，且被第三方（被转嫁方）接受时才被采用。一般用于那些小概率的但一旦发生时会对组织产生重大影响的风险。

（4）接受风险：用于那些在采取了降低风险和避免风险措施后，出于实际和经济方面的原因，只要组织进行运营，就必然存在并必须接受的风险。

5）确定管制目标和选择管制措施

管制目标的确定和管制措施的选择原则是费用不超过风险造成的损失。由于信息安全是一个动态的系统工程，组织应实时对选择的管制目标和管制措施加以校验和调整，以适应情况变化，使组织的信息资产得到有效、经济、合理的保护。

6）准备信息安全适用性声明

信息安全适用性声明记录了组织内相关的风险管制目标和针对每种风险所采取的各种控制措施。准备信息安全适用性声明，一方面是为了向组织内的员工声明对信息安全面对的风险的态度，在更大程度上则是为了向外界表明组织的态度和作为，表明组织已经全面、系统地审视了组织的信息安全系统，并将所有有必要管制的风险控制在能够被接受的范围内。

1.5.4　安全评价标准

在很长一段时间里，计算机系统的安全性依赖于计算机系统的设计者、使用者和管理者对安全性的理解和所采取的措施，因此所谓安全的计算机对于不同的用户有不同的标准和实际安全水平。为了规范对计算机安全的理解和实际的计算机安全措施，许多发达国家相继建立了用于评价计算机系统的可信程度的标准。

1）可信计算机系统评估准则

为了保障计算机系统的信息安全，1985 年，美国国防部发布了《可信计算机系统评估准则》，它依据处理的信息等级采取相应的对策，划分了 4 类 7 个安全等级。依照各类、级的安全要求从低到高，依次是 D、C1、C2、B1、B2、B3 和 A1 级。

（1）D 级：最低安全保护。没有任何安全性防护，如 DOS 和 Windows 95/98 等操作系统。

（2）C1 级：自主安全保护。这一级的系统必须对所有的用户进行分组；每个用户必须注册后才能使用；系统必须记录每个用户的注册活动；系统对可能破坏自身的操作将发出警告。用户可保护自己的文件不被别人访问，如典型的多用户系统。

（3）C2 级：可控访问保护。在 C1 级基础上，增加了以下要求：所有的客体都只有一个主体；对于每个试图访问客体的所有权，都必须检验权限；只有主体和主体指定的用户才可以更改权限；管理员可以取得客体的所有权，但不能再归还；系统必须保证自身不能被管理员以外的用户改变；系统必须有能力对所有的操作进行记录，并且只有管理员和由管理员指定的用户可以访问该记录。具备审计功能，不允许访问其他用户的内存内容和恢复其他用户已删除的文件。SCO UNIX 和 Windows NT 系统属于 C2 级系统。

（4）B1 级：标识的安全保护。在 C2 的基础上，增加以下要求：不同组的成员不能访问对方创建的客体，但经管理员许可的除外；管理员不能取得客体的所有权；允许带级别的访问控制，如一般、秘密、机密、绝密等。Windows NT 的定制版本可以达到 B1 级。

（5）B2 级：结构化保护。在 B1 的基础上，增加以下几条要求：所有的用户都被授予一个安全等级；安全等级较低的用户不能访问高等级用户创建的客体。银行的金融系统通常达到 B2 级，提供结构化的保护措施，对信息实现分类保护。

（6）B3 级：安全域保护。在 B2 的基础上增加以下要求：系统有自己的执行域，不受外界干扰或篡改；系统进程运行在不同的地址空间从而实现隔离；具有高度的抗入侵能力，可防篡改，进行安全审计事件的监视，具备故障恢复能力。

（7）A1 级：可验证设计。在 B3 的基础上，增加以下要求：系统的整体安全策略一经建立便不能修改；计算机的软、硬件设计均基于正式的安全策略模型，可通过理论分析进行验证；生产过程和销售过程也绝对可靠，但目前尚无满足此条件的计算机产品。

2）多用户操作系统最低限度安全要求

上述标准过分强调了保密性，而对系统的可用性和完整性重视不够，因此实用性较低。为此，美国 NIST 和美国国家安全局于 1993 年为那些需要十分重视计算机安全的部门制定了一个"多用户操作系统最低限度安全要求"，其中为系统安全定义了 8 种特性。

（1）识别和验证：系统应该建立和验证用户身份，这包括用户应提供一个唯一的用户标识符，使系统可用它来确认用户身份；同时用户还需提供系统知晓的确认信息，如一个口令，以便系统确认。系统应具有保护这些鉴别信息不被越权访问的能力。

（2）访问控制：系统应确保履行其职责的用户和过程不能对其未授权的信息或资源进行访问；系统访问控制的粒度应为单个用户；识别和验证应在系统和用户的其他交互动作之前进行；对系统和资源其他资源的访问应限于获得相应访问权的用户。

（3）可查性：系统应保证将与用户行为相关的信息或用户动作的过程与相应用户建立

联系,以具备对用户的行为进行追查的能力;系统应为安全事件和不当行为的事后调查保存足够的信息,并为所有重要事件提供具有单个用户粒度的可查性;系统应有能力保护这些日志信息不被越权访问。

(4) 审计:系统应提供机制,以判断违反安全的事件是否真的发生,以及这些事件危及哪些信息或资源。

(5) 客体再用:系统应确保资源在保持安全的情况下能被再用;分配给一个用户的资源不应含有系统或系统其他用户前使用过的相关信息。

(6) 准确度:系统应具备区分系统以及不同单个用户信息的能力。

(7) 服务的可靠性:系统应确保在被授权的实体请求时,资源能够被访问和使用,即系统或任何用户对资源的占用是有限度的。

(8) 数据交互:系统应能确保在通信信道上传输的数据的安全。

这 8 种安全特性比较全面地反映了现代计算机信息系统的安全需求,即要求系统用户是可区分的,系统资源是可保护的,系统行为是可审计的。

习　题　1

1. 什么是信息安全? 信息安全有什么重要意义?
2. 当今世界的信息安全面临着哪些威胁?
3. 当前有哪些技术可以用于信息安全?
4. 如何判断一个信息系统是否安全? 信息安全的划分标准是什么?

第 2 章　信息加密技术

信息的加密变换是目前实现信息系统安全的主要手段,利用不同的加密技术可以对信息进行变换,从而实现信息的保密和隐藏。信息加密技术是信息安全的基础内容。

2.1　加密技术概述

研究信息加密和解密变换的学科称为密码学,密码学是信息保密技术的核心。

长期以来,由于密码技术的隐秘性,应用一般局限于政治、经济、军事、外交、情报等重要部门,密码学鲜为人知。进入 20 世纪 80 年代后,随着计算机网络,特别是互联网的普及,密码学得到了广泛重视,如今密码技术不仅服务于信息的加密和解密,还是身份认证、访问控制、数字签名等多种安全机制的基础。

一般来说,信息安全主要包括系统和数据安全两个方面。系统安全一般采用访问控制、防火墙、防病毒及其他安全防范技术等措施,是属于被动型的安全措施;数据安全则主要采用现代密码技术对数据进行主动的安全保护,如数据保密、数据完整性、身份认证等技术。

密码技术,也称为加密技术(因为有加密,肯定有相对应的解密),包括密码算法设计、密码分析、安全协议、身份认证、消息确认、数字签名、密钥管理等技术,是保护大型网络传输信息安全的唯一手段,是保障信息安全的核心技术。它以很小的代价,为信息提供一种强有力的安全保护。

2.1.1　加密技术一般原理

1) 基本概念

加密技术的基本思想就是伪装信息,使非法接入者无法理解信息的真正含义。这里,伪装就是对信息进行一组可逆的数学变换。我们称伪装前的原始信息为明文,经伪装后的信息为密文,伪装的过程为加密。其中,加密在加密密钥的控制下进行,用于对信息进行加密的一组数学变换称为加密算法。发信端将明文数据加密成为密文,然后将密文数据通过数据通信网络传送给收信端或归档保存。授权的接收者收到密文数据后,进行与加密相逆的变换操作,解除密文信息的伪装恢复出明文,这一过程称为解密。同样,解密也是在解密密钥的控制下进行的,用于解密的一组数学变换称为解密算法。

为了有效控制加密、解密算法的实现,在这些算法的实现过程中,需要有某些只被通信双方所掌握的专门的、关键的信息参与,这些信息就称为密钥。加密在许多场合中集中表现为对密钥的应用,因此密钥往往是保密与窃密的主要对象。

借助加密手段,信息以密文的方式归档存储在计算机中,或通过数据通信网络进行传输,因此即使发生非法截取数据或因系统故障和操作人员误操作而造成数据泄漏,未授权者也不能理解数据的真正含义,从而达到了信息保密的目的。同理,未授权者也不能伪造合理的密文数据达到篡改信息的目的,进而确保了数据的真实性。

2)加密算法分类

(1)按照密钥是否相同或类似,加密算法可分为对称密钥密码体制(也称为单钥密码体制)和非对称密钥密码体制(也称为双钥密码体制)等两类。对称密钥密码体制是从传统的简单替换发展而来的,其加密密钥和解密密钥相同,或实质上等同(即从一个可以简单推算出另外一个);若加密密钥和解密密钥不相同,从其中一个难以推算出另一个,则称为非对称密钥密码体制。

(2)按加密模式,加密算法可分为序列密码和分组密码等两大类。序列密码每次加密 1 位或 1 字节的明文,也称为流密码;分组密码将明文分成固定长度的组,用同一密钥和算法对每一组加密,输出的也是固定长度的密文。

3)保密通信系统模型

一个保密通信系统模型如图 2-1 所示,它的组成为明文消息空间 M,密文消息空间 E,密钥空间 K1 和 K2。

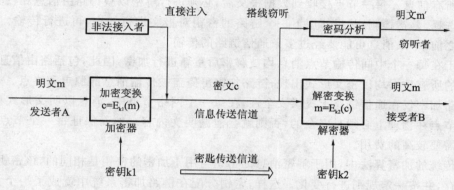

图 2-1 保密通信系统模型

若 K1=K2,或者通过 K1 很容易得到 K2,也就是说,K1 和 K2 本质上是相同的,则称为单钥密码体制,或对称密钥密码体制。此时,密钥需由安全的密钥信道发送给接收方。

若 K1≠K2,且通过 K1 很难计算得到 K2(称为在计算上不可行),则称为双钥密码体制,或称不对称密钥密码体制。此时,通信双方均有自己的密钥。

加密变换 $E_{k1} \in E, M \rightarrow E$,其中 $k1 \in K1$,由加密器完成。

解密变换 $D_{k2} \in D, E \rightarrow M$,其中 $k2 \in K2$,由解密器实现。

称总体$(M, E, K1, K2, E_{k1}, D_{k2})$为保密通信系统。对于给定的明文消息 $m \in M$,密钥 $k1 \in K1$,加密变换将明文 m 变换为密文 c,即 $c = f(m, k1) = E_{k1}, m \in M, k1 \in K1$。

接收端利用经由安全通道得到的密钥 k(单钥体制下)或用本地密钥发生器产生的解密钥 $k2 \in K2$(双钥体制下)控制解密操作 D,对收到的密文进行变换,得到恢复的明文消息 $m = D_{k2}, m \in M, k2 \in K2$。对于密码分析来说,可用其选定的变换函数 h,对截取的密文 c 进行变换,得到的明文是明文空间的某个元素 $m' = h(c)$,一般情况下 $m' \neq m$。

在系统模型中,存在窃听和非法接入两个环节,这两个环节代表了目前黑客攻击采用的两大攻击模式,即被动攻击和主动攻击。

被动攻击(passive attack)是指通过截取保密系统的密文时进行分析的一类攻击行为；而主动攻击(active attack)则是指非法入侵者、攻击者或黑客利用删除、增添、重放伪造等篡改手段主动向系统发起攻击(如注入假消息)的行为总称。主动攻击是现代信息系统面临的更为棘手的问题。

2.1.2　信息加密方式

在网络安全领域，网络数据加密是解决通信网中信息安全的有效方法。网络数据加密常见的方式有链路加密、节点加密和端到端加密三种。可以通过软件或硬件的方式来实现这三种加密方式。各种信息系统在建设时，可以根据各自的安全需要、资金状况选择使用不同的加密方式。

1) 链路加密

链路加密是对网络中两个相邻节点之间传输的数据进行加密保护的方法。

在链路加密方式中，所有消息在被传输之前进行加密，包括数据报文正文、路由信息、校验和等所有信息。每一节点接收到数据报文后，必须进行解密以获得路由信息和校验和，进行路由选择、差错检测，然后使用下一个链路的密钥对报文进行加密，再进行传输。在到达目的地之前，一条消息可能要经过多条通信链路的传输。

由于在每一个中间传输节点消息均被解密后重新进行加密，因此，包括路由信息在内的链路上的所有数据均以密文形式出现，链路加密可掩盖被传输消息的源点和终点。

链路加密仅在通信链路上提供安全性，在每一个网络节点中，消息以明文形式存在，因此所有节点在物理上必须是安全的，否则就会泄漏明文内容。然而保证每一个节点的安全性一般需要较高的费用。

在传统的加密算法中，用于解密消息的密钥与用于加密的密钥是相同的，该密钥必须被秘密保存，并按一定规则进行变化。这样，密钥分配在链路加密系统中就成了一个大问题，因为每一个节点必须存储与其相邻的所有链路的加密密钥，这就需要对密钥进行物理传送或建立专用网络设施。网络节点地理分布的广阔性使这一过程变得复杂，同时增加了密钥连续分配时的费用。

2) 节点加密

节点加密是指在信息传输路过的节点处进行解密和加密。尽管节点加密能给网络数据提供较高的安全性，但它在操作方式上与链路加密是类似的：两者均在通信链路上为传输的消息提供安全性保障，在中间节点先对消息进行解密，然后进行加密。因为要对所有传输的数据进行加密，所以加密过程对用户是透明的。然而，与链路加密不同的是，节点加密不允许消息在网络节点以明文形式存在，它先把收到的消息进行解密，然后采用加一个不同的密钥进行加密，这一过程是在节点上的一个"安全模块"中进行的。

节点加密要求报头和路由信息以明文形式传输，以便中间节点能得到如何处理消息的信息。因此，这种方法对于防止攻击者分析通信业务是脆弱的。节点加密与链路加密有共同的缺点：需要网络提供者修改交换节点，增加安全模块或保护装置。

3) 端到端加密

端到端加密是指对用户之间的数据连续地提供保护的方法。端到端加密允许数据在从源点到终点的传输过程中始终以密文形式存在。采用端到端加密,消息在被传输时到达终点之前不进行解密,因为消息在整个传输过程中均受到保护,所以即使有节点被损坏也不会使消息泄漏。

端到端加密系统的价格便宜,且与链路加密或节点加密相比更可靠,更容易设计、实现和维护。端到端加密还避免了其他加密系统所固有的同步问题,因为每个报文包均是独立并加密的,所以一个报文包所发生的传输错误不会影响后续的报文包。此方法只需要源和目的节点是保密的即可。

端到端加密系统通常不允许对消息的目的地址进行加密,这是因为每一个消息所经过的节点都要用此地址来确定如何传输消息。由于这种加密方法不能掩盖被传输消息的源点和终点,因此它对于防止攻击者分析通信业务是脆弱的。

2.2　对称加密算法

2.2.1　古典加密算法

代码密码、替换密码、变位加密等都是基于统计特性的加密方法,此类加密方法,不能称之为科学,而只能算是一种艺术,而基于统计特性,也正是这类加密方法的致命缺陷。为了提高保密强度,可将这几种加密算法结合使用,形成秘密密钥加密算法。由于可以采用计算机硬件和软件相结合来实现加密和解密,算法的结构可以很复杂,有很长的密钥,使破译很困难,甚至不可能。由于算法难以破译,可将算法公开,攻击者得不到密钥,也就不能破译,因此这类算法的保密性完全依赖于密钥的保密,且加密密钥和解密密钥完全相同或等价,故又称为对称密钥加密算法,其通信模型如图 2-2 所示,其加密模式主要有序列密码和分组密码两种方式。

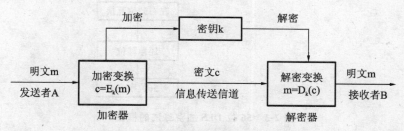

图 2-2　对称密钥密码体制的通信模型

2.2.2　DES 算法

DES 算法是由 IBM 公司的 W. Tuchman 和 C. Meyer 于 1972 年研制成功的,1976 年11 月,该算法被美国政府采用,随后被美国国家标准局和美国国家标准协会(American National Standard Institute,ANSI)承认。1977 年 1 月以数据加密标准(Data Encryption Standard,DES)的名称正式向社会公布,并于 1977 年 7 月 15 日生效。之后,DES 成为金融界及其他非军事行业应用最为广泛的对称加密标准。DES 是分组密码的典型代表,也是第一个被公布出来的标准算法。DES 的算法是完全公开的,这在密码学史上开创了先河,虽然美国政府已经用新的数据加密标准 AES 取代了 DES,但 DES 在现代分组密码理论的发展和应用中起到了决定性作用,DES 的理论和设计思想仍有重要的参考价值。

1) DES 算法描述

DES 是一个 16 轮的 Feistel 型结构密码,它的分组长度为 64 位,用一个 56 位的密钥来加密一个 64 位的明文串,输出一个 64 位的密文串。其中,使用密钥为 64 位的,实际上用 56 位,另 8 位(第 8,16,24,32,40,48,56,64 位)用做奇偶校验。加密的过程是,先对 64 位明文分组进行初始置换,然后分左、右两部分分别经过 16 轮迭代,然后再进行循环移位与变换,最后进行逆变换得出密文。加密与解密使用相同的密钥,因而它属于对称密码体制。

假设输入的明文数据是 64 位。首先经过初始置换 IP 后把其左半部分 32 位记为 $L0$,右半部分 32 位记为 $R0$,即成了置换后的输入;然后把 $R0$ 与密钥产生器产生的子密钥 $k1$ 进行运算,其结果计为 $f(R0,k1)$;再与 $L0$ 进行模 2 加得到 $L0f(R0,k1)$,把 $R0$ 记为 $L1$ 放在左边,而把 $L0f(R0,k1)$ 记为 $R1$ 放在右边,从而完成了第一轮迭代运算。在此基础上,重复上述的迭代过程,一直迭代至第 16 轮。所得的第 16 轮迭代结果左右不交换,即 $L15f(R15,k16)$ 记为 $R16$,放在左边,而 $R15$ 记为 $L16$ 放在右边,成为预输出,最后经过初始置换的逆置换 IP-1 运算后得到密文。DES 加密算法的框图如图 2-3 所示。

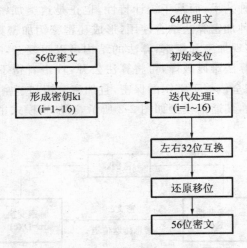

图 2-3 56 位 DES 加密算法的框图

2) DES 加密算法对明文的加密过程

(1) 将长的明文分割成 64 位的明文段,逐段加密。将 64 位明文段首先进行与密钥无关的初始变位处理。

(2) 初始变位后的结果,要进行 16 次迭代处理,每次迭代的算法相同,但参与迭代的密钥不同,密钥共 56 位,分成左右两个 28 位,第 i 次迭代用密钥 ki 参加操作,第 i 次迭代后,左右 28 位的密钥都作循环移位,形成第 $i+1$ 次迭代的密钥。

(3) 经过 16 次迭代处理后的结果进行左、右 32 位的互换位置操作。

(4) 将结果进行一次与初始变位相逆的还原变换处理得到了 64 位的密文。

　　上述加密过程中的基本运算包括变位、替换和"异或"运算。DES 算法是一种对称算法,既可用于加密,也可用于解密。解密的过程和加密的相似,但密钥使用顺序刚好相反。

　　3）DES 算法的安全性

　　由于 DES 算法是公开的,因此其保密性仅取决于对密钥的保密。DES 算法的密钥长度为 56 位,56 位长的密钥意味着有 2^{56} 种可能的密钥,也就是说,共有 7.2×10^{16} 种密钥,假设一台计算机 1 μs 可执行一次 DES 加密,同时假定平均只需搜索密钥空间的一半即可找到密钥,则破译 DES 要超过 1000 年的时间。因此,在 DES 刚成为标准的时候,就当时的计算机水平来讲,在计算机上破解 DES 的密钥是不可行的,因此,认为 DES 算法是安全的。

　　但是随着现代计算机软硬件水平的提高,网络和分布式计算机技术的出现,DES 算法面临着严重的挑战。在 1999 年有人借助一台价格不到 25 万美元的专用计算机,用略多于22 小时的时间就破译了 56 位密钥的 DES。若用价格为 100 万美元或 1000 万美元的计算机,则预期的搜索时间分别为 3.5 小时或 21 分钟。

　　4）三重数据加密标准

　　1979 年,在 DES 的使用过程中 IBM 已经意识到 DES 的密钥长度太短,不足以保证加密的安全性,于是设计了一种能够有效增加加密安全性的算法,即三重数据加密标准(Triple DES,3DES)的加密标准。

　　3DES 使用两个密钥,并执行三次 DES 算法。使用两个密钥的原因是考虑到密钥长度对系统的开销,两个 DES 密钥加起来的长度为 112 位,这对于商业应用已经足够了。如果使用三个密钥,其长度达到 168 位,对系统的要求将会提高。3DES 加密过程可以用"加密→解密→加密"来描述,即第一步按照常规方式用第一个密钥 k1 对明文执行 DES 加密,第二步利用第二个密钥 k2 对第一步中的加密结果进行解密,第三步使用密钥 k1 对第二步的结果进行 DES 加密,得到最终的密文。3DES 的解密过程为"解密→加密→解密",所使用的密钥分别为 k1、k2、k1。3DES 的加密和解密过程如图 2-4 所示。

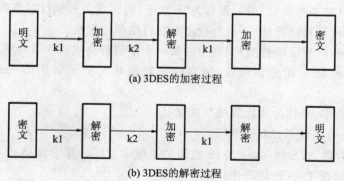

图 2-4　3DES 的加密和解密过程

　　通过以上介绍,读者对 3DES 加密过程可能会产生这样的疑问:为什么使用"加密→解密→加密"(即 EDE),而不使用"加密→加密→加密"(即 EEE)呢?这是因为采用 EDE 的目的是与已经被广泛使用的 DES(也称为"单钥 DES")系统保持兼容性。由于 DES 的加密和解密者是 64 位整数集之间的一个映射关系,使用 EDE 方式的 3DES 系统就可以与使用单密钥 DES 的系统进行通信,在实现过程中只需要设置 k1＝k2 即可。

2.2.3 AES 算法

随着对称密码的发展,DES 数据加密标准算法由于密钥长度较小(56 位),已经不适应当今分布式开放网络对数据加密安全性的要求,因此 1997 年 NIST 公开征集新的数据加密标准,即高级加密标准(Advanced Encryption Standard,AES)。经过三轮筛选,比利时人 Joan Daeman 和 Vincent Rijmen 提交的 Rijndael(该单词发音为[rain deil])算法被提议为 AES 的最终算法。此算法成为美国新的数据加密标准而被广泛应用在各个领域中。尽管人们对 AES 还有不同的看法,但总体来说,AES 作为新一代的数据加密标准汇聚了强安全性、高性能、高效率、易用和灵活等优点。

1) AES 算法的特点

AES 设计有三种密钥长度:128 位,192 位和 256 位,相对而言,AES 的 128 密钥比 DES 的 56 位密钥强 1021 倍。在 AES 算法中,密钥长度和数据块长度可以单独选择,之间没有必然的联系。数据块的长度以 32 位为间隔递增,在 128～256 位之间。在具体实施中,AES 一般有两种方案:一种是数据块和密钥都为 128 位;另一种是数据块为 128 位,而密钥为 256 位。原来的 192 位的密钥几乎不使用。在下面的内容中,主要以数据块和密钥都为 128 位来介绍。

与 DES 一样,AES 也是一种迭代分组密码,同样使用了多轮置换和替换操作,并且操作是可逆的。但与 DES 不同的是,AES 算法不是 Feistel 密码结构,AES 的操作轮数在 10～14 之间。其中当数据块和密钥都为 128 位时,轮数为 10。随着数据块和密钥长度的增加,操作轮数也会随之增加,最大值为 14。不过,在每一次操作中,DES 是直接以位为单位,而在 AES 中则以 8 位的字节为单位。这样做的目的是便于通过硬件和软件实现。AES 的每一轮操作包括如下 4 个函数。

(1) ByteSub(字节替换)。用一张称为"S 盒子"的固定表来执行字节到字节的替换。

(2) ShiftRow(行移位置换)。行与行之间执行简单的置换。

(3) MixCloumn(列混淆替换)。列中的每一个字节替换成该列所有字节的一个函数。

(4) AddRoundKey(轮密钥加)。用当前的数据块与扩充密钥的一部分进行简单的 XOR 运算。

以上 4 个函数中,具体为 1 次置换 3 次迭代。

2) AES 算法的工作原理及过程

图 2-5 所示的是 AES 的 state 与 rk 数组的工作示意图。其中,128 位(16 字节)的明文以字节的形式存储在 4×4 的矩阵中,即

$$\begin{bmatrix} a00 & a01 & a02 & a03 \\ a10 & a11 & a12 & a13 \\ a20 & a21 & a22 & a23 \\ a30 & a31 & a32 & a33 \end{bmatrix}$$

具体存放在 state 数组中。

在算法开始时,state 数组被初始化为 128 位的明文数据块,其中前 4 个字节存放在数

组的第 0 列,接下来的 4 个字节被放在第 1 列,依此类推。然后在轮操作过程中的每一步,state 数组都要被修改,其中包括数组内部字节对字节的置换,以及数组内部的替换。在算法的最后,state 中的内容就是加密后输出的密文。

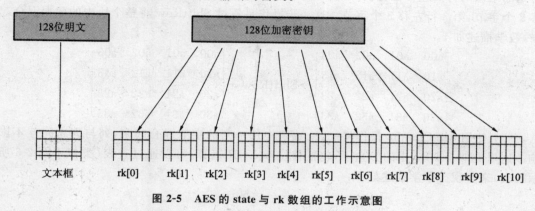

图 2-5　AES 的 state 与 rk 数组的工作示意图

在进行 state 数组初始化的同时,128 位的密钥也被扩展到 11 个与 state 同样结构的状态数组 rk[i] 中,i=0,1,2,…,10。rk 中存放的是由 128 位加密密钥扩展出的轮密码(也称为子密码)。其中,有一个 rk 被用在计算过程的开始处,其他 10 个 rk 被分别用在 10 轮计算中,每一轮使用一个数组。从 128 位的加密密钥扩展得到轮密码的过程基本上是通过反复对密钥中的不同位进行循环移位和 XOR 运算生成的,具体实现非常复杂,在这里不讨论,有兴趣的读者可以参考相关的文献资料。

在以下的介绍中,state 数组中已经存放了 128 位明文。同时,假设由 128 位加密密钥扩展得到的轮密码已分别存放在数组 rk[i] 中。

在开始轮操作之前,还需要进行一次 state 数组与 rk[0] 数组之间的逐字节的 XOR 运算,结果存放在 state 数组中。即在进行轮操作之前,state 数组中每一个字节都被它与 rk[0] 中对应的字节进行 XOR 运算后的结果取代。

接下来便进行主循环。这一循环将被执行 10 次,即进行 10 次迭代。在每一次迭代中都用 rk[i] 与 state 之间的操作结果来替换 state 中的数据。每一轮的操作都需要经过以下 4 个步骤。

(1) 使用 ByteSub 操作,在 state 数组中进行逐字节的替换。令 state 中每个字节用 aij 表示,替换后的每一个字节用 bij 表示,则有 bij=ByteSub(aij),数学描述如下:

$$\begin{bmatrix} a00 & a01 & a02 & a03 \\ a10 & a11 & a12 & a13 \\ a20 & a21 & a22 & a23 \\ a30 & a31 & a32 & a33 \end{bmatrix} \rightarrow ByteSub \rightarrow \begin{bmatrix} b00 & b01 & b02 & b03 \\ b10 & b11 & b12 & b13 \\ b20 & b21 & b22 & b23 \\ b30 & b31 & b32 & b33 \end{bmatrix}$$

在进行 ByteSub 操作时,实现方法与 DES 中的 S 盒子的相似,可以直接通过查表(见图 2-6)得到替换值。为便于表述,在图 2-6 中通过十六进制数来表示。例如,ByteSub(2e)=98,即在图 2-6 的表格中,第 2 列第 e 行对应的数值是 98。在 AES 和 DES 中虽然都使用了 S 盒子,但 AES 中的 S 盒子与 DES 中的不同,在 DES 中有 8 个 S 盒子,而在 AES 中只有一个。

(2) 对 state 数组中的每一个字节 aij 用 ShiftRow 操作向左进行移位。将第(1)步操作得到的结果的行向左移位置换。具体方法为：第 0 行不变,第 1 行左移 1 个字节,第 2 行左移 2 个字节,第 3 行左移 3 个字节。这一步操作是通过 ShiftRow 将整个块中的数据混合起来,数学描述如下：

$$
\begin{bmatrix}
a00 & a01 & a02 & a03 \\
a10 & a11 & a12 & a13 \\
a20 & a21 & a22 & a23 \\
a30 & a31 & a32 & a33
\end{bmatrix}
\rightarrow ShiftRow \rightarrow
\begin{bmatrix}
a00 & a01 & a02 & a03 \\
a10 & a11 & a12 & a13 \\
a20 & a21 & a22 & a23 \\
a30 & a31 & a32 & a33
\end{bmatrix}
$$

(3) 使用 MixCloumn 操作将 state 数组中每一列的字节混合起来,列与列之间互不影响。这里类似于 DES 中的 S 盒子,包括移位和 XOR 运算,可以通过查表(类似于图 2-6 所示的表)来实现。数学描述如下：

$$
\begin{bmatrix}
a0i \\
a1i \\
a2i \\
a3i
\end{bmatrix}
\rightarrow Mixcolumn \rightarrow
\begin{bmatrix}
b0i \\
b1i \\
b2i \\
b3i
\end{bmatrix}
, i=0,1,2,3
$$

	0	1	2	3	4	5	6	7	8	9	a	b	c	d	e	f
0	63	7c	77	7b	f2	6b	6f	c5	30	01	67	2b	fe	d7	ab	76
1	ca	82	c9	7d	fa	59	47	f0	ad	d4	a2	af	9c	a4	72	c9
2	b7	fd	93	26	36	3f	f7	cc	34	a5	e5	f1	71	d8	31	15
3	04	c7	23	c3	18	96	05	9a	07	12	80	e2	eb	27	b2	75
4	09	83	2c	1a	1b	6e	5a	a0	52	3b	d6	b3	29	e3	2f	84
5	53	d1	00	ed	20	fc	b1	5b	6a	cb	be	39	4a	4c	58	cf
6	d0	ef	aa	fb	43	4d	33	85	45	f9	02	7f	50	3c	9f	a8
7	51	a3	40	8f	92	9d	38	f5	bc	b6	da	21	10	ff	f3	d2
8	cd	0c	13	ec	5f	97	44	17	c4	a7	7e	3d	64	5d	19	73
9	60	81	4f	dc	22	2a	90	88	46	ee	b8	14	de	5e	0b	db
a	e0	32	3a	0a	49	06	24	5c	c2	d3	ac	62	91	95	e4	79
b	e7	c8	37	6d	8d	d5	4e	a9	6c	56	f4	ea	65	7a	ae	08
c	ba	78	25	2e	1c	a6	b4	c6	e8	dd	74	1f	4b	bd	8b	8a
d	79	3e	b5	66	48	03	f6	0e	61	35	57	b9	86	c1	1d	9e
e	e1	f8	98	11	69	d9	8e	94	9b	1e	87	e9	ce	55	28	df
f	8c	a1	89	0d	bf	e6	42	68	41	99	2d	0f	b0	54	bb	16

图 2-6　ByteSub 的对照关系

(4) 使用 AddRoundKey 操作,与本轮的轮密钥进行 XOR 运算,其结果保存到 state 数组中。与 DES 相似,密钥扩展算法产生每一轮的轮密钥,并保存在 rk[i]中。为了表述方便,在这里用 kij 来代替 rk[i],但 kij 中的 i 和 j 分别表示存放轮密钥的矩阵的行和列,i,j=0,1,2,3,而 rk[i]中的 i 则表示是第 i,i=1,2,…,10 轮使用的轮密钥。将轮密钥 kij 和当前 4×4 字节矩阵 aij 进行 XOR 操作生成 bij 的过程描述如下：

$$\begin{bmatrix} a00 & a01 & a02 & a03 \\ a10 & a11 & a12 & a13 \\ a20 & a21 & a22 & a23 \\ a30 & a31 & a32 & a33 \end{bmatrix} \oplus \begin{bmatrix} k00 & k01 & k02 & k03 \\ k10 & k11 & k12 & k13 \\ k20 & k21 & k22 & k23 \\ k30 & k31 & k32 & k33 \end{bmatrix} = \begin{bmatrix} b00 & b01 & b02 & b03 \\ b10 & b11 & b12 & b13 \\ b20 & b21 & b22 & b23 \\ b30 & b31 & b32 & b33 \end{bmatrix}$$

通过以上 XOR 操作后,生成的 bij 再替换掉 state 中的 aij,这时就是加密后的密文。

在以上操作中,由于每一步都是可逆的,所以解密过程也非常简单,只要将加密算法反过来运行就可以实现。

2.2.4　其他分组对称加密算法

DES 的出现在密码学上具有划时代的意义,但比 DES 更安全的加密算法也在不断出现,下面简单介绍三种算法,算法的具体原理请读者参考相关资料。

1）国际数据加密标准（IDEA）

国际数据加密标准（International Data Encryption Algorithm,IDEA）的明文和密文都是 64 位,但密钥长度为 128 位,因而更安全。IDEA 和 DES 相似,也是先将明文划分为一个个 64 位的数据块,然后经过 8 轮编码和一次替换,得出 64 位的密文。同时,对于每一轮编码,每一个输出位都与每一个输入位有关。IDEA 比 DES 的加密性好,加密和解密的运算速度很快,无论是软件还是硬件,实现起来比较容易。

2）RC5/RC6

RC5 和 RC6 分组密码算法是由麻省理工学院（MIT）的 Ron Rivest 于 1994 年提出的,并由 RSA 实验室对其性能进行分析。RC5 适合于硬件和软件实现,只使用在微处理器上。

3）TEA

微型加密算法（Tiny Encryption Algorithm,TEA）是由英国剑桥大学计算机实验室的 David J. Wheeler 和 Roger M. Needham 于 1994 年提出的一种对称分组密码算法。它采用 128 位的密钥对 64 位的数据分组进行加密,其循环次数可由用户根据加密强度需要设定。

2.3　非对称加密算法

非对称加密的出现在密码学史上是一个重要的里程碑。非对称加密使用的公开密钥（简称公钥）的概念是在解决对称加密的单密码方式中最难解决的两个问题时提出的,这两个问题是:密钥分配和数字签名。

2.3.1　非对称加密算法原理

在非对称加密体系中,密钥被分解为一对,即公开密钥和私有密钥。这对密钥中的任何一把都可以作为公开密钥（加密密钥）通过非保密方式向他人公开,而另一把作为私有密钥（解密密钥）加以保管。在加密系统中,公开密钥用于加密,私有密钥用于解密。私有密钥只能由生成密钥的交换方掌握,公开密钥可广泛公布,但它只对应于生成密钥的交换方。

非对称密钥有两种使用方式,传送保密信息和消失认证。

（1）传送保密信息。这种方式可用于在公共网络中实现保密通信;它可以实现多个用户用公钥加密的消息只能由一个用户用私钥解读,即其他用户使用接收方的公钥对信息加密后发送给接收方,只有接收方能进行解读。

(2) 消息认证。这种方式可用于认证系统中对消息进行数字签名。公钥是公开的,因此一个用户用私钥加密的消息可被其他多个用户用公钥解读;公钥与私钥是对应的,同时也证明了消息的来源。

非对称加密算法特点如下。

(1) 用加密密钥(在此称为 PK)对明文 M 加密后得到密文,再用解密密钥(在此称为 SK)对密文进行解密,即可恢复出明文 M,即 $D_{SK}[E_{PK}(M)]=M$。

(2) 加密密钥不能用来解密,即 $D_{PK}[E_{PK}(M)]\neq M$;$D_{SK}[E_{SK}(M)]\neq M$。

(3) 用 SK 加密的信息只能用 PK 解密,用 PK 加密的信息只能用 SK 解密。

(4) 从已知的 PK 不可能推导出 SK。

(5) 加密和解密的运算可交换作用次序,即 $E_{PK}[D_{SK}(M)]=D_{SK}[E_{PK}(M)]=M$。

如图 2-7 所示,如果用户 B 要给用户 A 发送一个数据,这时该用户会在公开的密钥中找到与用户 A 所拥有的私有密钥对应的一个公开密钥,然后用此公开密钥对数据进行加密后发送到网络中传输。用户 A 在接收到密文后便通过自己的私有密钥进行解密,因为数据的发送方使用接收方的公开密钥来加密数据,所以只有用户 A 才能够读懂该密文。当其他用户获得该密文时,因为他们没有加密该信息的公开密钥对应的私有密钥,所以无法读懂该密文。

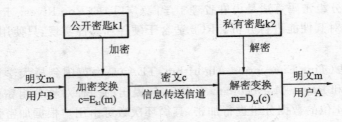

图 2-7　非对称密钥密码体制的通信模型

在非对称加密中,所有参与加密通信的用户都可以获得每个用户的公开密钥,而每一个用户的私有密钥由用户在通信前已经产生,不需要被事先分配。在一个系统中,只要能够管理好每一个用户的私有密钥,用户收到的通信内容则是安全的。任何时候,一个系统都可以更改它的私有密钥,并公开相应的公开密钥来代替它原来的公开密钥。

非对称加密方式可以使通信双方无需事先交换密钥就可以建立安全通信,广泛应用于身份认证、数字签名等信息交换领域。

2.3.2　RSA 加密算法

RSA 体制是由 Rivest、Shamir 和 Adleman 设计的用数论构造双钥的方法,它既可用于加密,也可用于数字签名。RSA 得到了世界上的最广泛应用,ISO 在 1992 年颁布的国际标准 X.509 中,将 RSA 算法正式纳入国际标准。1999 年,美国参议院通过立法,规定电子数字签名与手写签名的文件、邮件在美国具有同等的法律效力。在 Internet 中广泛使用的电子邮件和文件加密软件 PGP(Pretty Good Privacy)也将 RSA 作为传送会话密钥和数字签名的标准算法。RSA 算法的安全性建立在数论中"大数分解和素数检测"的理论基础上。

1) 大数分解

双钥密码体制算法按由公钥推算出私钥的途径可分为两类:一类是基于素数因子分解问题的(如 RSA 算法),它的安全性基于 100 位十进制数以上的所谓"大数"的素数因子分解的难题,这是一个至今没有有效快速算法的数学议题。另一类是基于离散对数问题的(如 ElGamal 算法),其安全性基于计算离散对数的困难性。离散对数问题是模指数运算的逆问题,即找出一个数的离散对数。一般地,计算离散对数是非常困难的。

RSA 算法运用了数论中的 Euler 同余定理,即 a、r 是两个互质的自然数,则 $az=1$ (mod r),其中 z 为与 r 互质的且不大于 r 的自然数,称 z 为 r 的 Euler 指标函数。

2) RSA 算法表述

假定用户 A 欲发送消息 m 给用户 B,则 RSA 算法的加/解密过程如下。

(1) 用户 B 产生两个大素数 p 和 q(p、q 是保密的,一般取 1024 位十进制数以上)。

(2) 用户 B 计算 $n=pq, z=(p-1)(q-1)$。

(3) 选择一个比 n 小且与 z 互质(没有公因子)的数 e。

(4) 找出一个 d,使得 $ed-1$ 能够被 z 整除。其中 $ed=1 \bmod (p-1)(q-1)$。这时 (n,d) 就是用户 B 的私有密钥,应妥善保管。

(5) 用户 B 将 (n,e) 公开作为公开密钥。

(6) 用户 A 通过公开渠道查到用户 B 的 (n,e)。

(7) 对 m 施行加密变换,即 $EB(m)=m^e \bmod n=c$。

(8) 用户 B 收到密文 c 后,施行解密变换:

$$DB(c)=c^d \bmod n=(m^e \bmod n)^d \bmod n=m^{ed} \bmod n=m \bmod n$$

3) RSA 应用举例

为了对字母表中的第 m 个字母加密,加密算法为 $c=m^e (\bmod \ n)$,第 c 个字母即为加密后的字母。对应的解密算法为 $m=c^d (\bmod n)$。下面以一个简单的例子来模拟加密和解密过程。

(1) 设 $p=5, q=7$。

(2) 计算 $n=pq=35, z=(5-1)(7-1)=24$。

(3) 选择 $e=5$(因为 5 与 24 互质)。

(4) 选择 $d=29$($e^d-1=144$ 可以被 24 整除)。

(5) 所以公开密钥为 $(35,5)$,私有密钥为 $(35,29)$。

如果被加密的是 26 个字母中的第 12 个字母(L),则它的密文为 $c=12^5 (\bmod 35)=17$

第 17 个字母为 Q,因此实际上在网络中发送的是字母 Q,而接收方收到后,解密得到的明文为 $m=17^{29} (\bmod 35)=12$,即是字母 L。

通过以上的计算可以看出,当两个素数 p 和 q 取的值足够大时,RSA 的加密是非常安全的。

4）RSA 安全性分析

RSA 的保密性基于一个数学假设：对一个很大的合数进行质因数分解是不可能的。若 RSA 用到的两个素数足够大，可以保证使用目前的计算机无法分解，即 RSA 公开密钥密码体制的安全性取决于从公开密钥（n,e）计算出秘密密钥（n,d）的困难程度。想要从公开密钥（n,e）算出 d，只能分解整数 n 的因子，即从 n 找出它的两个质因数 p 和 q，但大数分解是一个十分困难的问题。RSA 的安全性取决于模 n 分解的困难性，但数学上至今还未证明分解模就是攻击 RSA 的最佳方法。尽管如此，人们还是从消息破译、密钥空间选择等角度提出了针对 RSA 的其他攻击方法，如迭代攻击法、选择明文攻击法、公开模攻击法、低加密指数攻击法、定时攻击法等，但其攻击成功的概率微乎其微。

出于安全考虑，在 RSA 中，建议使用 1024 位的十进制 n，对于重要场合 n 应该使用 2048 位。

在非对称加密算法中，除了 RSA 外，还有 DH 算法和椭圆曲线加密算法等，有兴趣的读者可以查阅相关资料。

2.3.3 非对称加密算法与对称加密算法的比较

单钥密码体制的优点是安全性高且加、解密速度快；其缺点是进行保密通信之前，双方必须通过安全信道传送所用的密钥。这对于相距较远的用户可能要付出较大的代价，甚至难以实现。例如，在拥有众多用户的网络环境中使 n 个用户之间相互进行保密通信，若使用同一个对称密钥，一旦密钥被破译，整个系统就会崩溃；使用不同的对称密钥，则密钥的个数几乎与通信人数成正比［需要 $n*(n-1)$ 个密钥］。由此可见，若采用对称密钥，大系统的密钥管理几乎不可能实现。

采用双钥密码体制的主要特点是将加密和解密功能分开，因而可以实现多个用户加密的消息只能由一个用户解读，或只能由一个用户加密消息而使多个用户可以解读。

实际网络多采用双钥和单钥密码相结合的混合加密体制，即加、解密时采用单钥密码，密钥传送则采用双钥密码。这样既解决了密钥管理的困难，又解决了加、解密速度的问题。

图 2-8 所示的为混合加密体制的通信原理。

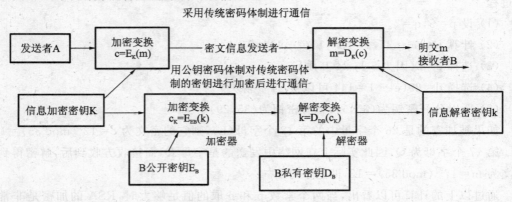

图 2-8　混合加密体制的通信原理

2.4　数字签名与报文鉴别

2.4.1　数字签名

多少年来,人们一直要根据亲笔签名或印章来鉴别书信或文件的真实性。但随着计算机网络所支持的电子商务、网上办公等平台的广泛应用,原始的亲笔签名和印章方式已无法满足应用需要,因此数字签名技术应运而生。

1) 数字签名的概念和要求

数字签名(digital signature)在 TS07498-2 标准中的定义为,附加在数据单元上的一些数据,或是对数据单元所作的密码变换。这种数据和变换允许数据单元的接收者用于确认数据来源和数据单元的完整性,并保护数据,防止被人(例如接收者)伪造。数字签名必须同时满足以下要求。

(1) 发送者事后不能否认对报文的签名。

(2) 接收者能够核实发送者发送的报文签名。

(3) 接收者不能伪造发送者的报文签名。

(4) 接收者不能对发送者的报文进行部分篡改。

(5) 网络中的其他用户不能冒充成为报文的接收者或发送者。

2) 数字签名是实现安全认证的重要工具和手段

数字签名能够提供身份认证、数据完整性和不可抵赖等安全服务。

(1) 防冒充(伪造)。其他人不能伪造对消息的签名,因为私有密钥只有签名者自己知道和拥有,所以其他人不可能构造出正确的签名数据。

(2) 可鉴别身份。接收者使用发送者的公开密钥对签名报文进行解密去处,并证明对方身份是真实的。

(3) 防篡改。即防止破坏信息的完整性。签名数据和原有文件经过加密处理已形成了一个密文数据,不可能被篡改,从而保证了数据的完整性。

(4) 防抵赖。数字签名可以鉴别身份,不可能冒充伪造。

数字签名是附加在报文(数据或消息)上并随报文一起传送的一串代码,与传统的亲笔签名和印章一样,目的是让接收方相信报文的真实性,必要时还可以对真实性进行鉴别。现在已有多种数字签名的实现方法,但采用较多的还是技术上非常成熟的数据加密技术,其中既可以采用对称加密方式,也可以采用非对称加密方式,但非对称加密方式要比对称加密方式更容易实现和管理。

利用非对称加密方式实现数字签名,主要是基于在加密和解密过程中 D[E(P)]＝P 和 E[D(P)]＝P 两种方式的同时实现,其中前面介绍的 RSA 算法就具有此功能。

具体实现过程:首先发送方利用自己的私有密钥对消息进行加密(这次加密的目的是实现签名),接着对经过签名的消息利用接收方的公开密钥再进行加密(这次加密的目的是保证消息传送的安全性)。这样,经过双重加密后的消息(密文)通过网络传送到接收方。接收方在接收到密文后,首先利用接收方的私有密钥进行第一次解密(保证数据的安全性),接着再用发送方的公开密钥进行第二次解密(鉴别签名的真实性),最后得到明文。

2.4.2 报文鉴别

报文鉴别(message authentication)是在信息领域防止各种主动攻击(如信息的篡改与伪造)的有效方法。报文鉴别要求报文的接收方能够验证所收到的报文的真实性,包括发送者姓名、发送时间和发送内容等。

1) 报文鉴别的概念和现状

报文鉴别也称"报文认证"或"消息认证",是一个证实收到的报文来自可信任的信息源且未被篡改的过程。报文鉴别也可用于证实报文的序列编号和及时性,因此利用报文鉴别方式可以避免以下现象的发生。

(1) 伪造消息。攻击者伪造消息发送给目标端,却声称该消息源来自一个已授权的实体(如计算机或用户),或攻击者以接收者的名义伪造假的确认报文。

(2) 内容篡改。以插入、删除、调换或修改等方式篡改消息。

(3) 序号篡改。在像 TCP 等依赖报文序列号的通信协议中,对通信双方的报文序号进行修改,包括插入、删除和重排序号等。这在目前的网络攻击事件中较为常见。

(4) 计时篡改。篡改报文的时间戳以达到报文延迟或重传的目的。

产生报文鉴别的方法可归纳为三种:一是对报文进行加密,以整个报文的密文作为鉴别符;二是用消息认证码(message authentication code,MAC),该算法使用一个密钥,以报文内容为输入,产生一个较短的定长值作为鉴别符;三是用哈希(Hash)函数,也叫散列函数或杂凑函数,是一个将任意长的报文映射为定长的 Hash 值的公共函数,以 Hash 值作为鉴别符。

目前,像对称加密、非对称加密等常规的加密技术已十分成熟,但出于多种原因,常规加密技术没有被简单地应用到报文鉴别符中,实际应用中一般采用独立的报文鉴别码。目前,用避免加密的方法提供报文鉴别越来越受到重视。在最近几年,报文鉴别研究的热点转向由 Hash 函数导出 MAC。

2) Hash 函数

Hash 函数是一种能够将任意长度的消息压缩到某一固定长度的消息摘要的函数。Hash 函数的基本思想是,把其函数值看成输入报文的报文摘要,当输入中的任何一个二进制位发生变化时都将引起 Hash 函数值的变化,其目的就是要产生文件、消息或其他数据块的"指纹"。密码学上的 Hash 函数能够接受任意长的消息为输入,并产生定长的输出。为了满足报文鉴别的数据完整性需要,Hash 函数必须满足以下特点:

(1) 效率。对于任意给定的输入,计算要相对容易,并且,随着输入长度的增加,虽然计算的工作量会增加,但增加的量不会太快。

(2) 压缩。对于任意给定的输入,都会输出固定长度的摘要,且摘要要比原文小得多。

(3) 单向性。对于给定的任意摘要值,寻找一个原文在计算上不可行。

(4) 弱抗碰撞。对于任意给定的两个原文和 Hash 函数,求得同一个摘要是不可能的。

其中第 1 个性质可以看做是 Hash 函数用做报文鉴别的实际应用需求,而后面几条性质,则是针对 Hash 函数在应用中的安全性而特别提出的要求。

　　3）报文鉴别的一般实现方法

　　Hash 函数可以分为两类：带密钥的 Hash 函数和不带密钥的 Hash 函数。使用不带密钥的 Hash 函数作为报文鉴别的体制是不安全的，容易遭受到一些攻击。带密钥的 Hash 函数通常可以用来产生报文的鉴别码，对于通信双方之间传输的任何消息，用带密钥的 Hash 函数做变换，产生 MAC 附于报文之后，保证通信双方之间消息的完整性，使双方之间的消息不会被第三方篡改或伪造。常用报文鉴别的实现需要加密技术。目前，报文鉴别系统的具体实现过程如下。

　　（1）发送方和接收方首先要确定一个固定长度的报文摘要。

　　（2）发送方通过 Hash 函数将要发送的报文"嚼碎"为报文摘要。

　　（3）发送方将报文摘要进行加密，得到密文。

　　（4）发送方将加密后的摘要追加到报文后面发送给接收方。

　　（5）接收方在成功接收到加密后的报文摘要和报文后，先对报文摘要进行解密得到报文摘要，然后对报文进行同样的报文摘要运算得到一个新的报文摘要。

　　（6）接收方比较收到的报文摘要和计算得到的报文摘要，若两者相同，可以断定收到的报文是真实的，否则说明报文在传送过程中已被篡改或伪造。

　　由以上的实现过程可以看出，不管传输的报文有多大，其报文摘要都是不变的，同时，系统仅对报文摘要进行加密和解密操作，报文是以明文方式传送的。这样做的目的是既保证报文鉴别的需要，同时，也使系统能保持较高的效率。

2.5　PGP 加密系统

2.5.1　PGP 软件概述

　　加密是为了安全。在现代社会里，电子邮件和网络上的文件传输已经成为生活的一部分，邮件的安全问题日益突出，大家都知道在 Internet 上传输的数据大多是不加密的，如果自己不保护自己的信息，第三者就会轻易获得你的隐私。还有一个问题就是信息认证，要让收信人确信邮件没有被第三者篡改，就需要使用数字签名技术。RSA 公钥体系非常适合用来满足上述要求：保密性（privacy）和认证性（authenticati-on）。

　　PGP 的全称是 Pretty Good Privacy，它是一个基于 RSA 公钥加密体系的加密软件，与具体的应用无关，可独立提供数据加密、数字签名、密钥管理等功能，适用于电子邮件内容的加密和文件内容的加密；也可作为安全工具嵌入到应用系统中。目前，使用 PGP 软件进行电子信息加密已经是事实上的应用标准，IETF 在安全领域有一个专门的工作组负责进行 PGP 标准化工作，许多大公司、机构，包括很多安全部门在内，都拥有自己的 PGP 密码。可以用它对你的邮件进行加密，以防止非授权者阅读，它让你可以安全地和你从未见过的人们通信，事先并不需要任何保密的渠道来传递密钥。它采用了：审慎的密钥管理，一种 RSA 和传统加密的杂合算法，用于数字签名的邮件文摘算法、加密前压缩等，还有一个良好的人机工程设计。它的功能强大，有很快的速度，而且它的源代码是免费的。

2.5.2　PGP 的用途

PGP 能够提供独立计算机上的信息保护功能,使得这个保密系统更加完备。它提供了这些功能:数据加密,包括电子邮件、任何存储起来的文件、即时通信(例如 ICQ 之类)。数据加密功能让使用者可以保护他们发送的信息。文件和信息通过使用者的密钥,进行复杂的算法运算后编码,只有它们的接收人才能把这些文件和信息解码。

1) PGP 的功能

PGP 使用加密以及校验的方式,提供了多种功能和工具,保证您的电子邮件、文件、磁盘,以及网络通信的安全。PGP 具有下面这些功能。

(1) 在任何软件中进行加密/签名以及解密/校验。通过 PGP 选项和电子邮件插件,可以在任何软件当中使用 PGP 的功能。

(2) 创建以及管理密钥。使用 PGPkeys 来创建、查看和维护您自己的 PGP 密钥对,以及把任何人的公钥加入公钥库中。

(3) 创建自解密压缩文档(self-decrypting archives,SDA)。可以建立一个自动解密的可执行文件。任何人不需要事先安装 PGP,只要得知该文件的加密密码,就可以把这个文件解密。这个功能尤其在需要把文件发送给没有安装 PGP 的人时特别好用。并且,此功能还能对内嵌其中的文件进行压缩,压缩率与 ZIP 的相似,比 RAR 的略低(某些时候略高,比如含有大量文本)。总的来说,该功能是相当出色的。

(4) 创建 PGPdisk 加密文件。该功能可以创建一个 .pgd 的文件,此文件用 PGPdisk 功能加载后,将以新分区的形式出现,可以在此分区内放入需要保密的任何文件。它使用私钥和密码两者共用的方式保存加密数据,保密性很高,但需要注意的是,一定要在重装系统前备份"我的文档"中的"PGP"文件夹里的所有文件,以备重装后恢复私钥。

(5) 永久的粉碎销毁文件、文件夹,并释放出磁盘空间。可以使用 PGP 粉碎工具来永久地删除那些敏感的文件和文件夹,而不会遗留任何的数据片段在硬盘上。也可以使用 PGP 自由空间粉碎器来再次清除已经被删除的文件实际占用的硬盘空间。这两个工具都是确保所删除的数据不会被别有用心的人恢复。

(6) 9.x 新增:全盘加密,也称完整磁盘加密。该功能可将整个硬盘上所有数据加密,甚至包括操作系统本身。提供极高的安全性,没有密码之人绝无可能使用系统或查看硬盘里面存放的文件、文件夹等数据。即便是硬盘被拆卸到另外的计算机上,该功能仍将忠实地保护数据、加密后的数据维持原有的结构,文件和文件夹的位置都不会改变。

(7) 9.x 增强:即时消息工具加密。该功能可将支持的即时消息工具(IM)所发送的信息完全经由 PGP 处理,只有拥有对应私钥和密码的对方才可以解开消息的内容。被任何人截获到也没有任何意义,仅仅是一堆乱码。除此之外,增强版还可以提供网络共享功能,可以使用 PGP 接管您的共享文件夹本身以及其中的文件,安全性远远高于操作系统本身提供的账号验证功能。并且可以方便管理允许的授权用户可以进行的操作。极大方便了需要经常在内部网络中共享文件的企业用户,免受蠕虫病毒和黑客的侵袭。

2) PGP 技术原理

PGP 加密是采用公开密钥加密与传统密钥加密相结合的一种加密技术。它使用一对数学上相关的密钥,其中一个(公钥)用来加密信息,另一个(私钥)用来解密信息。PGP 采用的传统加密技术部分所使用的密钥称为"会话密钥"(sek)。每次使用时,PGP 都随机产生一个 128 位的 IDEA 会话密钥,用来加密报文。公开密钥加密技术中的公钥和私钥则用来加密会话密钥,并通过它间接地保护报文内容。PGP 中的每个公钥和私钥都伴随着一个密钥证书。它一般包含以下内容:

(1) 密钥内容(用长达百位的大数字表示的密钥);

(2) 密钥类型(表示该密钥为公钥还是私钥);

(3) 密钥长度(密钥的长度,以二进制位表示);

(4) 密钥编号(该密钥的唯一标识);

(5) 创建时间;

(6) 用户标识(密钥创建人的信息,如姓名、电子邮件等);

(7) 密钥指纹(为 128 位的数字,是密钥内容的提要表示密钥唯一的特征);

(8) 中介人签名(中介人的数字签名,声明该密钥及其所有者的真实性,包括中介人的密钥编号和标识信息)。

PGP 把公钥和私钥存放在密钥环(KEYR)文件中。PGP 提供有效的算法查找用户需要的密钥。

PGP 在多处需要用到口令,它主要起到保护私钥的作用。由于私钥太长且无规律,所以难以记忆。PGP 把它用口令加密后存入密钥环,这样用户可以用易记的口令间接使用私钥。

PGP 的每个私钥都由一个相应的口令加密。PGP 主要在 3 处需要用户输入口令: ① 需要解开受到的加密信息时,PGP 需要用户输入口令,取出私钥解密信息;②当用户需要为文件或信息签字时,用户输入口令,取出私钥加密;③对磁盘上的文件进行传统加密时,需要用户输入口令。

3) PGP 软件包的获取

PGP 加密软件包是一个免费软件,可用它对文件、邮件、磁盘等进行加密,在常用的 Winzip、Word、ARJ、Excel 等软件的加密功能均告可被破解时,选择 PGP 对自己的私人文件、邮件、磁盘进行加密不失为一个好办法。除此之外,还可和同样装有 PGP 软件的朋友互相传递加密文件,十分安全。

2.6　基于密钥的 SSH 安全认证

2.6.1　SSH 概述

SSH 为 Secure Shell 的缩写,由 IETF 的网络工作小组(network working group)所制定,是建立在应用层和传输层基础上的安全协议。SSH 是目前较可靠,专为远程登录会话和其他网络服务提供安全性的协议。利用 SSH 可以有效防止远程管理过程中的信息泄露问题。SSH 最初是 UNIX 系统上的一个程序,后来又迅速扩展到其他操作平台。SSH 在正确使用时可弥补网络中的漏洞。SSH 客户端适用于多种平台。几乎所有 UNIX 平台包括 HP-UX、Linux、AIX、Solaris、Digital UNIX、Irix,都可运行 SSH。

传统的网络服务程序,如 FTP、POP 和 Telnet 在本质上都是不安全的,因为它们在网络上用明文传送口令和数据,别有用心的人非常容易就可以截获这些口令和数据。而且,这些服务程序的安全验证方式也是有其弱点的,就是很容易受到"中间人"(man-in-the-middle)的攻击。所谓"中间人"的攻击方式,就是"中间人"冒充真正的服务器接收你传给服务器的数据,然后再冒充你把数据传给真正的服务器。服务器和你之间的数据传送被"中间人"一转手做了手脚之后,就会出现很严重的问题。通过使用 SSH,你可以把所有传输的数据进行加密,这样"中间人"这种攻击方式就不可能实现了,而且也能够防止 DNS 欺骗和 IP 欺骗。使用 SSH,还有一个额外的好处就是传输的数据是经过压缩的,所以可以加快传输的速度。SSH 有很多功能,它既可以代替 Telnet,又可以为 FTP、POP,甚至为 PPP 提供一个安全的"通道"。

SSH 是由客户端和服务端的软件组成的,它有两个不兼容的版本,分别是 1.x 和 2.x。用 SSH 2.x 的客户程序是不能连接到 SSH 1.x 的服务程序上去的。OpenSSH 2.x 同时支持 SSH 1.x 和 2.x。

服务端是一个守护进程(daemon),它在后台运行并响应来自客户端的连接请求。服务端一般是 sshd 进程,提供了对远程连接的处理,一般包括公共密钥认证、密钥交换、对称密钥加密和非安全连接。

客户端包含 ssh 程序以及像 scp(远程拷贝)、slogin(远程登录)、sftp(安全文件传输)等应用程序。

他们的工作机制大致是本地的客户端发送一个连接请求到远程的服务端,服务端检查申请的包和 IP 地址再发送密钥给 SSH 的客户端,本地再将密钥发回给服务端,自此连接建立。SSH 1.x 和 SSH 2.x 在连接协议上有一些差异。

一旦建立一个安全传输层连接,客户机就发送一个服务请求。在用户认证完成之后,会发送第二个服务请求。这样就允许新定义的协议可以与上述协议共存。连接协议提供了用途广泛的各种通道,有标准的方法用于建立安全交互式会话外壳和转发("隧道技术")专有 TCP/IP 端口和 X11 连接。

SSH 被设计成为工作于自己的基础之上而不利用超级服务器(inetd),虽然可以通过 inetd 上的 tcpd 来运行 SSH 进程,但是这完全没有必要。启动 SSH 服务器后,sshd 运行起来并在默认的 22 端口进行监听(可以用 # ps -waux | grep sshd 来查看 sshd 是否已经被正确运行),如果不是通过 inetd 启动的 SSH,那么 SSH 就将一直等待连接请求。当请求到来的时候,SSH 守护进程会产生一个子进程,该子进程进行这次的连接处理。

从客户端来看,SSH 提供两种级别的安全验证。

1) 第一种级别(基于口令的安全验证)

只要你知道自己账号和口令,就可以登录到远程主机。所有传输的数据都会被加密,但是不能保证你正在连接的服务器就是你想连接的服务器。可能会有别的服务器在冒充真正的服务器,也就是受到"中间人"这种方式的攻击。

2) 第二种级别(基于密匙的安全验证)

需要依靠密钥,也就是你必须为自己创建一对密钥,并把公用密钥放在需要访问的服务器上。如果你要连接到 SSH 服务器上,客户端软件就会向服务器发出请求,请求用你的密钥进行安全验证。服务器收到请求之后,先在该服务器上你的主目录下寻找你的公用密钥,然后把它和你发送过来的公用密钥进行比较。如果两个密钥一致,服务器就用公用密钥加密"质询"(challenge)并把它发送给客户端软件。客户端软件收到"质询"之后就可以用你的私人密钥解密,再把它发送给服务器。

使用这种方式,必须知道自己密钥的口令。但是,与第一种级别相比,第二种级别不需要在网络上传送口令。

第二种级别不仅加密所有传送的数据,而且"中间人"这种攻击方式也是不可能的(因为没有私人密钥)。但是整个登录的过程可能需要 10 秒。

2.6.2　在 Windows 环境下基于密钥的 SSH 安全认证的实现

在 Windows 环境下基于密钥的 SSH 安全认证,也就是在 Windows 使用 SSH 协议远程登录 RHEL5。首先,在 Windows 下下载两个软件 putty. exe 和 puttygen. exe,使用 puttygen. exe产生一对密钥,把公钥上传至装有 RHEL5 的服务器,而私钥就放在自己的 Windows 系统里,然后我们就可使用 putty. exe 这个软件安全地远程管理 RHEL5 服务器,具体操作步骤如下。

(1) 设置好服务器与客户机的 IP 地址,保证它们的连通性,假如服务器的 IP 地址为 192.168.255.2/24,客户机的 IP 地址为 192.168.255.1/24。

(2) 在 Windows 下使用 puttygen. exe 文件,产生密钥对,puttygen 是一套可以产生密钥的工具,它可以生成 RSA 以及 DSA 的密钥。在产生密钥的过程中,为了产生一些随机数据,应在程序的窗口随机移动鼠标(否则进度条不会改变)。密钥生成后,出于安全考虑,程序会提示输入保护私钥的密钥密码。

(3) 保存密钥。分别单击"保存公钥"和"保存私钥",公钥文件名为 public,私钥文件名为 secret. ppk。

(4) 传输公钥文件 public 到 RHEL5 服务器。因为公钥文件是可以公开的,传输方式不必考虑安全问题,可以使用 FTP、电子邮件、U 盘拷贝的方法。

(5) 转换公钥文件格式。因为 puttygen 产生的公钥文件格式与 OpenSSH 程序所使用的格式不同,应输入"ssh-keygen-i-f public>authorized_keys"命令进行转换,转换后的文件名为 authorized_keys,并将此文件复制到/root/. ssh/目录中。

(6) 使用 putty. exe 进行远程登录,选择连接下面的 SSH 下的认证选项,在"认证私钥文件"里选择私钥"secret. ppk"。

(7) 远程登录后,在输入 root 之后,并不是要求输入 root 的密码,而是询问私钥的密码,至此,用户就不必担心用户名、密码以及所输入的命令被窃听,可以安全地管理 RHEL5 了。

2.6.3　在 Linux 环境下基于密钥的 SSH 认证的实现

要求两台主机都装有 RHEL5 或其他的 Linux 操作系统,操作步骤如下。

1）在客户端下产生密钥对

（1）［root@localhost～］# ssh-keygen-t rsa；

Generating public/private rsa key pair.

（2）Enter file in which to save the key(/root/. ssh/id_rsa).

（3）Enter psaaphrase(empty for no passphrase).

（4）Enter same passphrase again.

（5）Your identification has been saved in /root/. ssh/id_rsa.

（6）Your public key has been saved in /root/. ssh/id_rsa. pub.

The key fingerprint is,

23:7c:02:8b:09:b5:35:25:a2:db:7c:d1:31:15:cc:14　　root@localhost. localdomain

上述操作功能解释如下。

（1）为输入"ssh-keygen-t rsa"命令产生公钥对；

（2）为询问是否将私钥文件名保存为 id_rsa；

（3）、（4）为输入保护私钥的密码；

（5）为将私钥保存至/root/. ssh/id_rsa；

（6）为将公钥文件保存到/root/. ssh/id_rsa. pub。

2）将公钥文件复制到 RHEL5 服务器

RHEL5 服务器的 IP 地址为 192.168.255.3/24（假设）

［root@localhost . ssh］# ssh-copy-id-i id_rsa. pub root@192.168.255.3

运行上述命令后，将客户端的公钥复制到 RHEL5 服务器的/root/. ssh/目录下，并更名为 authorized_keys，下面用户将可以在客户机上远程管理 RHEL5 服务器了，操作如下：

（1）［root@localhost～］# ssh-i/root/. ssh/id_rsa　　root@192.168.255.3

（2）Enter passphrase for key '/root/. ssh/id_rsa'：

Last login：Mon mar 28 04:20:22 2014

［root@WebServer～］#

上述操作功能解释如下。

（1）为使用私钥去管理 RHEL5 服务器的命令；

（2）为输入保护私钥的密码。

通过以上操作，用户就可以在 Linux 客户端下使用非对称密钥安全地去管理 RHEL5 的服务器了。

2.7　密码破译方法及预防措施

在用户看来，密码学中的密钥，十分类似于使用计算机和银行自动取款机的口令。只要输入正确的口令，系统将允许用户进一步使用，否则就被拒之门外。

正如不同的计算机系统使用不同长度的口令一样，不同的加密系统也使用不同长度的密钥。一般来说，在其他条件相同的情况下，密钥越长，破译密码就越困难，加密系统也就越可靠。口令长度通常用数字或字母为单位来计算，而密码学中的密钥长度往往以二进制数的位数来衡量。

2.7.1 密码破译的方法

从窃取者的角度看,可以通过以下几种方法来获取明文。

1) 密钥的穷尽搜索

破译密文最简单的方法,就是尝试所有可能的密钥组合。在这里,假设破译者有识别正确解密结果的能力。虽然大多数的密钥尝试都是失败的,但最终总会有一个密钥让破译者得到原文,这个过程称为密钥的穷尽搜索,也称"暴力破解法"。

这种方法费时、费力,如前面所说的 DES 等算法,用这种方法破解需要几百年甚至上千年,根本没有实用价值。

2) 密码分析

如果密钥长度是决定加密可靠性的唯一因素的话,密码学就不会像现在这样吸引人了,只要用尽可能的密钥就足够了。

密码学不断吸引探索者的原因,是大多数加密算法最终都未能达到设计者的期望。许多加密算法,可以用复杂的数学方法和高速计算机来攻克。结果是,即使在没有密钥的情况下,也会有人解开密文。经验丰富的密码分析员,甚至可以在不知道加密算法的情况下破译密码。

密码分析就是在不知道密钥的情况下,利用数学方法破译密文或找到秘密密钥的过程。常见的密码分析方法如下。

(1) 已知明文的破译方法。在这种情况下,密码分析员掌握了一段明文和对应的密文。目的是发现加密的密钥。

(2) 选择明文的破译方法。在这种方法中,密码分析员设法让对手加密一段分析员选定的明文,并获得加密后的结果,目的是确定加密的密钥。

差别比较分析法是选定明文的破译方法的一种,密码分析员设法让对手加密一组相似的、差别细微的明文,然后比较它们加密后的结果,从而获得加密的密钥。

3) 其他密码破译方法

有时,破译人员针对人机系统的弱点,而不是攻击加密算法本身,效果更加显著。其主要方法如下。

(1) 欺骗用户套出密钥(社会工程)。

(2) 在用户输入密钥时,应用各种技术手段,"窥视"或"盗窃"密钥内容。

(3) 利用系统实现中缺陷或漏洞。

(4) 对用户使用的加密系统偷梁换柱。

(5) 从用户工作生活环境的其他来源获得未加密的保密信息,如"垃圾分析"。

(6) 让口令的另一方透露密钥或信息。

(7) 威胁等。

这些方法对每个使用加密技术的用户来说,是不可忽视的问题,甚至比加密算法还重要。

2.7.2　预防破译的措施

为了防止密码被破译,可以采取以下措施。

(1) 采用更强壮的加密算法。一个好的加密算法往往只能通过穷举法才能得到密钥,所以只要密钥足够长就会很安全。

(2) 动态会话密钥。尽量做到每次会话的密钥都不相同。

(3) 保护关键密钥。

(4) 定期变换加密会话的密钥。因为这些密钥是用来加密会话密钥的,一旦泄漏就会引起灾难性的后果。

(5) 建设良好的密码使用管理制度。

习　题　2

1. DES 加密算法的加密原理是什么? 它的加密过程是怎样的?
2. AES 加密算法的加密原理是什么? 它的加密过程是怎样的?
3. 非对称加密算法与对称加密算法的区别是什么?
4. RSA 加密算法如何描述?
5. 基于密钥的 SSH 安全认证如何实现?
6. 编写源代码实现 AES 加密算法。

第 3 章　网络攻击与防范

网络攻击的方式多种多样,相应的防范方法也不一样。本章介绍一些常见的攻击手段,如端口扫描、嗅探攻击、拒绝服务攻击、ARP 攻击、木马攻击、DNS 攻击等,并给出相应的防御方法。

3.1　端口扫描

3.1.1　端口扫描综述

网络服务或应用程序提供的功能由服务器或主机上的某个或多个进程来实现,端口则相当于进程间的大门,可以自行定义,其目的是让两台计算机能够找到对方的进程。"端口"在计算机网络领域是非常重要的概念,它是专门为网络通信而设计的,它由通信协议 TCP/IP 定义(其规定 IP 地址和端口作为套接字),它代表 TCP 连接的一个连接端,一般称为 SOCKET,具体来说,一般用[IP:端口]来定位主机中的进程。

可见,端口与进程是一一对应的,如果某个进程正在等待连接,则称该进程正在监听。在计算机"开始"-"运行"里输入"cmd",进入 dos 命令行,然后输入"netstat/a",可以查看本机有哪些进程处于监听状态。

根据 TCP 连接过程(三次握手),入侵者依靠端口扫描可以发现远程计算机上处于监听状态的进程,由此可判断出该计算机提供的服务,端口扫描除了能判断目标计算机上开放了哪些服务外,还可以判断目标计算机上运行的操作系统版本。每种操作系统都开放有不同的端口供系统间通信使用,因此从端口号上也可以大致判断目标主机的操作系统,一般认为开有 135、139 端口的主机的操作系统为 Windows 操作系统,如果除了 135、139 外,还开放了 5000 端口,则该主机的操作系统为 Windows XP 操作系统。常见的 TCP 端口号如表 3-1 所示,常见的 UDP 端口号如表 3-2 所示。端口扫描也可以通过捕获本地主机或服务器的流入流出 IP 数据包对本地主机的运行情况进行监视,查找内在弱点。一旦入侵者获得了上述信息,就可以利用系统漏洞或服务器漏洞展开对目标的攻击。

由上所述,端口扫描是帮助入侵的工具,但是安全人员同样可以使用端口扫描工具定期检测网络中关键的网络设备和服务器,以查找系统的薄弱点,并尽快修复,因此理解端口扫描原理和熟练使用端口扫描工具对防治入侵有很大的帮助。

表 3-1　常见的 TCP 端口号

服 务 名 称	端　口　号	说　　　明
FTP	21	文件传输服务

续表

服 务 名 称	端 口 号	说 明
Telnet	23	远程登录服务
HTTP	80	网页浏览服务
POP3	110	邮件服务
SMTP	25	简单邮件传输服务
SOCKS	1080	代理服务

表 3-2 常见的 UDP 端口号

服 务 名 称	端 口 号	说 明
RPC	111	远程调用
SNMP	161	简单网络管理
TFTP	69	简单文件传输

常见的端口扫描工具有 NMAP、X-Scan、X-Port、Superscan、PortScanner 等。

3.1.2 TCP 概述

传输控制协议(transmission control protocol,TCP)是一种面向连接的、可靠的、基于字节流的传输层通信协议,由 IETF 的 RFC 793 定义。TCP 的首部格式图如图 3-1 所示,其各段功能说明见表 3-3。

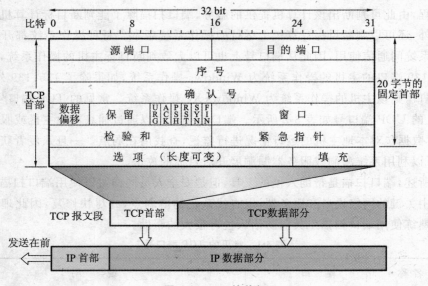

图 3-1 TCP 的首部

表 3-3　TCP 首部各段功能说明

字　段	功　能
源端口和目的端口	各占 2 字节。端口是运输层与应用层的服务接口。运输层的复用和分用功能都要通过端口才能实现
序号	占 4 字节。TCP 连接中传送的数据流中的每一个字节都编上一个序号。序号字段的值则指的是本报文段所发送的数据的第一个字节的序号
确认号	占 4 字节,是期望收到对方的下一个报文段的数据的第一个字节的序号
数据偏移	占 4 位,它指出 TCP 报文段的数据起始处距离 TCP 报文段的起始处有多远。"数据偏移"的单位不是字节而是位
保留	占 6 位,保留为今后使用,但目前应置为 0
紧急比特 URG	当 URG 为 1 时,表明紧急指针字段有效。它告诉系统此报文段中有紧急数据,应尽快传送(相当于高优先级的数据)
确认比特 ACK	只有当 ACK 为 1 时确认号字段才有效。当 ACK 为 0 时,确认号无效
推送比特 PSH(push)	接收 TCP 收到推送比特置 1 的报文段,就尽快交付给接收应用进程,而不再等到整个缓存都填满了后再向上交付
复位比特 RST(reset)	当 RST 为 1 时,表明 TCP 连接中出现严重差错(如由于主机崩溃或其他原因),必须释放连接,然后再重新建立传输连接
同步比特 SYN	同步比特 SYN 置为 1,就表示这是一个连接请求或连接接受报文
终止比特 FIN(final)	用来释放一个连接。当 FIN 为 1 时,表明此报文段的发送端的数据已发送完毕,并要求释放传输连接
窗口	占 2 字节。窗口字段用来控制对方发送的数据量,单位为字节。TCP 连接的一端根据设置的缓存空间大小确定自己的接收窗口大小,然后通知对方以确定对方的发送窗口的上限
检验和	占 2 字节。检验和字段检验的范围包括首部和数据这两部分。在计算检验和时,要在 TCP 报文段的前面加上 12 字节的伪首部
紧急指针	占 16 位。紧急指针指出在本报文段中的紧急数据的最后一个字节的序号
选项	长度可变。TCP 只规定了一种选项,即最大报文段长度 MSS(Maximum Segment Size)。MSS 告诉对方 TCP:"我的缓存所能接收的报文段的数据字段的最大长度是 MSS 个字节。"
填充	这是为了使整个首部长度是 4 字节的整数倍

　　TCP 是 Internet 中的传输层协议,使用三次握手协议建立连接,如图 3-2 所示,释放连接如图 3-3 所示。

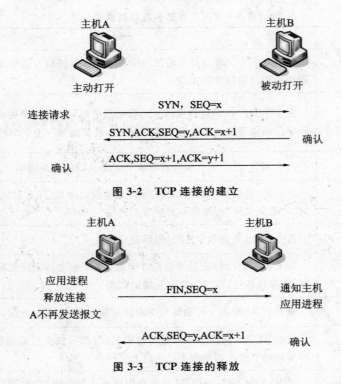

图 3-2　TCP 连接的建立

图 3-3　TCP 连接的释放

　　A 的 TCP 向 B 发出连接请求报文段,其首部中的同步比特 SYN 应置为 1,并选择序号 x,表明传送数据时的第一个数据字节的序号是 x。

　　B 的 TCP 收到连接请求报文段后,如同意,则发回确认。B 在确认报文段中应将 SYN 置为 1,其确认号应为 x+1,同时也为自己选择序号 y。

　　A 收到此报文段后,向 B 给出确认,其确认号应为 y+1。A 的 TCP 通知上层应用进程,连接已经建立。当运行服务器进程的主机 B 的 TCP 收到主机 A 的确认后,也通知其上层应用进程,连接已经建立。

　　A 的 TCP 向 B 发出连接终止报文段,其首部中的同步比特 FIN 应置为 1,并选择序号 x,表明 A 要释放和 B 的连接。这时从 A 到 B 的连接就被释放了,连接处于半关闭状态。相当于 A 向 B 说:"我已经没有数据要发送了。但你如果还发送数据,我仍接收。"

　　B 的 TCP 收到连接终止报文段后,如同意,则发回确认。B 在确认报文段中应将 ACK 置为 1,其确认号应为 x+1,同时也为自己选择序号 y。同时通知其上层应用进程,连接已经被释放。

3.1.3　TCP 扫描

1) 全连接扫描

　　全 TCP 连接是长期以来 TCP 端口扫描的基础。扫描主机尝试(使用三次握手协议)与目的机指定端口建立连接。连接由系统调用 connect() 开始。对每一个监听端口,connect() 会获得成功,否则返回 -1,表示端口不可访问。通常情况下,这不需要什么特权,所以几乎所有的用户（包括多用户环境下）都可以通过 connect() 来实现，如图 3-4 所示。

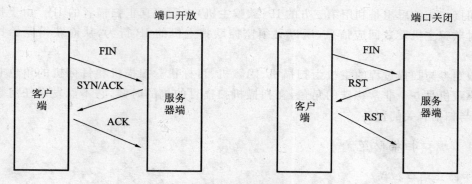

端口开放　　　　　　　　　　端口关闭

图 3-4　全连接扫描

2）半连接扫描（TCP SYN 扫描）

TCP SYN 扫描，扫描主机向目标主机的选择端口发送 SYN 数据段。如果应答是 RST，那么说明端口是关闭的，按照设定，就探听其他端口；如果应答中包含 SYN 和 ACK，说明目标端口处于监听状态。由于所有的扫描主机都需要知道这个信息，传送一个 RST 给目标机从而停止建立连接，如图 3-5 所示。

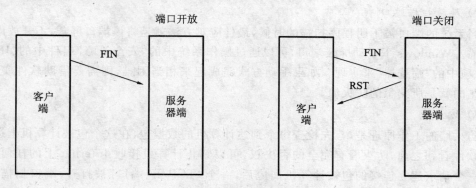

端口开放　　　　　　　　　　端口关闭

图 3-5　半连接扫描

3）TCP FIN（秘密扫描）

秘密扫描技术使用 FIN 数据包来探听端口。当一个 FIN 数据包到达一个关闭的端口时，数据包会被丢掉，并且会返回一个 RST 数据包。否则，当一个 FIN 数据包到达一个打开的端口时，数据包只是简单的丢掉（不返回 RST）。

秘密扫描通常适用于 UNIX 目标主机，除少量的应当丢弃数据包却发送 reset 信号的操作系统（包括 CISCO、BSDI、HP/UX、MVS 和 IRIX）。在 Windows 95/NT 环境下，该方法无效，因为不论目标端口是否打开，操作系统都发送 RST。

跟 SYN 扫描类似，秘密扫描也需要自己构造 IP 包。

4）TCP Xmas 和 TCP Null

Xmas 和 Null 扫描是秘密扫描的两个变种。Xmas 扫描打开 FIN、URG 和 PUSH 标记，而 Null 扫描关闭所有标记。这些组合的目的是通过所谓的 FIN 标记监测器的过滤。

5）间接扫描

间接扫描的思想是利用第三方的 IP（欺骗主机）来隐藏真正扫描者的 IP。由于扫描主机会对欺骗主机发送回应信息，所以必须监控欺骗主机的 IP 行为，从而获得原始扫描的结果。

假定参与扫描过程的主机为扫描机、隐藏机、目标机。扫描机和目标机的角色非常明显。隐藏机是一个非常特殊的角色，在扫描机扫描目的机的时候，它不能发送任何数据包（除了与扫描有关的包）。

3.1.4　端口扫描防范

1）防止端口扫描

（1）在系统中设置：设置服务器端口，使端口与提供的服务适配，并能通过这些设置来防止端口扫描。打开"Internet 协议（TCP/IP）属性"设置，选择"高级"，在出现的"高级 TCP/IP 设置"中选择"选项"，在出现的界面中选择"TCP/IP 删除"，单击"属性"，可以设置 TCP 和 UDP 端口。

（2）用软件设置：可利用阻止通过 Internet 连接特定端口的 PortBlocker、具有 IP 地址限制和端口转向功能的 PortMapping 等软件，关闭闲置和有潜在危险的端口。

2）屏蔽扫描端口

当系统的端口被不明程序扫描的时候，最佳应对方法就是将该端口屏蔽，不开放即不会被扫描。Windows 下手动屏蔽端口，可以通过操作系统中的"安全策略"组件中的"IP 安全策略"项中的"筛选器"来实现。如果手动方式完成起来相当困难，则需要借助软件实现，一般常见的就是所熟悉的防火墙。

3）防火墙

防火墙的工作原理是，首先检查每个到达计算机的数据包，在这个包被计算机上运行的任何软件看到之前，防火墙有完全的否决权，可以禁止计算机接收 Internet 上的任何东西。在第一个请求建立连接的包被计算机回应后，一个"TCP/IP 端口"被打开；端口扫描时，对方计算机不断和本地计算机建立连接，并逐渐打开各个服务器所对应的"TCP/IP"端口及闲置端口，防火墙经过自带的拦截规则判断，就能够知道对方是否正进行端口扫描，并拦截对方发送的所有扫描需要的数据包。

3.2　嗅探攻击

3.2.1　嗅探攻击概述

嗅探也称"网络监听"或"网络分析"，起初，网络监听通常被网络管理员用于在以太网中监测传输的网络数据，它在排除网络故障等方面起到了重要的作用。后来，有一些人发现网络监听可以用于口令监听等敏感数据的截获，于是开始将这种技术引入到黑客领域，进而就给以太网的安全带来了极大的隐患。我们可以把网络监听想象成"电气工程师使用万用表测量电流、电压和电阻"的工作，在看似无迹可循的电流中也有着这样或是那样令人感兴趣的数据。同样的道理,在网络中流动的数据里也可以通过专业的工具找出各种有用的数据,比方说密码。

1994 年 2 月,相继发生了几次大的安全事件,如某人在众多的主机和骨干网络设备上安装了网络监听软件,利用它对美国骨干互联网和军方网窃取了超过 100000 个有效的用户名和口令。上述事件可能是互联网上最早期的大规模网络监听事件了,它使早期网络监听从"地下"走向公开,并迅速地在大众中普及开来。在网络监听引起人们的普遍注意后,很多疑问随之而生,如:"我可以监听 Internet 中任意计算机的数据吗?""我可以使用交换机来解决网络监听问题吗?""是不是被监听到的数据都是明文的?"

其实,之所以会产生这些疑惑,都是因为对网络监听技术的基本知识不了解导致的。要了解网络监听,首先需要知道网络传输组成:每台计算机都是通过网卡进行数据传输的;每块网卡都需要安装专用的驱动程序才能使用;每块网卡都有独自的 MAC 地址;计算机之间需要使用 TCP/IP 协议进行通信;网卡都会自动或手工绑定一个 IP 地址。

网卡有数种用于接收数据帧的状态,如 unicast、broadcast、multicast、promiscuous,它们的含义分别如下。

广播模式:可以接收网络里的广播信息。

直接模式:只能接收目的地址是本机的数据包,其他的统统被忽略。

多播模式:可以接收特定的多播数据。

混杂模式:在这种模式下,只要流经网卡的数据都将被截获。

网页浏览、邮件收发等常见网络应用,都是依靠 TCP/IP 协议族实现的,大家知道有两个主要的网络体系:OSI 参考模型和 TCP/IP 参考模型,OSI 参考模型即为通常说的 7 层协议,它由下向上分别为物理层、数据链路层、网络层、传输层、会话层、表示层、应用层,而TCP/IP 参考模型去掉了会话层和表示层后,由剩下的 5 层构成了互联网的基础,在网络的后台默默地工作着。

从 TCP/IP 参考模型的角度来看,数据包在局域网内发送的过程如下。

当数据由应用层自上而下的传递时,在网络层形成 IP 数据包,再向下到达数据链路层,由数据链路层将 IP 数据包分割为数据帧,增加以太网包头,再向下一层发送。

需要注意的是,以太网的包头中包含着本机和目标设备的 MAC 地址,即链路层的数据帧发送时是依靠 48 位的以太网地址,而非 IP 地址来确认的,以太网的网卡设备驱动程序不会关心 IP 数据包中的目的 IP 地址,它所需要的仅仅是 MAC 地址。

目标 IP 的 MAC 地址又是如何获得的呢? 发端主机会向以太网上的每个主机发送一份包含目的地的 IP 地址的以太网数据帧(称为 ARP 数据包),并期望目的主机回复,从而得到目的主机对应的 MAC 地址,并将这个 MAC 地址存入自己的 ARP 缓存内。

当局域网内的主机都通过 HUB 等方式连接时,一般都称为共享式的连接,这种共享式的连接有一个很明显的特点:HUB 会将接收到的所有数据向 HUB 上的每个端口转发,也就是说,当主机根据 MAC 地址进行数据包发送时,尽管发送端主机告知了目标主机的地址,但这并不意味着在一个网络内的其他主机监听不到发送端和接收端之间的通信,只是在正常状况下其他主机会忽略这些通信报文而已。如果这些主机不愿意忽略这些报文,网卡被设置为 promiscuous 状态,那么,对于这台主机的网络接口而言,任何在这个局域网内传输的信息都是可以被监听到的。

假设,现在公司中有 10 台计算机,并通过 HUB 相连在一个以太网内,现在 A 机上的一个用户想要访问服务器中提供的网站服务,那么当 A 机上的用户在 IE 浏览器中,通过键入服务器的 IP 地址访问网站服务时,从 7 层结构的角度上来看有以下步骤。

步骤 1:当 A 机上的用户在浏览器中键入服务器的地址时,会向本机的应用层发出浏览请求。

步骤 2:应用层将请求发送到第 7 层的下一层传输层,由传输层实现利用 TCP/IP 协议对 IP 建立连接。

步骤 3:传输层将数据包交到下一层网络层,由网络层来进行网络识别。

步骤 4:由于 A 机和服务器在一个共享网络中,所以 IP 路由选择很简单——IP 数据包直接由源主机发送到目的主机。

步骤 5:由于 A 机和服务器在一个共享网络中,所以 A 机必须将 32 位的 IP 地址转换为 48 位的以太网地址(这项工作是由 ARP 来完成的)。

步骤 6:链路层的 ARP 通过工作在物理层的 HUB 向以太网上的每个主机发送一份包含目的地的 IP 地址的以太网数据帧,在这份请求报文中申明:谁是服务器 IP 地址的拥有者,请将你的硬件地址告诉我。

步骤 7:同一个以太网中的每台机器都会"接收"到这个报文,但正常状态下除了服务器外的其他主机都会忽略这个报文,而服务器的网卡驱动程序则会识别出是在寻找自己的 IP 地址,于是会自动回送一个 ARP 应答,告知自己的 IP 地址和 MAC 地址。

步骤 8:A 机的网卡驱动程序在接收到服务器的数据帧后,就知道了服务器的 MAC 地址,于是以后的数据利用这个已知的 MAC 地址作为目的地址进行发送。

此时,同在一个局域网内的主机虽然也能"看"到这个数据帧,但是都会保持静默,并不会接收这个不属于它的数据帧。

这是正常的情况,如果网卡被设置为混杂模式(promiscuous),那么步骤 8 就会发生变化,这台主机将会默不作声地监听到以太网内传输的所有信息,也就是说,窃听也就因此实现了。

这会给局域网安全带来极大的安全问题,一台系统一旦被入侵并进入网络监听状态,那么无论是本机还是局域网内的各种传输数据都会面临被窃听的巨大可能。

一个网络当中存在一个未授权的网络嗅探行为是非常严重的安全问题。它会将嗅探到的网络中的机密信息全部发送给攻击者,攻击者会出卖已经得到的某些重要信息,或者根据嗅探到的信息来决定下一步采取什么样的行动。这样,就会让我们蒙受很大的损失。因此,如何检测和防御网络嗅探行为,对于网络、安全和系统专家来说,是一项至关重要的工作。下面分别给一些在以太网和无线局域网中检测和防御网络嗅探的方法。

3.2.2　网络嗅探的检测

检测单独一台主机中是否正在被嗅探,相对来说是比较简单的。可以通过查看系统进程,或者通过检查网络接口卡的工作模式是否为混杂模式来决定是否已经被嗅探。而对于整个网络来说,检测就要复杂得多。下面,给出了在以太网和无线局域网中检测单台主机或网络中是否已经存在嗅探器的一些方法。

（1）检查网络接口卡是否为混杂模式（promisc）。要想嗅探整个网络中的网络报文，就得将网卡的工作方式设为混杂模式。检查网卡是否工作在这种模式下，在 Linux 系统中是很容易做到的。以根用户权限进入字符终端，在提示符下输入"ifconfig－a"就可以将系统中所有接口卡的详细信息都显示出来。可以检查每一个接口所显示的信息，当发现某一个接口信息中出现"PROMISC"标志，就说明这个接口卡已经工作在混杂模式下了，也就说明，如果不是你自己设置的，那么就可能是网络嗅探软件设置的。在 Linux 系统下，你还可以通过输入"ip link"命令来得到接口的详细信息。

如果要在 Windows 系统下检查网络接口卡的工作模式，就不会这么简单。因为没有一个具体的标准命令来输出这些信息。我们不得不通过使用第三方软件来检测网络接口卡的工作模式。PromiScan 软件，就是一个可以在 Windows NT/2000/XP 系统下检测出网络接口卡是否工作在混杂模式下的工具。使用 PromiScan 之前，需要从 www.securityfriday.com 网站下载 PromiScan 的压缩包，还需要从 www.winpcap.org 网站下载 Winpcap 的安装包。安装好 Winpcap，然后解压 PromiScan 压缩包后，直接运行解压目录中的 PromiScan，就可以进行检测工作。图 3-6 所示的就是这个软件的主界面。

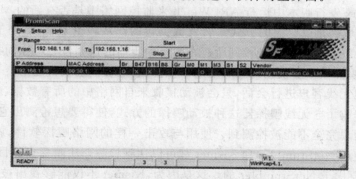

图 3-6　PromiScan 的主界面

另外，在 Linux、BSD 系统下，也有一些可以检测网络接口卡工作模式的软件。例如 Sentinel，它是一个免费的检测软件，也需要 Libpcap 库才能工作，可以从 www.packetfactory.net 下载它。

但是，有些嗅探器会将表示网络接口卡混杂模式的字符"promisc"隐藏，来躲避上述检测方式。这样，就不得不使用其他方法来检测网络中是否有网络嗅探器在运行了。

（2）监视 DNS Reverse Lookups。一些嗅探器在收到一个网络请求时，就会执行 DNS 反向查询，试着将 IP 地址解释为主机名。因此，如果你在网络中执行一个 Ping 扫描或者 Pinging 一个不存在的 IP 地址，就会触发这种活动。如果得到了回应，就说明网络中安装有网络嗅探器，如果没有收到任何回应，表明没有嗅探器在运行。

（3）发送一个带有网络中不存在的 MAC 地址的广播包到网络中的所有主机。正常情况下，网络中的主机接口卡在收到带有不存在的 MAC 地址的数据包时，会将它丢弃，而当某台主机中的网络接口卡处于混杂模式时，它就会回应一个带有 RST 标志的包。这样，就可以认为网络中已经有嗅探器在运行。但是，在交换网络环境当中，由于交换机在转发广播包时不需要 MAC 地址,所以也有可能做出以上相同响应,需根据实际情况来决定。

在 Linux 系统下,这种方法是很容易实现的。首先以根用户权限进入字符终端,在此终端下输入如下命令就可以完成。

```
# ifconfig eth0 down                              //关闭 eth0 接口
# ifconfig eth0 hw ether 00:03:C2:00:00:AA    //用不存在的 MAC 地址指定到 eth0 接口
# ifconfig eht0 up                               //重新启用 eth0
# ping - c1 - b192.168.0.255                     //发布含不存在的 MAC 地址的广播包
```

(4)小心监控网络中各种交换机和路由器的运行情况,来及时发现这些网络设备出现的某种不正常的现象。比如,当发现有些本来关闭了的端口又被启用,而某些端口连接的主机在运行却没有流量时,就得重新登录交换机或路由器,仔细查看它现在的系统设置和端口设置情况,并和记录对比,以此来发现交换机或路由器是否已经被入侵。

(5)使用 honeypot(蜜罐)技术来设计一个陷阱,以此来诱骗攻击者对它进行嗅探,并通过它来找到嗅探的源头。

(6)小心监视网络中的主机,经常查看主机中的硬盘空间是否增长过快,CPU 资源是否消耗过多,系统响应速度是否变慢,以及系统是否经常莫名其妙地断网等。

(7)在 Linux 发行版本中运行 ARPWatch 来监控网络中是否有新的 MAC 地址加入。

(8)无线局域网是以广播的方式来转发数据包的。从理论上来说,处于同一个无线局域网中的所有无线客户都可以"听"到所有在网络中传输的数据包。就如同共享式以太网一样,只要将无线嗅探器中所使用的无线适配器置为监控模式,它就再也不会与无线局域网中的访问点或其他无线客户进行会话,只会被动接收来自网络中的所有数据,就更不会对收到的数据包进行修改了。无线嗅探器这种被动嗅探的方式,使得要想检测出它们,变得非常困难。但也并不是说完全不能被检测到。使用与攻击一样的网络嗅探软件,就可以来发现非法的嗅探点。使用 NetStumbler 和 Kismet 都可以达到检测非法嗅探点的目的。但是,使用 Kismet 的效果要优于 NetStumbler 的。这是因为,Kismet 不仅能够找出被隐藏了 SSID 的无线网络嗅探器,而且,它还可以找出无线局域网中是否有安装 NetStumbler 软件的主机。更绝的是,可以通过 Kismet 来找到所在的无线局域网中所有的访问点和无线客户,并且利用 GPS 定位功能,Kismet 就可以在地图上用圆点标出这些访问点和无线客户的位置。将这位置地图状态保存,以便为下次扫描结果提供对比标准。这样一来,就可以使用 Kismet 在某个时间重新对整个无线局域网进行扫描,然后将扫描的结果和上次保存的结果进行比对,看看是否有不同之处。通过这种方法,就可以很容易地找到非法无线嗅探器。

有些攻击者会在安装网络嗅探器的主机之中,再安装上一些 rootkits 类的工具,用它来掩盖其在这台主机当中的行动踪迹,例如清除系统日志,来躲避检测。有些攻击者还会在这台主机当中安装一些后门程序或木马程序,以方便控制。这就要求,在经常进行检测的同时,还应用使用一些方法来实时监控网络,以察觉这些隐秘行为。

3.2.3　网络嗅探的防范

应对网络嗅探,只进行被动的检查是不行,有些攻击者会想方设法躲避你的检测。因此,你还应当采取一些积极的方法来防御网络嗅探。下面分别说明在以太网和无线局域网中防御网络嗅探的方法。

1) 在以太网中防御网络嗅探的方法

(1) 尽量在网络中使用交换机和路由器。虽然这种方法不能够完全杜绝被嗅探,但是,攻击者要想达到目的,也不容易。况且,还可以在交换机中使用静态 MAC 地址与端口绑定功能,来防止 MAC 地址欺骗。

(2) 对在网络中传输的数据进行加密。不管是局域网内部还是互联网传输都应该对传输的数据进行加密。现在,已经有许多提供加密功能的网络传输协议,例如 SSL、SSH、IP-SEC、OPENVPN 等等。这样,一些网络嗅探器对这些加密了的数据就无法进行正确的解码了。

(3) 对于 E-mail,也应该对它的内容进行加密后再传输。应用于 E-mail 加密的方法主要有数字认证与数字签名。

(4) 划分 VLAN(虚拟局域网)。应用 VLAN 技术,将连接到交换机上的所有主机逻辑分开。将它们之间的通信变为点对点通信方式,可以防止大部分网络嗅探器的嗅探。

(5) 在网络中布置入侵检测系统(IDS)或入侵防御系统(IPS),以及网络防火墙等安全设备。它们对于许多针对交换机和路由器的攻击方法,很容易就识别出来。

(6) 强化安全策略,加强员工安全培训和管理工作。

(7) 在内部关键位置布置防火墙和 IDS,防止来自内部的嗅探。

(8) 如果要在网络中布置网络分析器,应当保证网络分析器本身的安全,最好事先制定一个网络分析策略来规范使用。

2) 在无线局域网中防御无线网络嗅探的方法

尽管检测无线网络嗅探器有一定的难度,但还是可以使用以下一些方法来防御无线网络嗅探的。

(1) 禁止 SSID 广播。

(2) 对数据进行加密。可以在无线访问点(AP)后再连接一个 VPN 网关,通过 VPN 强大的数据加密功能来保护无线数据传输。

(3) 使用 MAC 地址过滤,强制访问控制。

(4) 使用定向天线。

(5) 采取屏蔽无线信号方法,将超出使用范围的无线信号屏蔽。

(6) 使用无线嗅探软件实时监控无线局域网中无线访问点(AP)和无线客户连入情况。

3.3　拒绝服务攻击

纵观网络安全攻击的各种方式方法,其中分布式拒绝服务(Distributed Denial of Service,DDoS)类的攻击会给互联网上的网络系统造成更大的危害。因此,了解 DDoS,了解它的工作原理及防范措施,是一个计算机网络安全技术人员应必修的内容之一。

3.3.1　DDoS 的概念

要想理解 DDoS 的概念,就必须先介绍一下拒绝服务(DoS),DoS 的英文全称是 Denial

of Service,也就是"拒绝服务"的意思。从网络攻击的各种方法和所产生的破坏情况来看，DoS算是一种很简单但又很有效的进攻方式。它的目的就是拒绝你的服务访问，破坏组织的正常运行，最终它会使你的部分 Internet 连接和网络系统失效。DoS 的攻击方式有很多种，最基本的 DoS 攻击就是利用合理的服务请求来占用过多的服务资源，从而使合法用户无法得到服务。DoS 攻击的原理如图 3-7 所示。

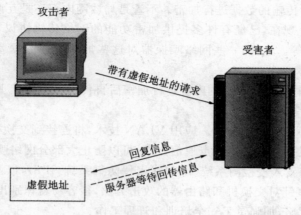

图 3-7　DoS 攻击

从图 3-7 可以看出 DoS 攻击的基本过程。首先攻击者向服务器发送众多的带有虚假地址的请求，服务器发送回复信息后等待回传信息，由于地址是伪造的，所以服务器一直等不到回传的消息，分配给这次请求的资源就始终没有被释放。在服务器等待一定的时间后，连接会因超时而被切断，攻击者会再度传送一批新的请求，在这种反复发送伪地址请求的情况下，服务器资源最终会被耗尽。

DDoS 它是一种基于 DoS 的特殊形式的拒绝服务攻击，是一种分布、协作的大规模攻击方式，主要瞄准比较大的站点，例如商业公司、搜索引擎和政府部门的站点。从图 3-7 可以看出，DoS 攻击只要一台单机和一个 modem 就可实现，与之不同的是 DDoS 攻击是利用一批受控的机器向一台机器发起攻击，这样来势迅猛的攻击令人难以防备，因此具有较大的破坏性。DDoS 的攻击原理如图 3-8 所示。

从图 3-8 可以看出，DDoS 攻击分为 3 层：攻击者、主控端、代理端，三者在攻击中扮演着不同的角色。

（1）攻击者：攻击者所用的计算机是攻击主控台，可以是网络上的任何一台主机，甚至可以是一个活动的便携机。攻击者操纵整个攻击过程，它向主控端发送攻击命令。

（2）主控端：主控端是攻击者非法侵入并控制的一些主机，这些主机还分别控制大量的代理主机。主控端主机的上面安装了特定的程序，因此它们可以接受攻击者发来的特殊指令，并且可以把这些命令发送到代理主机上。

（3）代理端：代理端同样也是攻击者侵入并控制的一批主机，它们运行攻击器程序，接收和运行主控端发来的命令。代理端主机是攻击的执行者，真正向受害者主机发送攻击。

攻击者发起 DDoS 攻击的第一步，就是寻找在 Internet 上有漏洞的主机，进入系统后在其上安装后门程序，攻击者入侵的主机越多，他的攻击队伍就越壮大。第二步在入侵主机上

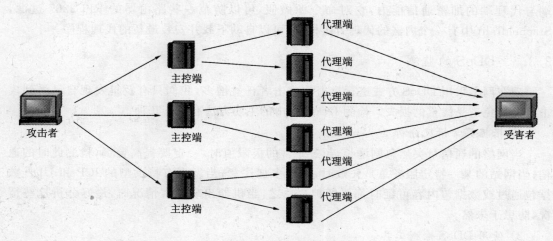

图 3-8　DDoS 攻击

安装攻击程序,其中一部分主机充当攻击的主控端,一部分主机充当攻击的代理端。最后各部分主机各司其职,在攻击者的调遣下对攻击对象发起攻击。由于攻击者在幕后操纵,所以在攻击时不会受到监控系统的跟踪,身份不容易被发现。

3.3.2　DDoS 攻击使用的常用工具

DDoS 攻击实施起来有一定的难度,它要求攻击者必须具备入侵他人计算机的能力。但是出现了一些傻瓜式的黑客程序,这些程序可以在几秒钟内完成入侵和攻击程序的安装,使发动 DDoS 攻击变成一件轻而易举的事情。下面分析一下这些常用的黑客程序。

1) Trinoo

Trinoo 的攻击方法是向被攻击目标主机的随机端口发出全零的 4 字节 UDP 包,在处理这些超出其处理能力的垃圾数据包的过程中,被攻击主机的网络性能不断下降,直到不能提供正常服务,甚至崩溃。它对 IP 地址不做假,采用的通信端口如下。

攻击者主机到主控端主机:27665/TCP;

主控端主机到代理端主机:27444/UDP;

代理端主机到主服务器主机:31335/UDP。

2) TFN

TFN 由主控端程序和代理端程序两部分组成,它主要采取的攻击方法为:SYN 风暴、Ping 风暴、UDP 炸弹和 SMURF,具有伪造数据包的能力。

3) TFN2K

TFN2K 是由 TFN 发展而来的,在 TFN 所具有的特性上,TFN2K 又新增一些特性,它的主控端和代理端的网络通信是经过加密的,中间还可能混杂了许多虚假数据包,而 TFN 对 ICMP 的通信没有加密。攻击方法增加了 Mix 和 Targa3。并且 TFN2K 可配置代理端进程端口。

4) Stacheldraht

Stacheldraht 也是从 TFN 派生出来的,因此它具有 TFN 的特性。此外它增加了主控端与代理端的加密通信能力,它对命令源做假,可以防范一些路由器的 RFC2267 过滤。Stacheldraht 中有一个内嵌的代理升级模块,可以自动下载并安装最新的代理程序。

3.3.3 DDoS 的监测

现在网上采用 DDoS 方式进行攻击的攻击者日益增多,我们只有及早发现自己受到攻击才能避免遭受惨重的损失。检测 DDoS 攻击的主要方法有以下几种。

1)根据异常情况分析

当网络的通信量突然急剧增长,超过平常的极限值时,一定要提高警惕,检测此时的通信;当网站的某一特定服务总是失败时,也要多加注意;当发现有特大型的 ICP 和 UDP 数据包通过或数据包内容可疑时都要留神。总之,当机器出现异常情况时,最好分析这些情况,防患于未然。

2)使用 DDoS 检测工具

当攻击者想使其攻击阴谋得逞时,他首先要扫描系统漏洞,目前市面上的一些网络入侵检测系统,可以杜绝攻击者的扫描行为。另外,一些扫描器工具可以发现攻击者植入系统的代理程序,并可以把它从系统中删除。

3.3.4 DDoS 攻击的防御策略

由于 DDoS 攻击具有隐蔽性,因此到目前为止,我们还没有发现对 DDoS 攻击行之有效的解决方法。所以我们要加强安全防范意识,提高网络系统的安全性。可采取的安全防御措施有以下几种。

(1)及早发现系统存在的攻击漏洞,及时安装系统补丁程序。对一些重要的信息(如系统配置信息)建立和完善备份机制。对一些特权账号(如管理员账号)的密码设置要谨慎。通过这样一系列的举措可以把受攻击的概率降低到最小。

(2)在网络管理方面,要经常检查系统的物理环境,禁止那些不必要的网络服务。建立边界安全界限,确保输出的包受到正确限制。经常检测系统配置信息,并注意查看每天的安全日志。

(3)利用网络安全设备(如防火墙)来加固网络的安全性,配置好它们的安全规则,过滤掉所有可能的伪造数据包。

(4)比较好的防御措施就是和网络服务提供商协调工作,让他们实现路由的访问控制和对带宽总量的限制。

(5)当发现自己正在遭受 DDoS 攻击时,应当启动应对策略,尽快追踪攻击包,并且及时联系 ISP 和有关应急组织,分析受影响的系统,确定涉及的其他节点,从而阻挡经已知攻击节点传输的数据。

(6)当潜在的 DDoS 攻击受害者发现计算机被攻击者用做主控端和代理端时,不能因为系统暂时没有受到损害而掉以轻心,因为攻击者已发现系统的漏洞,这对系统是一个很大的威胁。所以一旦发现系统中存在 DDoS 攻击的工具软件,要及时把它清除,解除后患。

3.4　ARP 攻击与防范

3.4.1　ARP 概念

在谈 ARP 之前,先要知道 ARP 的概念和工作原理,这样才能更好去面对和分析处理问题。

1) ARP 概念

ARP,全称 Address Resolution Protocol,中文名为地址解析协议,它工作在数据链路层,在本层与硬件接口联系,同时对上层提供服务。

IP 数据包常通过以太网发送,以太网设备并不识别 32 位 IP 地址,它们以 48 位以太网地址传输以太网数据包。因此,必须把 IP 目的地址转换成以太网目的地址。在以太网中,一个主机要和另一个主机进行直接通信,必须要知道目标主机的 MAC 地址。这个目标 MAC 地址是通过地址解析协议获得的。ARP 协议用于将网络中的 IP 地址解析为硬件地址(MAC 地址),以保证通信的顺利进行。

2) ARP 工作原理

首先,每台主机都会在自己的 ARP 缓冲区中建立一个 ARP 列表,以表示 IP 地址和 MAC 地址的对应关系。当源主机需要将一个数据包发送到目的主机时,首先会检查自己 ARP 列表中是否存在该 IP 地址对应的 MAC 地址,如果有, 就直接将数据包发送到这个 MAC 地址;如果没有,就向本地网段发起一个 ARP 请求广播包,查询此目的主机对应的 MAC 地址。ARP 请求数据包包括源主机的 IP 地址、硬件地址以及目的主机的 IP 地址。网络中所有的主机收到这个 ARP 请求后,会检查数据包中的目的 IP 是否和自己的 IP 地址一致。如果不相同就忽略此数据包;如果相同,该主机首先将发送端的 MAC 地址和 IP 地址添加到自己的 ARP 列表中,如果 ARP 表中已经存在该 IP 的信息,则将其覆盖,然后给源主机发送一个 ARP 响应数据包,告诉对方自己是它需要查找的 MAC 地址;源主机收到这个 ARP 响应数据包后,将得到的目的主机的 IP 地址和 MAC 地址添加到自己的 ARP 列表中,并利用此信息开始数据的传输。如果源主机一直没有收到 ARP 响应数据包,表示 ARP 查询失败。

例如,

A 的 IP 地址为 192.168.10.1,MAC 地址为 AA-AA-AA-AA-AA-AA;

B 的 IP 地址为 192.168.10.2,MAC 地址为 BB-BB-BB-BB-BB-BB。

根据上面所讲的原理,简单说明这个过程:A 要和 B 通信,A 就需要知道 B 的以太网地址,于是 A 发送一个 ARP 请求,B 发现该 ARP 请求的地址和自己的一致,然后 B 就向 A 发送一个 ARP 单播应答(192.168.10.2 在 BB-BB-BB-BB-BB-BB)。

3) ARP 通信模式

通信模式(Pattern Analysis):在网络分析中,通信模式的分析是很重要的,不同的协议和不同的应用都会有不同的通信模式。有些时候,相同的协议在不同的企业应用中也会出现不同的通信模式。ARP 在正常情况下的通信模式为,请求→应答→请求→应答,也就是应该一问一答。

3.4.2　常见 ARP 攻击类型

常见的 ARP 攻击为两种类型：ARP 扫描和 ARP 欺骗。

1）ARP 扫描（ARP 请求风暴）

通信模式：请求→请求→请求→请求→请求→请求→应答→请求→请求→请求……

描述：网络中出现大量 ARP 请求广播包，几乎都是对网段内的所有主机进行扫描。大量的 ARP 请求广播可能会占用网络带宽资源；ARP 扫描一般为 ARP 攻击的前奏。

出现原因（可能）：病毒程序，侦听程序，扫描程序。

如果网络分析软件部署正确，可能是我们只镜像了交换机上的部分端口，所以大量 ARP 请求是来自与非镜像口连接的其他主机发出的。

如果部署不正确，那么这些 ARP 请求广播包则是来自和交换机相连的其他主机。

2）ARP 欺骗

ARP 协议并不只在发送了 ARP 请求才接收 ARP 应答。当计算机接收到 ARP 应答数据包的时候，就会对本地的 ARP 缓存进行更新，将应答中的 IP 和 MAC 地址存储在 ARP 缓存中。所以在网络中，有人发送一个自己伪造的 ARP 应答，网络可能就会出现问题。这可能就是协议设计者当初没考虑到的。

（1）欺骗原理。假设一个网络环境中，网内有三台主机，分别为主机 A、B、C。主机详细信息如下描述：

A 的 IP 地址为 192.168.10.1，MAC 地址为 AA-AA-AA-AA-AA-AA；

B 的 IP 地址为 192.168.10.2，MAC 地址为 BB-BB-BB-BB-BB-BB；

C 的 IP 地址为 192.168.10.3，MAC 地址为 CC-CC-CC-CC-CC-CC。

正常情况下 A 和 C 之间进行通信，但是此时 B 向 A 发送一个自己伪造的 ARP 应答，而这个应答中的数据为发送方 IP 地址是 192.168.10.3（C 的 IP 地址），MAC 地址是 BB-BB-BB-BB-BB-BB（C 的 MAC 地址本来应该是 CC-CC-CC-CC-CC-CC，这里被伪造了）。当 A 接收到 B 伪造的 ARP 应答，就会更新本地的 ARP 缓存（A 被欺骗了），这时 B 就伪装成 C 了。同时，B 同样向 C 发送一个 ARP 应答，应答包中发送方 IP 地址是192.168.10.1（A 的 IP 地址），MAC 地址是 BB-BB-BB-BB-BB-BB（A 的 MAC 地址本来应该是 AA-AA-AA-AA-AA-AA），当 C 收到 B 伪造的 ARP 应答，也会更新本地 ARP 缓存（C 也被欺骗了），这时 B 就伪装成了 A。这样主机 A 和 C 都被主机 B 欺骗，A 和 C 之间通信的数据都经过了 B。主机 B 完全可以知道他们之间说的什么。这就是典型的 ARP 欺骗过程。

注意：一般情况下，ARP 欺骗的某一方应该是网关。

（2）ARP 欺骗存在两种情况：一种是欺骗主机作为"中间人"，被欺骗主机的数据都经过它中转一次，这样欺骗主机可以窃取到被它欺骗的主机之间的通信数据；另一种是让被欺骗主机直接断网。

① 窃取数据（嗅探）。

通信模式：应答→应答→应答→应答→应答→请求→应答→应答→请求→应答。

描述：这种情况属于我们上面所说的典型的 ARP 欺骗，欺骗主机向被欺骗主机发送大量伪造的 ARP 应答包进行欺骗,在通信双方被欺骗后,自己作为一个"中间人"的身份。此时被欺骗的主机双方还能正常通信,只不过在通信过程中被欺骗者"窃听"了。

出现原因(可能):木马病毒,嗅探,人为欺骗。

② 导致断网。

通信模式:应答→应答→应答→应答→应答→应答→请求……

描述:这类情况就是在 ARP 欺骗过程中,欺骗者只欺骗了其中一方,如 B 欺骗了 A,但是同时 B 没有对 C 进行欺骗,这样 A 实质上是在和 B 通信,所以 A 就不能和 C 通信了,另外一种情况还可能就是欺骗者伪造一个不存在的地址进行欺骗。

对于伪造地址进行的欺骗,在排查上比较困难,最好是借用 TAP 设备分别捕获单向数据流进行分析。

出现原因(可能):木马病毒,人为破坏,一些网管软件的控制功能。

3.4.3　常用的防护方法

搜索网上,目前对于 ARP 攻击防护的方法一般是绑定 IP 和 MAC,以及使用 ARP 防护软件,也出现了具有 ARP 防护功能的路由器。我们来了解下这三种方法。

1) 静态绑定

最常用的方法就是进行 IP 和 MAC 地址静态绑定,在网内把主机和网关都进行 IP 和 MAC 地址绑定。

欺骗是通过 ARP 的动态实时的规则欺骗内网机器,所以把 ARP 全部设置为静态可以解决对内网计算机的欺骗,同时在网关也要进行 IP 和 MAC 地址的静态绑定,这样双向绑定才比较保险。

方法:对每台主机进行 IP 和 MAC 地址静态绑定。通过命令 arp - s 可以实现,命令格式为"arp - s IP MAC 地址"。

例如:"arp - s192.168.10.1 AA-AA-AA-AA-AA-AA"。

如果设置成功,在计算机上通过执行 arp-a 可以看到相关的提示为

Internet Address Physical Address Type

192.168.10.1 AA-AA-AA-AA-AA-AA static(静态)

一般不绑定,在动态的情况下的提示为

Internet Address Physical Address Type

192.168.10.1 AA-AA-AA-AA-AA-AA dynamic(动态)

说明:网络中有很多主机,如果对每一台都进行静态绑定,工作量是非常大的。这种静态绑定,在计算机每次重启后,都必须重新绑定,虽然也可以制作一个批处理文件,但是还是比较麻烦。

2) 使用 ARP 防护软件

目前关于 ARP 类的防护软件比较多,比较常用的 ARP 工具主要是欣向 ARP 工具、Antiarp 等。它们除了能检测出 ARP 攻击外,还可以一定频率向网络广播正确的 ARP 信息。下面简单介绍两个小工具。

(1) 欣向 ARP 工具。

有以下 5 个功能。

① IP/MAC 清单。

选择网卡。如果是单网卡不需要设置。如果是多网卡,需要设置连接内网的那块网卡。

IP/MAC 扫描。这里会扫描目前网络中所有的机器的 IP 与 MAC 地址。请在内网运行正常时扫描,因为这个表格将作为对之后 ARP 的参照。

之后的功能都需要这个表格的支持,如果出现提示无法获取 IP 或 MAC,就说明这里的表格里面没有相应的数据。

② ARP 欺骗检测。

这个功能会一直检测内网是否有计算机冒充表格内的 IP。可以把主要的 IP 设到检测表格里面,例如,路由器、电影服务器等需要内网机器访问的机器 IP。

"ARP 欺骗记录"表中的信息的含义分别如下。

Time:发现问题时的时间。

sender:发送欺骗信息的 IP 或 MAC 地址。

Repeat:欺诈信息发送的次数。

ARP info:发送欺骗信息的具体内容,如:

Time sender Repeat ARP info 22:22:22 192.168.1.22 1433 192.168.1.1 is at 00:0e:03:22:02:e8

这条信息的意思是,在 22:22:22 的时间,检测到由 192.168.1.22 发出的欺骗信息,已经发送了 1433 次,他发送的欺骗信息的内容是,192.168.1.1 的 MAC 地址是 00:0e:03:22:02:e8。

打开检测功能,如果出现针对表内 IP 的欺骗,会出现提示。可以按照提示查到内网的 ARP 欺骗的根源。提示一句,任何机器都可以冒充其他机器发送 IP 与 MAC 地址,所以即使提示出某个 IP 或 MAC 在发送欺骗信息,也未必是 100% 准确。

③ 主动维护。

这个功能可以直接解决 ARP 欺骗的掉线问题,但是并不是理想方法。他的原理就在网络内不停地广播指定 IP 的正确 MAC 地址。

"制定维护对象"的表格里面就是设置需要保护的 IP。发包频率就是每秒发送多少个正确的包。强烈建议采用尽量少的广播 IP,尽量小的广播频率。一般设置 1 次就可以,如果没有绑定 IP 的情况下,出现 ARP 欺骗,则可以设置到 50~100 次,如果还有掉线,则可以设置更高,即可以实现快速解决 ARP 欺骗的问题。但是想真正解决 ARP 问题,还是请参照上面绑定方法。

④ 欣向路由器日志。收集欣向路由器的系统日志等功能。

⑤ 抓包。类似于网络分析软件的抓包,保存格式是 .cap。

(2) Antiarp。

这个软件界面比较简单,下面介绍该软件的使用方法。

① 填入网关 IP 地址,单击"获取网关地址"将会显示网关的 MAC 地址。单击"自动防护"即可保护当前网卡与该网关的通信不会被第三方监听。注意:如出现 ARP 欺骗提示,这说明攻击者发送了 ARP 欺骗数据包来获取网卡的数据包,如果想追踪攻击来源,请记住

攻击者的 MAC 地址,利用 MAC 地址扫描器可以找出 IP 对应的 MAC 地址。

② IP 地址冲突。如频繁的出现 IP 地址冲突,这说明攻击者频繁发送 ARP 欺骗数据包,才会出现 IP 冲突的警告,利用 AntiARPSniffer 可以防止此类攻击。

③ 需要知道冲突的 MAC 地址,Windows 会记录这些错误。查看具体方法如下:

右击"我的电脑"→"管理"→点击"事件查看器"→单击"系统"→查看来源为"TcpIP"→双击"事件",可以看到显示地址发生冲突,并记录了该 MAC 地址,请复制该 MAC 地址并填入 AntiARPSniffer 的本地 MAC 地址输入框中(请注意将:转换为-),输入完成之后,单击"防护地址冲突",在 CMD 命令行中输入 Ipconfig/all,查看当前 MAC 地址是否与本地 MAC 地址输入框中的 MAC 地址相符,如果成功将不再会显示地址冲突。

注意:如果想恢复默认 MAC 地址,请单击"恢复默认",为了使 MAC 地址生效,请禁用本地网卡,然后再启用网卡。

3) 具有 ARP 防护功能的路由器

这类路由器以前很少使用,对于这类路由器中提到的 ARP 防护功能,其实它的原理就是定期发送自己正确的 ARP 信息。但是路由器的这种功能对于真正意义上的攻击,是无法防御的。

ARP 最常见的攻击特征就是掉线,一般情况下不需要处理,一定时间内可以恢复正常,这是因为 ARP 欺骗是有老化时间的。现在大多数路由器都会在很短时间内不停广播自己正确的 ARP 信息,使受骗的主机恢复正常。但是如果出现攻击性 ARP 欺骗(其实就是时间很短、量很大的欺骗 ARP),它不断地发起 ARP 欺骗包来阻止内网机器上网,即使路由器不断广播正确的包也会被大量的错误信息给淹没。

若要比欺骗者更多更快发送正确的 ARP 信息,即如果攻击者每秒发送 1000 个 ARP 欺骗包,那就每秒发送 1500 个正确的 ARP 信息。但是如果网络拓扑很大,网络中接入了很多网络设备和主机,大量的设备都去处理这些广播信息,会造成网络资源的浪费和占用。如果该网络出了问题,我们抓包分析,数据包中也会出现很多这类 ARP 广播包,对分析也会造成一定的影响。

3.5　木马植入与防护

3.5.1　木马概述

特洛伊木马(简称木马)作为一种计算机网络病毒,是一类恶意程序,对计算机信息资源构成了极大危害,隐蔽性强,是目前攻击计算机信息系统的主要手段之一。木马是一种远程控制软件,一般使用客户机/服务器模式,但是与一般意义上的客户机/服务器模式不同的是,木马是将服务器端放置在被控制的主机上,而客户端则安装在黑客本人使用的主机上。同时木马程序的隐藏技术在不断变动和提高,目前检测手段对木马程序的检测也变得更加困难。随着计算机网络的迅速普及,人类社会已经越来越离不开网络。同时网络中也存在越来越多的不同程度的窥探者、破坏者、盗窃者,危害着人类社会的和谐发展。一旦用户计算机被植入木马,在用户上网的时候,黑客就可以使用控制器进入并控制用户的计算机,查看黑客自己认为有用的文件和系统信息,盗取计算机中的口令,以达到黑客自己的非正当目的。完整的木马程序一般由两个部分组成:一个是服务器程序,一个是控制器程序。"中了木马"就是指安装了木马的服务器程序,若你的计算机安装了服务器程序,则拥有控制器程序的人就可以通过网络控制你的计算机,为所欲为,这时计算机上的各种文件、程序,以及在你的计算机上使用的账号、密码就无安全性可言了。

木马程序不能算是一种病毒,但越来越多的新版杀毒软件已可以查杀一些木马了,所以也有不少人称木马程序为黑客病毒。

同样,木马技术也是一种军民两用的网络攻击技术。在信息战中,人们将以攻击对方的信息系统为主要手段,破坏对方军事指挥和武器控制系统,同时也会对各种涉及国民经济命脉的诸多系统造成破坏。

木马的基本功能:① 远程监视、控制;② 远程视频监测;③ 远程管理;④ 发送信息;⑤ 获得主机信息;⑥ 修改系统注册表;⑦ 远程命令。

3.5.2 木马的攻击技术

从本质上看,木马都是网络客户机/服务器模式,它分为客户端和服务端。其原理是一台主机提供服务,另一台主机接收服务,作为服务器的主机一般会打开一个默认的端口进行监听。如果有客户机向服务器的这一端口提出连接请求,服务器上的响应程序就会自动运行,来应答客户机的请求。这个程序称为守护进程。使用木马进行网络入侵,从过程上看大致可分为 6 步来阐述木马的攻击原理。

1) 木马的配置

一般来说一个设计成熟的木马都有木马配置程序,从具体的配置内容看,主要是为了实现以下两个方面的功能。

(1) 木马伪装:木马配置程序为了在服务端尽可能好地隐藏木马,会采用多种伪装手段,如修改图标、捆绑文件、定制端口、自我销毁等。

(2) 信息反馈:木马配置程序将就信息反馈的方式或地址进行设置,如设置信息反馈的邮件地址、IRC 号等。

2) 木马的传播

(1) 利用系统漏洞入侵。

众所周知,Windows 系统的漏洞非常多,黑客可以使用网络扫描程序来扫描某一 IP 段的计算机,查找出哪些计算机存在漏洞,然后通过系统漏洞进入计算机,并安装木马服务器程序。如果对方疏于防范,没有及时打上各种补丁和安装防火墙,那么黑客种植木马服务器程序的成功率可以说高达百分之百。

(2) 利用文件下载。

事先把木马服务器程序捆绑或伪装成一个热门的程序或文件,然后发布到下载网站或论坛中,对方一旦下载使用,被捆绑了木马服务器程序的程序或文件仍可以正常运行,但同时木马服务器程序也跟着悄悄运行,这起到了很好的迷惑作用。由于网站和论坛的每日浏览量和下载量巨大,所以中招的人也非常多,差不多能达到 50% 以上。

(3) 利用邮件群发。

利用邮件传播木马服务器程序是黑客最常用,也是最简单的手段之一,而且传播范围非常广。黑客只需利用一款具有群发功能的邮件客户端程序,然后将木马服务器程序伪装成附件,再起一个让大家感兴趣的标题,比如"一个精彩的 FLASH 动画"等,最后将邮件随机发送出去。当收件人忍不住打开附件查看时,他的系统就被偷偷种植了木马服务器程序。此种手段与利用文件下载一样,都采用"海选"的方式,所以中招者非常多,也在 50% 以上。

(4) 利用 P2P 下载传播。

现在使用 P2P 软件下载文件的人越来越多,所以 P2P 也成了新的木马服务器程序的寄生地。比如,将已损坏的电影文件和一个伪装成插件的木马服务器程序同时共享,并提示下载者只有安装插件才能观看影片来诱骗对方运行木马服务器程序。或是对电影文件本身做手脚,利用播放器的漏洞,在制作电影文件时插入一个命令,当播放该电影时,就会提示下载某个插件,使用者单击同意后下载的其实是木马服务器程序等。不过该方法对于使用第三方播放器,如"暴风影音"等就无效了,所以成功率不是很高,在 30% 左右。

(5) 利用即时通信软件。

利用 QQ、MSN 等即时通信软件传播木马服务器程序现在已经司空见惯了,群众的警惕性也很高了,很少会人轻易单击消息中的网址和接收自运行程序了。但这并不表明就没有漏洞可钻,黑客只需把木马服务器程序捆绑到或伪装成非 .exe 格式文件即可,比如伪装成图片文件,只要打开该图片就会触发木马服务器程序的下载。或是将其捆绑到 Word 文档中,将木马服务器程序接在一个 .doc 格式文件的末尾,使别人察觉不出木马的存在,当别人单击这个所谓的 Word 文档时就会中招。所以利用人们的马虎大意在 QQ 等即时通信软件中种植木马是最方便和最见效的,成功率高达 80% 以上。

(6) 利用网页传播。

将木马服务器程序内嵌到网页中,当别人在浏览该网页时就会被悄悄地植入木马服务器程序。比如,前一段非常有名的网络"图片木马",把木马服务器程序转化成为 .bmp 图片,.bmp 文件的文件头有 54 个字节,包括长宽、位数、文件大小、数据区长度。黑客只要在木马服务器程序的文件头上加上这 54 字节,浏览器就会把它当成 .bmp 文件下载到临时文件夹中,再用一个 .vbs 文件在注册表添加启动项,利用那个 .vbs 找到 .bmp,调用 debug 来还原木马服务器程序,最后运行程序完成木马植入。下一次启动时木马就运行了,无声无息,非常隐蔽。网页木马这种方式,让人防不胜防,所以成功率也相对较高,中招者在 50% 以上。

3) 木马的自启动

服务端用户运行木马或捆绑木马的程序后,木马就会自动进行安装。首先将自身拷贝到 Windows 的系统文件夹 C:\WINDOWS 或 C:\WINDOWS\SYSTEM 目录下。然后在注册表、启动组、非启动组中设置好木马的触发条件,这样木马的安装就完成了。安装后就可以启动木马了。启动方式主要分为自启动激活木马和触发式激活木马两种方式,具体有下面 8 种方法。

(1) 注册表。打开 HKEY_LOCAL_MACHINE\Software\Microsoft\Windows\CurrentVersion\下的 Run 和 RunServices 主键,在其中寻找可能是启动木马的键值。

(2) win.ini。C:\WINDOWS 目录下有一个配置文件 win.ini,用文本方式打开,在

windows 字段中有启动命令 load＝和 run＝,在一般情况下是空白的,如果有启动程序,可能是木马。

（3）system. ini。C:\WINDOWS 目录下有个配置文件 system. ini,用文本方式打开,在 386Enh、mic、drivers32 中有命令行,在其中寻找木马的启动命令。

（4）Autoexec. bat 和 Config. sys。在 C 盘根目录下的这两个文件也可以启动木马。但这种加载方式一般都需要控制端用户与服务端建立连接后,将已添加木马启动命令的同名文件上传到服务端覆盖这两个文件才行。

（5）*.ini,即应用程序的启动配置文件,控制端利用这些文件能启动程序的特点,将制作好的带有木马启动命令的同名文件上传到服务端覆盖这同名文件,这样就可以达到启动木马的目的了。

（6）另一种注册表方式。

打开 HKEY_CLASSES_ROOT\文件类型\shell\open\command 主键,查看其键值。需要说明的是不只是. txt 文件,通过修改. html、. exe、. zip 等文件的启动命令的键值,都可以启动木马,不同之处只在于"文件类型"这个主键的差别,. txt 是 txtfile,. zip 是 winzip。

（7）捆绑文件。实现这种触发条件首先要控制端和服务端通过木马建立连接,然后控制端用户用工具软件将木马文件和某一应用程序捆绑在一起,然后上传到服务端覆盖原文件,这样即使木马被删除了,只要运行捆绑了木马的应用程序,木马又会被安装上去。

（8）启动菜单。在"开始—程序—启动"选项下也可能有木马的触发条件。

4）木马的信息泄露

设计成熟的木马都有一个信息反馈机制。所谓信息反馈机制是指木马成功安装后会收集一些服务端的软硬件信息,并通过 E-mail、IRC 或 ICQ 的方式告知控制端用户。从这封邮件中我们可以知道服务端的一些软硬件信息,包括使用的操作系统、系统目录、硬盘分区情况、系统口令等,在这些信息中,最重要的是服务端 IP 地址,因为只有得到这个参数,控制端才能与服务端建立连接。

5）建立连接

一个木马连接的建立首先必须满足两个条件:一是服务端已安装了木马程序;二是控制端、服务端都在线。在此基础上控制端可以通过木马端口与服务端建立连接。

假设 A 机为控制端,B 机为服务端,对于 A 机来说要与 B 机建立连接必须知道 B 机的木马端口和 IP 地址,由于木马端口是 A 机事先设定的,为已知项,所以最重要的是如何获得 B 机的 IP 地址。获得 B 机的 IP 地址的方法主要有两种:信息反馈和 IP 扫描。对于前一种,在上一节中已经介绍过,不再赘述,这是重点介绍 IP 扫描,因为 B 机装有木马程序,所以它的木马端口 7626 是处于开放状态的,现在 A 机只要扫描 IP 地址段中 7626 端口是开放的就行了,例如,B 机的 IP 地址是 202.102.47.56,当 A 机扫描到这个 IP 地址时发现它的 7626 端口是开放的,那么这个 IP 就会被添加到列表中,这时 A 机就可以通过木马的控制端程序向 B 机发出连接信号,B 机中的木马程序收到信号后立即做出响应,当 A 机收到响应的信号后,开启一个随即端口 1037 与 B 机的木马端口 7626 建立连接,到这时一个木马连接才算真正建立。值得一提的是,要扫描整个 IP 地址段显然费时费力,一般来说控制端都是先通过信息反馈获得服务端的 IP 地址,由于拨号上网的 IP 是动态的,即用户每次上网的 IP

都是不同的,但是这个 IP 是在一定范围内变动的,如 B 机的 IP 是202.102.47.56,那么 B 机上网的 IP 地址的变动范围是在 202.102.000.000~202.102.255.255,所以每次控制端只要搜索这个 IP 地址段就可以找到 B 机了,如图 3-9 所示。

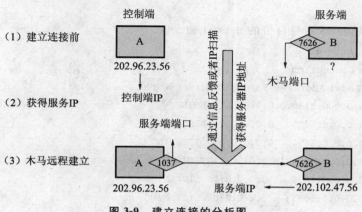

图 3-9　建立连接的分析图

6)远程控制

木马控制端上的控制端程序通过木马程序对服务端进行远程控制的方法如下。

(1)窃取密码:一切以明文的形式或缓存在 CACHE 中的密码都能被木马侦测到,此外很多木马还提供有击键记录功能,它将会记录服务端每次敲击键盘的动作,所以一旦有木马入侵,密码将很容易被窃取。

(2)文件操作:控制端可借助远程控制对服务端上的文件进行删除、新建、修改、上传、下载、运行、更改属性等一系列操作,基本涵盖了 Windows 平台上所有的文件操作功能。

(3)修改注册表:控制端可任意修改服务端注册表,包括删除、新建或修改主键、子键、键值。有了这项功能控制端就可以禁止服务端软驱、光驱的使用,锁住服务端的注册表,将服务端上木马的触发条件设置得更隐蔽。

(4)系统操作:这项内容包括重启或关闭服务端操作系统,断开服务端网络连接,控制服务端的鼠标、键盘,监视服务端桌面操作,查看服务端进程等,控制端甚至可以随时给服务端发送信息。

3.5.3　木马的检测与防范

木马程序不同于病毒程序,通常并不像病毒程序那样感染文件。木马一般是以寻找后门、窃取密码和重要文件为主,还可以对计算机进行跟踪监视、控制、查看、修改资料等操作,具有很强的隐蔽性、突发性和攻击性。由于木马具有很强的隐蔽性,用户往往是在自己的密码被盗、机密文件丢失的情况下才知道自己中了木马。这里将介绍如何检测自己的机子是否中了木马,如何对木马进行清除和防范。

1)木马检测

(1)查看开放端口。

当前最为常见的木马通常是基于 TCP/UDP 协议进行客户端与服务端之间通信的,这样我们就可以通过查看本机开放的端口,掌握是否有可疑的程序打开了某个可疑的端口。例如,冰河使用的监听端口是 7626,Back Orifice 2000 使用的监听端口是 54320 等。假如查看到有可疑的程序在利用可疑端口进行连接,则很有可能就是中了木马。查看端口的方法有如下几种。

① 使用 Windows 本身自带的 netstat 命令。

```
C:》netstat- an
Active Connections
Proto Local Address   Foreign Address State
TCP  0.0.0.0:1130.0.0.0:0  LISTENING
TCP  0.0.0.0:135     0.0.0.0:0   LISTENING
TCP  0.0.0.0:445     0.0.0.0:0   LISTENING
TCP  0.0.0.0:10250.0.0.0:0  LISTENING
TCP  0.0.0.0:1026    0.0.0.0:0   LISTENING
TCP  0.0.0.0:1033    0.0.0.0:0   LISTENING
TCP  0.0.0.0:12300.0.0.0:0  LISTENING
TCP  0.0.0.0:12320.0.0.0:0  LISTENING
TCP  0.0.0.0:12390.0.0.0:0  LISTENING
TCP  0.0.0.0:17400.0.0.0:0  LISTENING
TCP  127.0.0.1:5092  0.0.0.0:  LISTENING
TCP  127.0.0.1:5092  127.0.0.1:1748   TIME_WAI
TCP  127.0.0.1:6092  0.0.0.0:0  LISTENING
UDP  0.0.0.0:69    * :*
UDP  0.0.0.0:445   * :*
UDP  0.0.0.0:1703  * :*
UDP  0.0.0.0:1704  * :*
UDP  0.0.0.0:4000  * :*
UDP  0.0.0.0:6000  * :*
UDP  0.0.0.0:6001  * :*
UDP  127.0.0.1:1034  * :*
UDP  127.0.0.1:1321  * :*
UDP  127.0.0.1:1551  * :*
```

② 使用 Windows 2000 下的命令行工具 fport。

```
E:\software> Fport.exe
FPortv2.0- TCP/IPProcess to Port Mapper
Copyright 2000 by Foundstone,Inc.
http://www.foundstone.com
Pid Process   Port Proto Path
420 svchost- > 135TCPE:\WINNT\system32\svchost.exe
8   System- > 139 TCP
8   System- > 445 TCP
768 MSTask- > 1025 TCPE:\WINNT\system32\MSTask.exe
```

```
8  System- > 1027 TCP
8  System- > 137 UDP
8  System- > 138 UDP
8 System- > 445 UDP
256 lsass- > 500 UDPE:\WINNT\system32\lsass.exe
```

③ 使用图形化界面工具 Active Ports。

这个工具可以监视计算机中所有打开的 TCP/IP/UDP 端口,还可以显示所有端口所对应的程序所在的路径,本地 IP 和远端 IP(试图连接你的计算机 IP)是否正在活动。这个工具适用于 Windows NT/2000/XP 平台。

(2)查看 win.ini 和 system.ini 系统配置文件。

查看 win.ini 和 system.ini 系统配置文件是否有被修改的地方。例如,有的木马通过修改 win.ini 文件中 windows 节的“load＝file.exe,run＝file.exe”语句进行自动加载。此外可以修改 system.ini 中的 boot 节,实现木马加载。例如,“妖之吻”病毒,将“Shell＝Explorer.exe”(Windows 系统的图形界面命令解释器)修改成“Shell＝yzw.exe”,在计算机每次启动后就自动运行程序 yzw.exe。修改的方法是将“shell＝yzw.exe”还原为“shell＝explorer.exe”就可以了。

(3)查看启动程序。

如果木马自动加载的文件是直接通过在 Windows 菜单上自定义添加的,一般都会放在主菜单的“开始”→“程序”→“启动”处,在 Win98 资源管理器里的位置是“C:\windows\startmenu\programs\启动”处。通过这种方式,文件自动加载时,一般都会将其存放在注册表中下述 4 个位置上:

　　HKEY_CURRENT_USER\Software\Microsoft\Windows\CurrentVersion\Explorer\Shell-Folders

　　HKEY_CURRENT_USER\Software\Microsoft\Windows\CurrentVersion\Explorer\User-ShellFolders

　　HKEY_LOCAL_MACHINE\Software\Microsoft\Windows\CurrentVersion\Explorer\User-ShellFolders

　　HKEY_LOCAL_MACHINE\Software\Microsoft\Windows\CurrentVersion\Explorer\Shell-Folders

检查是否有可疑的启动程序,便很容易查到是否中了木马。

(4)查看系统进程。

木马即使再狡猾,它也是一个应用程序,需要进程来执行。可以通过查看系统进程来推断木马是否存在。

在 Windows NT/XP 系统下,按下“CTL＋ALT＋DEL”键,进入任务管理器,就可看到系统正在运行的全部进程。查看进程中,要求你要对系统非常熟悉,对每个系统运行的进程要知道它是做什么用的,这样,木马运行时,就能轻易看出哪个是木马程序的活动进程了。

(5)查看注册表。

木马一旦被加载,一般都会对注册表进行修改。一般来说,木马在注册表中实现加载文件是在以下几处:

```
HKEY_LOCAL_MACHINE\Software\Microsoft\Windows\CurrentVersion\Run
HKEY_LOCAL_MACHINE\Software\Microsoft\Windows\CurrentVersion\RunOnce
HKEY_LOCAL_MACHINE\Software\Microsoft\Windows\CurrentVersion\RunServices
HKEY_LOCAL_MACHINE\Software\Microsoft\Windows\CurrentVersion\RunServicesOnce
HKEY_CURRENT_USER\Software\Microsoft\Windows\CurrentVersion\Run
HKEY_CURRENT_USER\Software\Microsoft\Windows\CurrentVersion\RunOnce
HKEY_CURRENT_USER\Software\Microsoft\Windows\CurrentVersion\RunServices
```

此外在注册表中的 HKEY_CLASSES_ROOT\exefile\shell\open\command＝""％1""％＊"处,如果其中的"％1"被修改为木马,那么每次启动一个该可执行文件时木马就会启动一次,例如著名的冰河木马就是将.txt 文件的 Notepad.exe 改成了它自己的启动文件,每次打开记事本时就会自动启动冰河木马,做得非常隐蔽。还有"广外女生"木马就是在HKEY_CLASSES_ROOT\exefile\shell\open\command＝""％1""％＊"处将其默认键值改成"％1"％＊",并在 HKEY_LOCAL_MACHINE\Software\Microsoft\Windows\Current-Version\RunServices 上添加了名称为"Diagnostic Configuration"的键值。

（6）使用检测软件。

可以使用各种杀毒软件、防火墙软件和各种木马查杀工具等检测木马。杀毒软件主要有 KV3000、Kill3000、瑞星等,防火墙软件主要有国外的 Lockdown,国内的天网、金山网镖等,木马查杀工具主要有 The Cleaner、木马克星、木马终结者等。这里推荐一款防护工具McAfee VirusScan,它集合了入侵防卫及防火墙技术,为个人计算机和文件服务器提供全面的病毒防护功能。

2）木马清除

检测到计算机中了木马后,就要根据木马的特征来进行清除。查看是否有可疑的启动程序、可疑的进程存在,是否修改了 win.ini、system.ini 系统配置文件和注册表。如果存在可疑的程序和进程,就按照特定的方法进行清除。主要的步骤都不外乎以下几个。

（1）删除可疑的启动程序。

查看系统启动程序和注册表是否存在可疑的程序后,判断是否中了木马,如果存在木马,则除了要查出木马文件并删除外,还要将木马自动启动程序删除。例如 Hack.Rbot 病毒、后门会拷贝自身到一些固定的 windows 自启动项中:

```
WINDOWS\AllUsers\StartMenu\Programs\StartUp
WINNT\Profiles\AllUsers\StartMenu\Programs\Startup
WINDOWS\StartMenu\Programs\Startup
DocumentsandSettings\AllUsers\StartMenu\Programs\Startup
```

查看一下这些目录,如果有可疑的启动程序,则将之删除。

（2）恢复 win.ini 和 system.ini 系统配置文件的原始配置。

许多病毒会将 win.ini 和 system.ini 系统配置文件修改,使之能在系统启动时加载和运行木马程序。例如计算机中了"妖之吻"病毒后,病毒会将 system.ini 中的 boot 节的"Shell＝Explorer.exe"字段修改成"Shell＝yzw.exe",清除木马的方法是把 system.ini 恢复到原始配置,即将"Shell＝yzw.exe"修改成"Shell＝Explorer.exe",再删除病毒文件即可。

TROJ_BADTRANS. A 病毒,也会更改 win. ini,以便在下一次重新开机时执行木马程序。主要是将 win. ini 中的 windows 节的"Run＝"字段修改成"Run＝C:％WINDIR％IN-ETD. EXE"字段。执行清除的步骤如下:① 打开 win. ini 文本文件,将字段"RUN＝C:％WINDIR％INETD. EXE"中等号后面的字符删除,仅保留"RUN＝"。② 将被 TROJ_BADTRANS. A 病毒感染的文件删除。

（3）停止可疑的系统进程。

木马程序在运行时都会在系统进程中留下痕迹。通过查看系统进程可以发现运行的木马程序,在对木马进行清除时,当然首先要停掉木马程序的系统进程。例如 Hack. Rbot 病毒、后门,除了将自身拷贝到一些固定的 windows 自启动项中外,还在进程中运行 wua-mgrd. exe 程序,修改了注册表,以便病毒可随机自启动。在看到有木马程序在进程中运行后,就需要马上杀掉进程,并进行下一步操作,修改注册表和清除木马文件。

（4）修改注册表。

查看注册表,将注册表中木马修改的部分还原。例如上面提到的 Hack. Rbot 病毒、后门,通常在注册表的以下地方:

```
HKEY_LOCAL_MACHINE\Software\Microsoft\Windows\CurrentVersion\Run
HKEY_LOCAL_MACHINE\Software\Microsoft\Windows\CurrentVersion\RunOnce
HKEY_LOCAL_MACHINE\Software\Microsoft\Windows\CurrentVersion\RunServices
HKEY_CURRENT_USER\Software\Microsoft\Windows\CurrentVersion\Run
```

添加了键值"Microsoft Update"＝"wuamgrd. exe",以便病毒可随机自启动。这就需要我们进入注册表,将这个键值给删除。注意:可能有些木马会不允许执行. exe 文件,这样我们就需要先将 regedit. exe 改成系统能够运行的文件,比如可以改成 regedit. com。清除 Hack. Rbot病毒、后门,有以下几种方法。① 将进程中运行的 wuamgrd. exe 进程停止,这是一个木马程序;② 将 Hack. Rbot 拷贝到 windows 启动项中的启动文件删除;③ 将 Hack. Rbot 添加到注册表中的键值"Microsoft Update"＝"wuamgrd. exe"删除;④ 手工或用专杀工具删除被 Hack. Rbot 病毒感染的文件,并全面检查系统。

（5）使用杀毒软件和木马查杀工具进行木马查杀。

常用的杀毒软件包括 KV3000、瑞星、诺顿等,这些软件对木马的查杀是比较有效的,但是要注意更新病毒库,而且对于一些木马查杀不彻底,在系统重新启动后还会自动加载。此外,你还可以使用 The Cleaner、木马克星、木马终结者等各种木马专杀工具对木马进行查杀。这里推荐一款工具 Anti-Trojan Shield,这是一款享誉欧洲的专业木马侦测、拦截及清除软件,可以在 http://www. atshield. com 网站下载。

3）木马防范

随着网络的普及,硬件和软件的高速发展,网络安全显得日益重要。一些网络中比较流行的木马程序,传播速度比较快,影响比较严重,因此对于木马的防范就更不能疏忽。我们在检测清除木马的同时,还要注意对木马的预防,做到防患于未然。

（1）不要随意打开来历不明的邮件。现在许多木马都是通过邮件来传播的,当你收到来历不明的邮件时,请不要打开,应尽快删除。同时,加强邮件监控系统,拒收垃圾邮件。

（2）不要随意下载来历不明的软件。最好是在一些知名的网站下载软件,不要下载和运行那些来历不明的软件。在安装软件的同时最好用杀毒软件查看有没有病毒,之后再进行安装。

(3) 及时修补漏洞和关闭可疑的端口。一般木马都是通过漏洞在系统上打开端口留下后门,以便上传木马文件和执行代码,在把漏洞修补上的同时,需要对端口进行检查,把可疑的端口关闭。

(4) 尽量少用共享文件夹。如果必须使用共享文件夹,则最好设置账号和密码保护。注意千万不要将系统目录设置成共享,最好将系统下默认共享的目录关闭。Windows 系统默认情况下将目录设置成共享状态,这是非常危险的。

(5) 运行实时监控程序。在上网时最好运行反木马实时监控程序和个人防火墙,并定时对系统进行病毒检查。

(6) 经常升级系统和更新病毒库。经常关注厂商网站的安全公告,这些网站通常都会及时地将漏洞、木马和更新公布出来,并第一时间发布补丁和新的病毒库等。

3.6 DNS 攻击与防范

3.6.1 DNS 的工作原理

DNS 分为客户端和服务器,客户端扮演发问的角色,也就是询问服务器一个 Domain Name,而服务器必须要回答此 Domain Name 的真正 IP 地址。而当地的 DNS 先会查询自己的资料库,如果自己的资料库没有,则会向该 DNS 上所设的 DNS 询问,依此得到答案之后,将收到的答案存起来,并回答客户。

DNS 服务器会根据不同的授权区(Zone),记录所属该网域下的各名称资料,这个资料包括网域下的次网域名称及主机名称。

在每一个名称服务器中都有一个快取缓存区(Cache),这个快取缓存区的主要目的是将该名称服务器所查询出来的名称及相对的 IP 地址记录在快取缓存区中,这样当下一次还有另外一个客户端到此服务器上去查询相同的名称时,服务器就不用再到别台主机上去寻找,而直接可以从缓存区中找到该笔名称记录资料,传回给客户端,加速客户端对名称查询的速度。

当 DNS 客户端向指定的 DNS 服务器查询网际网络上的某一台主机名称 DNS 服务器时会在该资料库中找寻用户所指定的名称,如果没有,该服务器会先在自己的快取缓存区中查询有无该笔记录,如果找到该笔名称记录,就会从 DNS 服务器直接将所对应的 IP 地址传回给客户端,如果该笔名称服务器在资料记录查不到且快取缓存区中也没有,则服务器首先会向别的名称服务器查询所要的名称。

DNS 客户端向指定的 DNS 服务器查询网际网络上某台主机名称,当 DNS 服务器在该资料记录找不到用户所指定的名称时,会转向该服务器的快取缓存区找寻是否有该资料,当快取缓存区也找不到时,会向最近的名称服务器去寻求帮助,在另一台服务器上也有相同动作的查询,在查询到后,会回复原本要求查询的服务器,该 DNS 服务器在接收到另一台 DNS 服务器查询的结果后,先将所查询到的主机名称及对应 IP 地址记录到快取缓存区中,最后在将所查询到的结果回复给客户端。

3.6.2　常见的 DNS 攻击

1）域名劫持

通过黑客手段控制域名管理密码和域名管理邮箱,然后将该域名的 DNS 记录指向到黑客可以控制的 DNS 服务器,然后在该 DNS 服务器上添加相应域名记录,从而使网民访问该域名时,进入黑客所指向的内容。

这显然是 DNS 服务提供商的责任,用户遇到这种情况只能束手无策。

2）缓存投毒

利用控制 DNS 缓存服务器,把原本准备访问某网站的用户在不知不觉中带到黑客指向的其他网站上。其实现方式有多种,比如,可以利用网民 ISP 端的 DNS 缓存服务器的漏洞进行攻击或控制,从而改变该 ISP 内的用户访问域名的响应结果;或者,黑客利用用户权威域名服务器上的漏洞,如用户权威域名服务器同时可以被当做缓存服务器使用,黑客可以实现缓存投毒,将错误的域名记录存入缓存中,从而使所有使用该缓存服务器的用户得到错误的 DNS 解析结果。

最近发现的 DNS 重大缺陷,就是采用的这种方式。之所以说是“重大”缺陷,是因为协议自身的设计存在问题,几乎所有的 DNS 软件都存在这样的问题。

3）DDoS 攻击

一种攻击针对 DNS 服务器软件本身,通常利用 BIND 软件程序的漏洞,导致 DNS 服务器崩溃或拒绝服务;另一种攻击的目标不是 DNS 服务器,而是利用 DNS 服务器作为中间的“攻击放大器”,去攻击其他互联网上的主机,导致被攻击主机拒绝服务。

4）DNS 欺骗

DNS 欺骗就是攻击者冒充域名服务器的一种欺骗行为。

如果可以冒充域名服务器,然后把查询的 IP 地址设为攻击者的 IP 地址的话,那么用户上网就只能看到攻击者的主页,而不是用户想要取得的网站的主页了,这就是 DNS 欺骗的基本原理。DNS 欺骗其实并不是真的“黑掉”了对方的网站,而是冒名顶替、招摇撞骗罢了。

现在 Internet 上存在的 DNS 服务器绝大多数都是用 BIND 来架设的,使用的 bind 版本主要为 BIND 4.9.5＋P1 以前版本和 BIND 8.2.2-P5 以前版本。这些 bind 有个共同的特点,就是 BIND 会缓存(Cache)所有已经查询过的结果,这个问题就引起了下面的几个问题的存在。

在 DNS 的缓存还没有过期之前,如果在 DNS 的缓存中已经存在记录,一旦有客户查询,DNS 服务器将会直接返回缓存中的记录。

3.6.3　防止 DNS 被攻击的若干防范性措施

互联网上的 DNS 放大攻击(DNS amplification attacks)急剧增长。这种攻击是一种数据包的大量变体能够产生针对一个目标的大量虚假通信。这种虚假通信的数量有多大?每秒钟达数吉字节,足以阻止任何人进入互联网。

与老式的“smurf attacks”攻击非常相似,DNS 放大攻击使用针对无辜第三方的欺骗性数据包来放大通信量,其目的是耗尽受害者的全部带宽。但是,"smurf attacks"攻击是向一个网络广播地址发送数据包以达到放大通信的目的的。DNS 放大攻击不包括广播地址。相反,这种攻击向互联网上的一系列无辜第三方 DNS 服务器发送小的和欺骗性的询问信息。这些 DNS 服务器随后将向表面上是提出查询的那台服务器发回大量的回复,导致通信量的放大,并且最终把攻击目标淹没。因为 DNS 是以无状态的 UDP 数据包为基础的,采取这种欺骗方式是司空见惯的。

这种攻击主要依靠对 DNS 实施 60 个字节左右的查询,回复最多可达 512 个字节,从而使通信量放大 8.5 倍。这对于攻击者来说是不错的,但是,仍没有达到攻击者希望得到的淹没水平。最近,攻击者采用了一些更新的技术把目前的 DNS 放大攻击提高了好几倍。

当前许多 DNS 服务器支持 EDNS。EDNS 是 DNS 的一套扩大机制,RFC 2671 对此有所介绍。一些选择能够让 DNS 回复超过 512 字节并且仍然使用 UDP,如果要求者指出它能够处理这样大的 DNS 查询的话。攻击者已经利用这种方法产生了大量的通信。通过发送一个 60 字节的查询来获取一个大约 4000 字节的记录,攻击者能够把通信量放大 66 倍。一些这种性质的攻击已经产生了每秒钟数吉字节的通信量,对于某些目标的攻击甚至超过了每秒钟 10 GB 的通信量。

要实现这种攻击,攻击者首先要找到几台代表互联网上的某个人实施循环查询工作的第三方 DNS 服务器(大多数 DNS 服务器都有这种设置)。由于支持循环查询,攻击者可以向一台 DNS 服务器发送一个查询,这台 DNS 服务器随后把这个查询(以循环的方式)发送给攻击者选择的一台 DNS 服务器。接下来,攻击者向这些服务器发送一个 DNS 记录查询,这个记录是攻击者在自己的 DNS 服务器上控制的。由于这些服务器被设置为循环查询,这些第三方服务器就向攻击者发回这些请求。攻击者在 DNS 服务器上存储了一个 4000 字节的文本用于进行这种 DNS 放大攻击。

现在,由于攻击者已经向第三方 DNS 服务器的缓存中加入了大量的记录,攻击者接下来向这些服务器发送 DNS 查询信息(带有启用大量回复的 EDNS 选项),并采取欺骗手段让那些 DNS 服务器认为这个查询信息是从攻击者希望攻击的那个 IP 地址发出来的。这些第三方 DNS 服务器于是就用这个 4000 字节的文本记录进行回复,用大量的 UDP 数据包淹没受害者。攻击者向第三方 DNS 服务器发出数百万条小的和欺骗性的查询信息,这些DNS 服务器将用大量的 DNS 回复数据包淹没那个受害者。

如何防御这种大规模攻击呢?首先,保证你拥有足够的带宽承受小规模的洪水般的攻击。一个单一的 T1 线路对于重要的互联网连接是不够的,因为任何恶意的脚本都可以消耗掉你的带宽。如果你的连接不是执行重要任务的,一条 T1 线路就够了。否则,你就需要更多的带宽以便承受小规模的洪水般的攻击。不过,几乎任何人都无法承受每秒钟数吉字节的 DNS 放大攻击。

因此,你要保证手边有能够与你的 ISP 随时取得联系的应急电话号码。这样,一旦发生这种攻击,你可以马上与 ISP 联系,让他们在上游过滤掉这种攻击。要识别这种攻击,要查看包含 DNS 回复的大量通信(源 UDP 端口 53),特别是要查看那些拥有大量 DNS 记录的端口。一些 ISP 已经在其整个网络上部署了传感器以便检测各种类型的早期大量通信。这样,你的 ISP 很可能在你发现这种攻击之前就发现和避免了这种攻击。你要问一下你的

ISP 是否拥有这个能力。

最后,为了帮助阻止恶意人员使用你的 DNS 服务器作为一个实施这种 DNS 放大攻击的代理,你要保证可以从外部访问的 DNS 服务器仅为你自己的网络执行循环查询,不为任何互联网上的地址进行这种查询。大多数主要 DNS 服务器拥有限制循环查询的能力,因此,它们仅接受某些网络的查询,比如你自己的网络。通过阻止利用循环查询装载大型有害的 DNS 记录,就可以防止你的 DNS 服务器成为这个问题的一部分。

3.7　小结

网络攻击越来越猖獗,对网络安全造成了很大的威胁。对于任何黑客的恶意攻击,都有办法来防御,只要了解了他们的攻击手段,具有丰富的网络知识,就可以抵御黑客们的疯狂攻击。一些初学网络的朋友也不必担心,因为目前市场上也已推出许多网络安全方案,以及各式防火墙,相信在不久的将来,网络一定会是一个安全的信息传输媒介。特别需要强调的是,在任何时候都应将网络安全教育放在整个安全体系的首位,努力提高所有网络用户的安全意识和基本防范技术。这对提高整个网络的安全性有着十分重要的意义。

习　题　3

1. TCP 协议是如何建立连接的?
2. 如何防范网络嗅探攻击?
3. 如何知道是否受到了 DDoS 攻击? DDoS 攻击的防御手段有哪些?
4. 常见的 ARP 攻击防御方法有哪些?
5. 木马是如何被植入的? 如何判断系统是否被植入了木马?
6. DNS 攻击的工作原理是什么?

第4章　防火墙技术

现在的网络安全威胁主要来自病毒攻击、木马攻击、黑客攻击,以及间谍软件的窃密,而杀毒软件对于病毒、木马及间谍软件的防范只是基于被动的方式,对黑客的攻击更是无能为力。防火墙可以防御黑客对系统的攻击,这是杀毒软件无法做到的,因为黑客的操作不具有任何特征码,杀毒软件自然无法识别,而防火墙则可以把系统的每个端口都隐藏起来,不返回任何数据包,这样黑客就无法发现系统的存在,从而使对方无法攻击。

4.1　防火墙概述

防火墙(FireWall)是一种有效的网络安全机制。我们设立防火墙的主要目的是保护一个网络不受来自另一个网络的攻击。通常,被保护的网络属于我们自己的,或者是我们负责管理的,而所要防备的网络则是一个外部的网络,该网络是不可信赖的,因为可能有人会从该网络上对我们的网络发起攻击,破坏网络安全。因而防火墙技术得到了广泛应用。

4.1.1　防火墙的基本概念及发展

1) 防火墙的概念

防火墙是指设置在不同网络(如可信任的企业内部网和不可信的公共网)或网络安全域之间的一系列软件或硬件设备的组合,如图 4-1 所示。它是不同网络或网络安全域之间信息的唯一出入口,能根据企业的安全政策控制(允许、拒绝、监测)出入网络的信息流,且本身具有较强的抗攻击能力。本质上,它遵循的是一种允许或阻止业务来往的网络通信安全机制,也就是提供可控的过滤网络通信,只允许授权的通信。

要使一个防火墙有效,所有来自和去往外部网络的信息都必须经过防火墙,接受防火墙的检查。防火墙必须只允许授权的数据通过,并且防火墙本身也必须能够免于渗透。防火墙系统一旦被攻击者突破或迂回,就不能提供任何保护了。

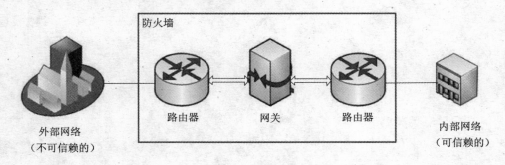

图 4-1　防火墙示意图

2）其他术语

外部网络（外网）：防火墙之外的网络，一般为 Internet，默认为风险区。

内部网络（内网）：防火墙之内的网络，一般为局域网，默认为安全区。

堡垒主机：是指一个计算机系统，它对外部网络暴露，同时又是内部网络用户的主要连接点，所以非常容易被入侵，因此这个系统需要严加保护。

路由：对收到的数据包选择正确的接口并转发的过程。

数据包过滤：也称包过滤，是根据系统事先设定好的过滤规则，检查数据流中的每个数据包，根据数据包的源地址、目标地址和端口等信息来确定是否允许数据包通过的过程。

代理服务器：代表内部网络用户与外部网络服务器进行信息交换的程序。它将内部用户的请求送达外部服务器，同时将外部服务器的响应再回送给用户。

状态检测技术：这是第三代网络安全技术。状态检测模块在不影响网络安全正常工作的前提下，采用抽取相关数据的方法对网络通信的各个层次实行检测，并作为安全决策的依据。

网关：又称协议转换器，就是一个网络连接到另一个网络的“关口”，用于在网络层以上实现网络互联。

3）防火墙的发展

防火墙是一种综合性的技术，涉及计算机网络技术、密码技术、安全技术、软件技术、安全协议、网络标准化组织（ISO）的安全规范以及安全操作系统等多方面。

在国外，近几年防火墙发展迅速，产品众多，而且更新换代快，并不断有新的信息安全技术和软件技术等被应用在防火墙的开发上。国外技术虽然相对领先（比如包过滤、代理服务器、VPN、状态监测、加密技术、身份认证等），但总的来讲，此方面的技术并不十分成熟完善，标准也不健全，实用效果并不十分理想。从 1991 年 6 月 ANS 公司的第一个防火墙产品 ANS Interlock Service 防火墙上市以来，到目前为止，世界上至少有几十家公司和研究所在从事防火墙技术的研究和产品开发。几乎所有的网络厂商也都开始了防火墙产品的开发或者 OEM 别的防火墙厂商的防火墙产品，如 Sun Microsystems 公司的 Sunscreen、Check Point 公司的 Firewall-1、Milkyway 公司的 BlackHole 等。

国内也已经开始了这方面的研究，北京邮电大学信息安全中心研制成功了国内首套计算机防火墙系统。此外，还有北京天融信公司的网络防火墙系统——Talentit 防火墙、深圳桑达公司的具有包过滤防火墙功能的 SED-08 路由器、北大青鸟的内部网保密网关防火墙、电子部 30 所的 SS-R 型安全路由器、东北大学软件中心的具有信息过滤功能的 NetEye 防火墙、邮电部数据所的 SJW04 防火墙及 Proxy98 等也都先后开发成功。

若以产品为对象，防火墙技术的发展可以分为四个阶段。

第一阶段：基于路由器的防火墙。

由于多数路由器本身就包含有分组过滤功能，故网络访问控制功能可通过路由控制来实现，从而具有分组过滤功能的路由器就称为第一代防火墙产品。

第二阶段：用户化的防火墙工具套。

为了弥补路由器防火墙的不足，很多大型用户纷纷要求以专门开发的防火墙系统来保护自己的网络，从而推动了用户化的防火墙工具套的出现。

第三阶段：建立在通用操作系统上的防火墙。

基于软件的防火墙在销售、使用和维护上的问题迫使防火墙开发商很快推出了建立在通用操作系统上的商用防火墙产品,近年来在市场上广泛可用的就是这一代产品。

第四阶段:具有安全操作系统的防火墙。

防火墙技术和产品随着网络攻击和安全防护手段的发展而演进,到 1997 年初,具有安全操作系统的防火墙产品面市,使防火墙产品步入了第四个发展阶段。

具有安全操作系统的防火墙本身就是一个操作系统,因而在安全性上较之第三代防火墙有质量上的提高。获得安全操作系统的办法有两种:一种是通过许可证方式获得操作系统的源码;另一种是通过固化操作系统内核来提高可靠性。

一个好的防火墙系统应具有以下五方面的特性。

(1) 所有在内部网络和外部网络之间传输的数据都必须通过防火墙。

(2) 只有被授权的合法数据,即防火墙系统中安全策略允许的数据,可以通过防火墙。

(3) 防火墙本身不受各种攻击的影响。

(4) 使用目前新的信息安全技术,比如现代密码技术、一次口令系统、智能卡等。

(5) 人机界面良好,用户配置使用方便,易管理。系统管理员可以方便地对防火墙进行设置,对 Internet 的访问者、被访问者、访问协议以及访问方式进行控制。

防火墙作为内部网与外部网之间的一种访问控制设备,常常安装在内部网和外部网交界点上。因而防火墙不仅仅是路由器、堡垒主机或任何提供网络安全的设备的组合,更是安全策略的一个部分。安全策略建立了全方位的防御体系来保护机构的信息资源。安全策略应告诉用户应有的责任、公司规定的网络访问、服务访问、本地和远地的用户认证、拨入和拨出、磁盘和数据加密、病毒防护措施,以及雇员培训等。所有可能受到网络攻击的地方都必须以同样安全级别加以保护。仅设立防火墙系统,而没有全面的安全策略,那么防火墙就形同虚设。

4.1.2 防火墙的作用及局限性

1) 防火墙的作用

防火墙可以有效地保护本地系统或网络,抵制外部网络安全威胁,同时支持受限的通过广域网或 Internet 对外界进行访问。

(1) 限定内部用户访问特殊站点(内网对外网的访问控制)。

(2) 防止未授权用户访问内部网络(外网对内网的访问控制)。

(3) 允许内部网络中的用户访问外部网络的服务和资源而不泄漏内部网络的数据和资源。

(4) 记录通过防火墙的信息内容和活动。

(5) 对网络攻击进行监测和报警。

2) 防火墙的局限性

尽管防火墙的功能比较丰富,但它并非是万能的,安装了防火墙的系统仍然存在着很多安全隐患和风险。防火墙的局限性主要在于以下几个方面。

(1) 不能防范恶意的知情者。目前防火墙只提供对外部网络用户攻击的防护,对来自内部网络用户的攻击只能依靠内部网络主机系统的安全性。防火墙可以禁止系统用户经过网络连接发送特有的信息,但用户可以将数据复制到磁盘上带出去。如果入侵者已经在防火墙内部,防火墙是无能为力的。内部用户可偷窃数据,破坏硬件和软件,并且巧妙地修改程序而不接近防火墙。对于来自知情者的威胁只能要求加强内部管理,如主机安全和用户教育等。

(2)不能防范不通过它的连接。防火墙能够有效地防止通过它进行信息传输,然而不能防止不通过它而传输信息。例如,如果站点允许对防火墙后面的内部系统进行拨号访问,那么防火墙绝对没有办法阻止入侵者进行拨号入侵。或者内网用户可能会对需要附加认证的代理服务器感到厌烦,因而向 ISP 购买直接的 SLIP 或 PPP 连接,从而试图绕过由精心构造的防火墙系统提供的安全系统,这就为从后门攻击创造了极大的可能。

(3)不能防备全部的威胁。防火墙被用来防备已知的威胁,是一种被动式的防护手段,如果是一个很好的防火墙设计方案,可以防备新的威胁,但没有一个防火墙能自动防御所有的新的威胁。随着网络攻击手段的不断更新和一些新的网络应用的出现,不可能靠一次性的防火墙设置来解决永远的网络安全问题。

(4)防火墙不能防范病毒。防火墙不能防范从网络上感染的计算机的病毒。因为病毒的类型太多,操作系统也有多种,编码与压缩二进制文件的方法也各不相同。所以不能期望防火墙去对每一个文件进行扫描,查出潜在的病毒。

4.1.3 防火墙的分类

防火墙的产生和发展已经历了相当一段时间,根据不同的标准,其分类方法也各不相同。

(1)按工作方式,防火墙分为包过滤防火墙、应用代理防火墙和状态监测防火墙等三类。

包过滤防火墙是第一代防火墙,也是最基本的防火墙,它检查每一个通过的网络包的基本信息(源地址和目的地址、端口号、协议等),将这些信息与所建立的规则相比较,或者丢弃,或者放行。例如,已经设立了阻断 telnet 连接,而包的目的端口是 23 的话,那么该包就会被丢弃。如果允许传入 Web 连接,而目的端口为 80,则包就会被放行。

应用代理防火墙实际上并不允许在它连接的网络之间直接通信。相反,它只接受来自内部网络特定用户应用程序的通信,然后建立于公共网络服务器单独的连接。网络内部的用户不直接与外部的服务器通信,所以服务器不能直接访问内部网的任何一部分。另外,如果不为特定的应用程序安装代理程序代码,这种服务是不会被支持的,不能建立任何连接。这种建立方式拒绝任何没有明确配置的连接,从而提供了额外的安全性和控制性。

状态监测防火墙跟踪通过防火墙的网络连接和包,这样防火墙就可以使用一组附加的标准,以确定是否允许和拒绝通信。它是在使用了基本包过滤防火墙的通信上应用一些技术来做到的。状态监测防火墙跟踪的不仅是包中包含的信息。为了跟踪包的状态,防火墙还记录有用的信息以帮助识别包,例如已有的网络连接、数据的传出请求等。

(2)按防火墙的部署位置,防火墙可分为边界防火墙、个人防火墙和混合防火墙等三大类。

边界防火墙最为传统,它位于内、外部网络的边界,所起的作用是对内、外部网络实施隔离,保护边界内部网络。这类防火墙一般都是硬件型的,价格较贵,性能较好。

个人防火墙安装于单台主机中,防护的也只是单台主机。这类防火墙应用于个人用户,通常为软件防火墙,价格最便宜,性能也最差。

混合式防火墙可以说就是"分布式防火墙"或者"嵌入式防火墙",它是一整套防火墙系统,由若干个软、硬件组件组成,分布于内、外部网络边界和内部各主机之间,既对内、外部网络之间通信进行过滤,又对网络内部各主机间的通信进行过滤。它属于最新的防火墙技术之一,性能最好,价格也最贵。

(3) 按物理特性,防火墙可分为软件防火墙、硬件防火墙和芯片级防火墙等三类。

软件防火墙运行于特定的计算机上,它需要客户预先安装好的计算机操作系统的支持,一般来说这台计算机就是整个网络的网关,俗称"个人防火墙"。软件防火墙就像其他软件产品一样需要先在计算机上安装并做好配置才可以使用。使用这类防火墙,需要网管员对所工作的操作系统平台比较熟悉。

硬件防火墙与芯片级防火墙之间最大的差别,在于是否基于专用的硬件平台。目前市场上大多数防火墙都是硬件防火墙,它们都基于计算机架构,就是说,它们和普通的家庭用的计算机没有太大区别。在这些计算机架构计算机上运行一些经过裁剪和简化的操作系统,最常用的有老版本的 UNIX、Linux 和 FreeBSD 系统。值得注意的是,由于此类防火墙采用的依然是别人的内核,因此依然会受到操作系统本身的安全性影响。

传统硬件防火墙一般至少应具备三个端口,分别接内网,外网和 DMZ 区(非军事化区),现在一些新的硬件防火墙往往扩展了端口,常见四端口防火墙一般将第四个端口设为配置口、管理端口。很多防火墙还可以进一步扩展端口数目。

芯片级防火墙基于专门的硬件平台,没有操作系统。专有的 ASIC 芯片促使它们比其他种类的防火墙速度更快,处理能力更强,性能更高。这类防火墙由于是专用操作系统,因此防火墙本身的漏洞比较少,不过价格相对比较昂贵。

防火墙分类的方法还有很多,例如从结构上又分为单一主机防火墙、路由器集成式防火墙和分布式防火墙等三种;按防火墙性能,分为百兆级防火墙和千兆级防火墙等等。

4.2 防火墙技术

防火墙的类型多种多样,在不同的发展阶段,采用的技术也各不相同。采用的技术不同,也就产生了不同类型的防火墙。总的来说,防火墙所采用的技术主要有 3 种:数据包过滤、应用级网关和电路级网关。

4.2.1 数据包过滤

1) 数据包过滤技术

数据包过滤(Packet Filtering)是最早使用的一种防火墙技术。它的第一代模型是"静态包过滤"(Static Packet Filtering),使用包过滤技术的防火墙通常工作在 OSI 模型中的网络层,后来发展更新的"动态包过滤"(Dynamic Packet Filtering)增加了传输层。

网络上的数据都是以包为单位进行传输的,数据被分割成一定大小的包,每个包分为包头和数据两部分,包头中含有源 IP 地址和目的 IP 地址等信息。包过滤技术工作的地方就是各种基于 TCP/IP 协议的数据报文进出的通道,它把这两层作为数据监控的对象,对每个数据包的头部、协议、地址、端口、类型等信息进行分析,并与预先设定好的防火墙过滤规则

(Filtering Rule)进行核对,这种过滤规则称为访问控制表(Access Control Table)。一旦发现某个包的某个或多个部分与过滤规则匹配,并且条件为"阻止"的时候,这个包就会被丢弃。适当设置过滤规则可以让防火墙工作得更安全有效,但是这种技术只能根据预设的过滤规则进行判断,一旦出现一个没有在设计人员意料之中的有害数据包请求,整个防火墙的保护就相当于摆设了。

包过滤的控制依据是规则集,典型的过滤规则格式由规则号、匹配条件、匹配操作三部分组成,包过滤规则格式随所使用的软件或防火墙设备的不同而略有差异,但一般的包过滤防火墙都用源 IP 地址、目的 IP 地址、源端口号、目的端口号、协议类型(UDP、TCP、ICMP)、通信方向及规则运算符来描述过滤规则条件,而匹配操作有拒绝、转发、审计等三种。表4-1所示的是包过滤型防火墙过滤规则表,这些规则的作用在于只允许内、外网的邮件通信,其他的通信都禁止。

表 4-1　防火墙过滤规则表

规则编号	通信方向	协议类型	源 IP	目标 IP	源端口	目标端口	操　　作
A	in	TCP	外部	内部	≥1024	25	允许
B	out	TCP	内部	外部	25	≥1024	允许
C	out	TCP	内部	外部	≥1024	25	允许
D	in	TCP	外部	内部	25	≥1024	允许
E	either	any	any	any	any	any	拒绝

包过滤型防火墙对用户透明,合法用户在进出网络时,感觉不到它的存在,使用起来很方便。在实际网络安全管理中,包过滤技术经常用来进行网络访问控制。下面以 Cisco IOS 为例,说明包过滤器的作用。Cisco IOS 有两种访问规则形式,即标准 IP 访问表和扩展 IP 访问表,它们的区别主要是访问控制的条件不一样。标准 IP 访问表只是根据 IP 包的源地址定义规则。标准 IP 访问控制规则的格式为

    assess-list list-mumber{deny|pernit}source[source-wildcard][log]

而扩展 IP 访问规则的格式为

    assess-list list-mumber{deny|pernit}protocol
    source source-wildcard source-qualifiers
    destination destination-wildcard destination-qualifiers[log|log-input]

其中:

＊标准 IP 访问控制规则的 list-number 规定为 1～99,而扩展 IP 访问规则的 list-number 规定为 100～199;

＊deny 表示若经过 Cisco IOS 过滤器的包条件匹配,则禁止该包通过;

＊permit 表示若经过 Cisco IOS 过滤器的包条件匹配,则允许该包通过;

＊source 表示来源的 IP 地址;

＊source-wildcard 表示发送数据包的主机 IP 地址的通配符掩码,其中 1 代表"忽略",0代表"需要匹配",any 代表任何来源的 IP 包;

＊destination 表示目的 IP 地址;

＊destination-wildcard 表示接收数据包的主机 IP 地址的通配符掩码;

* protocol 表示协议选项,如 IP、ICMP、UDP、TCP 等;

* log 表示记录符合规则条件的网络包。

下面给出一个例子,用 Cisco 路由器防止 DDoS 攻击,配置信息如下。

```
! the TRINOO DDoS systems
access-list 170 deny tcp any any eq 27665 log
access-list 170 deny udp any any eq 31335 log
access-list 170 deny udp any any eq 27444 log
! the Stacheldraht DDoS systems
access-list 170 deny tcp any any eq 16660 log
access-list 170 deny tcp any any eq 65000 log
! the TrinityV3 systems
access-list 170 deny tcp any any eq 33270 log
access-list 170 deny tcp any any eq 39268 log
! the Subseven systems and some variants
access-list 170 deny tcp any any range 6711 6712 log
access-list 170 deny tcp any any eq 6776 log
access-list 170 deny tcp any any eq 6669 log
access-list 170 deny tcp any any eq 2222 log
access-list 170 deny tcp any any eq 7000 log
```

简而言之,包过滤成为当前解决网络安全问题的重要技术之一,不仅可应用在网络边界上,而且也可应用在单台主机上。例如,现在的个人防火墙以及 Windows 2000 和 Windows XP 都提供了对 TCP、UDP 等协议的过滤支持,用户可以根据自己的安全需求,通过过滤规则的配置来限制外部对本机的访问。

图 4-2 所示为利用 Windows 2000 系统自带的包过滤功能对 139 端口进行过滤的情况,这样可以阻止基于 RPC 的漏洞攻击。

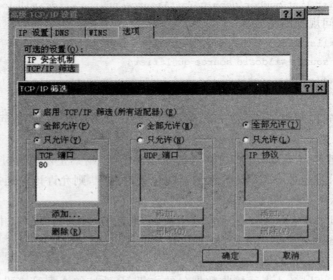

图 4-2　Windows 2000 过滤配置示意图

2）数据包过滤防火墙的优点

数据包过滤防火墙的优点如下。

（1）处理包的速度要比代理服务器的快，过滤路由器为用户提供了一种透明的服务，用户不用改变客户端程序或改变自己的行为。

（2）实现包过滤几乎不再需要费用（或极少的费用），路由器是内部网络与 Internet 连接必不可少的设备，由于 Internet 访问一般都是在广域网接口上提供，因此在流量适中并定义较少过滤器时对路由器的性能几乎没有影响，在原有网络上增加这样的防火墙几乎不需要任何额外的费用。

（3）包过滤路由器对用户和应用来讲是透明的，所以不必对用户进行特殊的培训和在每台主机上安装特定的软件。

3）数据包过滤防火墙的缺点

数据包过滤防火墙的缺点如下。

（1）防火墙的维护比较困难，定义数据包过滤器会比较复杂，因为网络管理员需要对各种 Internet 服务、包头格式，以及每个域的含义有非常深入的理解。

（2）数据包的源地址、目的地址，以及 IP 的端口号都在数据包的头部，很有可能被窃听或假冒。

（3）只能阻止一种类型的 IP 欺骗，即外部主机伪装内部主机的 IP 地址，对于外部主机伪装其他可信任的外部主机的 IP 地址却不能阻止。

（4）非法访问一旦突破防火墙，即可对主机上的软件和配置漏洞进行攻击。

（5）一些包过滤网关不支持有效的用户认证。因为 IP 地址是可以伪造的，因此如果没有基于用户的认证，仅通过 IP 地址来判断是不安全的。

（6）随着过滤器数目的增加，路由器的吞吐量会下降。可以对路由器进行这样的优化抽取：每个数据包的目的 IP 地址，进行简单的路由表查询，然后将数据包转发到正确的接口上去传输。如果打开过滤功能，路由器不仅必须对每个数据包作出转发决定，还必须将所有的过滤器规则施用给每个数据包。这样就消耗 CPU 时间并影响系统的性能。

（7）IP 包过滤器可能无法对网络上流动的信息提供全面的控制。包过滤路由器能够允许或拒绝特定的服务，但是不能理解特定服务的上下文环境和数据。

数据包过滤，是一种通用、廉价、有效的安全手段。之所以通用，是因为它不针对各个具体的网络服务采取特殊的处理方式；之所以廉价，因为大多数路由器都提供分组过滤功能；它之所以有效，是因为它能很大程度地满足企业的安全要求，所依据的信息来源于 IP、TCP 或 UDP 包头。

4）数据包过滤的应用场合

数据包过滤防火墙一般应用在以下场合。

（1）机构是非集中化管理。

（2）机构没有强大的集中安全策略。

（3）网络的主机数非常少。

（4）主要依赖于主机安全来防止入侵，但是当主机数增加到一定的程度的时候，仅靠主机安全是不够的。

（5）没有使用 DHCP 这样的动态 IP 地址分配协议。

4.2.2 应用级网关

1）应用级网关概述

多归属主机具有多个网络接口卡,因为它具有在不同网络之间进行数据交换的能力,因此人们又称它为"网关"。多归属主机用在应用层的用户身份认证与服务请求合法性检查,可以起到防火墙的作用,称为应用级网关,也称为代理服务器(Proxy Server)。

应用级网关主要工作在应用层,能够理解应用层上的协议,检查进出的数据包,通过网关复制传递数据,防止在受信任服务器和客户机与不受信任的主机间直接建立联系。它针对特别的网络应用服务协议即数据过滤协议,并且能够对数据包分析并形成相关的报告。应用网关对某些易于登录和控制所有输出/输入的通信的环境给予严格的控制,以防有价值的程序和数据被窃取。在实际工作中,应用级网关一般由专用工作站系统来完成。但每一种协议需要相应的代理软件,使用时工作量大,效率不如网络级防火墙。

应用级网关接受来自内部网络特定用户应用程序的通信,然后建立公共网络服务器单独的连接。网络内部的用户不直接与外部的服务器通信,所以服务器不能直接访问内部网的任何一部分。应用级网关代替受保护网络的主机向外部网络发送服务请求,并将外部服务请求响应的结果返回给受保护网络的主机。

网络管理员为了对内部网络用户进行应用级上的访问控制,常安装代理服务器,如图 4-3 所示。

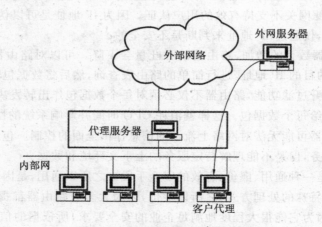

图 4-3 代理服务器工作示意图

受保护内部用户对外部网络访问时,首先需要通过代理服务器的认可,才能向外提出请求,而外网的用户只能看到代理服务器,从而隐藏了受保护网的内部结构及用户的计算机信息。因而,代理服务器可以提高网络系统的安全性。

代理技术与包过滤技术完全不同,包过滤技术是在网络层拦截所有的信息流,代理技术针对每一个特定应用都有一个程序。代理企图在应用层实现防火墙的功能,代理的主要特点是有状态性。代理能提供部分与传输有关的状态,能完全提供与应用相关的状态和部分传输方面的信息,代理也能处理和管理信息。

2）应用级网关的优点

应用级网关有较好的访问控制，是目前最安全的防火墙技术，提供代理的应用层网关主要有以下优点。

（1）应用层网关有能力支持可靠的用户认证并提供详细的注册信息。

（2）用于应用层的过滤规则相对于包过滤路由器来说更容易配置和测试。

（3）代理工作在客户机和真实服务器之间，完全控制会话，所以可以提供很详细的日志和安全审计功能。

（4）提供代理服务的防火墙可以被配置成唯一的可被外部看见的主机，这样可以隐藏内部网的 IP 地址，可以保护内部主机免受外部主机的进攻。

（5）通过代理访问 Internet 可以解决合法的 IP 地址不够用的问题，因为 Internet 所见到只是代理服务器的地址，内部不合法的 IP 通过代理可以访问 Internet。

3）应用级网关的缺点

应用级网关也存在一些缺点主要如下。

（1）有限的连接性。代理服务器能提供的服务和可伸缩性是有限的，而且新的服务不能及时地被代理。

（2）每个被代理的服务都要求专门的代理软件。代理服务器一般具有解释应用层命令的功能，如解释 FTP 命令、Telnet 命令等，那么这种代理服务器就只能用于某一种服务。

（3）客户软件需要修改，重新编译或者配置。

（4）有些服务要求建立直接连接，无法使用代理，比如聊天服务、即时消息服务。

（5）代理服务不能避免协议本身的缺陷或者限制。

包过滤和应用级网关有一个共同的特点，就是它们仅仅依靠特定的逻辑判定是否允许数据包通过。一旦满足逻辑，则防火墙内外的计算机系统建立直接联系，防火墙外部的用户便有可能直接了解防火墙内部的网络结构和运行状态，这有利于实施非法访问和攻击。

4.2.3　电路级网关

电路级网关又叫线路级网关，它工作于 OSI 互联模型的会话层或是 TCP/IP 协议的 TCP 层。数据包被提交到用户应用层处理，电路级网关用来在两个通信的终点之间转换包。

电路级网关用来监控受信任的客户或服务器与不受信任的主机间的 TCP 握手信息，这样来决定该会话是否合法。电路级网关只依赖于 TCP 连接，并不进行任何附加的包处理或过滤。但电路级网关不允许端到端的 TCP 连接，相反，网关建立了两个 TCP 连接，一个是在网关本身和内部主机上的一个 TCP 用户之间的连接；另一个是在网关和外部主机上的一个 TCP 用户之间的连接。一旦两个连接建立起来，网关典型地从一个连接向另一个连接转发 TCP 报文段，而不检查其内容。

电路级网关也是一种代理技术。电路级代理适用于多个协议，但无法解释应用协议，需要通过其他范式来获得信息。所以，电路级代理服务器通常要求修改用户程序。其中，套接字服务器（Sockets Server）就是电路级代理服务器。套接字（Sockets）是一种网络应用层的国际标准。当内网客户机需要与外网交互信息时，在防火墙上的套接字服务器检查客户的

UserID、IP 源地址和 IP 目的地址,经过确认后,套接字服务器才与外部的服务器建立连接。对用户来说,内网与外网的信息交换是透明的,感觉不到防火墙的存在,那是因为 Internet 用户不需要登录到防火墙上。但客户端的应用软件必须支持 Socketsifide API,内部网络用户访问外部网络所使用的 IP 地址也是防火墙的 IP 地址。

一个简单的电路级网关仅传输 TCP 的数据段,增强的电路级网关还应该具有认证的功能。电路级网关的一个缺点是,同应用层网关技术一样,新的应用出现可能会要求对电路级网关的代码作相应的修改。

典型的防火墙一般有一个或多个构件组成:包过滤路由器、应用级网关、电路级网关等。一个机构可以根据自己的网络规模和自己的安全策略选择合适的防火墙体系结构,因为不同的防火墙体系结构所需的代价、所付的费用都不一样。一般如果有了一百台以上的主机,就应考虑配置防火墙设备。

4.2.4 其他关键技术

1) 状态检测技术

状态检测技术把包过滤的快速性和应用代理的安全性很好地结合在一起。

状态检测防火墙摒弃了包过滤防火墙仅考查数据包的 IP 地址端口等几个参数,而不关心数据包连接状态变化的缺点,在防火墙的核心部分建立状态连接表,并将进出网络的数据当成一个个的会话,利用状态表跟踪每一个会话状态。状态检测对每一个包的检查不仅根据规则表,更考虑了数据包是否符合会话所处的状态,因此提供了完整的对传输层的控制能力。

防火墙上的状态检测模块访问和分析从各层次得到的数据,并存储和更新状态数据和上下文信息,为跟踪无连接的协议提供虚拟的会话信息。防火墙根据从传输过程和应用状态所获得的数据,以及网络设置和安全规则来产生一个合适的操作,要么拒绝,要么允许,或者是加密传输。任何安全规则没有明确允许的数据包将被丢弃或者产生一个安全警告,并向系统管理员提供整个网络的状态。

这种防火墙的安全特性是非常好的,它采用了一个在网关上执行网络安全策略的软件引擎,称为检测模块。检测模块在不影响网络正常工作的前提下,采用抽取相关数据的方法对网络通信的各层实施监测,抽取部分数据,即状态信息,并动态地保存起来作为以后制定安全决策的参考。检测模块支持多种协议和应用程序,并可以很容易地实现应用和服务的扩充。与其他安全方案不同,当用户访问到达网关的操作系统前,状态监视器要抽取有关数据进行分析,结合网络配置和安全规定作出接纳、拒绝、鉴定或给该通信加密等决定。一旦某个访问违反安全规定,安全报警器就会拒绝该访问,并作记录,向系统管理器报告网络状态。状态监视器的另一个优点是它会监测 RPC 和 UDP 之类的端口信息。包过滤和代理网关都不支持此类端口。这种防火墙无疑是非常坚固的,但它的配置非常复杂,而且会降低网络的速度。

2) 地址转换技术

网络地址转换(Network Address Translation,NAT),指将一个 IP 地址用另一个 IP 地址代替。NAT 技术主要是为了解决公开地址不足而出现的,它可以缓解少量 Internet 的

IP 地址和大量主机之间的矛盾。但 NAT 技术用在网络安全应用方面,则能透明地对所有内部地址作转换,使外部网络无法了解内部网络的内部结构,从而提高内部网络的安全性。基于 NAT 技术的防火墙上装有一个合法的 IP 地址集,当内部某一用户访问外网时,防火墙动态地从地址集中选一个未分配的地址分配给该用户,该用户即可使用这个合法地址进行通信。

地址转换主要用在以下两个方面。

(1) 网络管理员希望隐藏内部网络的 IP 地址。这样 Internet 上的主机无法判断内部网络的情况。

(2) 内部网络的 IP 地址是无效的 IP 地址。

在上面两种情况下,内部网对外面是不可见的,Internet 不能访问内部网,但是内部网络主机之间可以相互访问。应用网关防火墙可以部分解决这个问题,例如,也可以隐藏内部 IP,一个内部用户可以 Telnet 到网关,然后通过网关上的代理连接到 Internet 上。

实现网络地址转换的方式有:静态 NAT(staticNAT)、NAT 池(pooledNAT)和端口 NAT(PAT)三种类型。其中,静态 NAT 设置起来最为简单,此时内部网络中的每个主机都被永久映射成外部网络中的某个合法的地址。而 NAT 池则是在外部网络中定义了一系列的合法地址,采用动态分配的方法映射到内部网络。PAT 则是把内部地址映射到外部网络的一个 IP 地址的不同端口上。NAT 的三种方式目前已被许多的路由器产品支持。在路由器上定义启用 NAT 的一般步骤如下。

(1) 确定使用 NAT 的接口,通常将连接到内部网络的接口设定为 NAT 内部接口,将连接到外网的接口设定为 NAT 的外部接口。

(2) 设定内部全局地址的转换地址及转换方式。

(3) 根据需要将外部全局地址转换为外部本地地址。

目前,专用的防火墙产品都支持地址转换技术,比较常见的有 IP-Filter 和 iptable。IP-Filter 的功能强大,它可完成 ipfwadm、ipchains、ipfw 等防火墙的功能,而且安装配置相对比较简单。

3) 安全审计技术

绝对的安全是不可能的,因此必须对网络上发生的事件进行记载和分析,对某些被保护网络的敏感信息访问保持不间断的记录,并通过各种不同类型的报表、报警等方式向系统管理人员进行报告。比如在防火墙的控制台上实时显示与安全有关的信息,对用户口令非法、非法访问进行动态跟踪等。

4) 安全内核技术

除了采用代理以外,人们开始在操作系统的层次上考虑安全性。例如考虑把系统内核中可能引起安全问题的部分从内核中去掉,形成一个安全等级更高的内核,从而使系统更安全,例如 Cisco 的 PIX 防火墙等。

安全的操作系统来自对操作系统的安全加固和改造,从现有的诸多产品看,对安全操作系统内核的加固与改造主要从以下几个方面进行:取消危险的系统调用;限制命令的执行权限;取消 IP 的转发功能;检查每个分组的端口;采用随机连接序列号;驻留分组过滤模块;取消动态路由功能;采用多个安全内核。

5）负载平衡技术

平衡服务器的负载，由多个服务器为外部网络用户提供相同的应用服务。当外部网络的一个服务请求到达防火墙时，防火墙可以用其制定的平衡算法确定请求是由那台服务器来完成。但对用户来讲，这些都是透明的。

4.3 防火墙的体系结构

目前，防火墙的体系结构一般有以下几种：双宿主机结构；屏蔽主机结构；屏蔽子网结构。

4.3.1 双宿主机防火墙

双宿主机结构是最简单的一种防火墙体系结构，其结构是围绕具有双重宿主的主机而构筑的，该计算机至少有两个网络接口，如图 4-4 所示。这样的主机可以充当与这些接口相连的网络之间的路由器；它能够从一个网络到另一个网络发送 IP 数据包。然而，实现双宿主机的防火墙体系结构禁止这种发送功能。因而，IP 数据包从一个网络（例如，Internet）并不是直接发送到其他网络（例如，内部的、被保护的网络）。防火墙内部的系统能与双宿主机通信，同时防火墙外部的系统（在 Internet 上）能与双宿主机通信，但是这些系统不能直接互相通信。它们之间的 IP 通信被完全阻止。

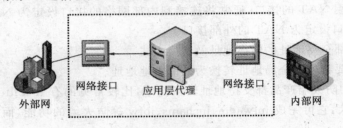

外部网　　网络接口　　应用层代理　　网络接口　　内部网

图 4-4 双宿主机结构

双宿主机用两种方式来提供服务，一种是用户直接登录到双宿主机上来提供服务，另一种是在双宿主机上运行代理服务器。第一种方式需要在双宿主机上开放许多账号，这是很危险的。第一，用户账号的存在会给入侵者提供相对容易的入侵通道，每一个账号通常有一个可重复使用口令（即通常用的口令，和一次性口令相对），这样很容易被入侵者破解。破解密码可用的方法很多，有字典破解、强行搜索或通过网络窃听来获得。第二，如果双宿主机上有很多账号，管理员维护起来是很费劲的；第三，支持用户账号会降低机器本身的稳定性和可靠性；第四，因为用户的行为是不可预知的，如双宿主机上有很多用户账户，这会给入侵检测带来很大的麻烦。

代理的问题相对要少得多，而且一些服务本身的特点就是"存储转发"型的，如 HTTP、SMTP 和 NNTP，这些服务很适合于进行代理。在双宿主机上，运行各种各样的代理服务器，当要访问外部站点时，必须先经过代服务器认证，然后才可以通过代理服务器访问 Internet。

双宿主机是唯一的隔开内部网和外部因特网之间的屏障,如果入侵者得到了双宿主机的访问权,内部网络就会被入侵,所以为了保证内部网的安全,双宿主机应具有强大的身份认证系统,才可以阻挡来自外部不可信网络的非法登录。

为了防止防火墙被入侵,在系统中,应尽量地减少防火墙上用户的账户数目。使用双宿机应注意的是,首先要禁止网络层的路由器功能。在 UNIX 内实现路由器禁止必须重新配置和重建核心,除了要禁止 IP 转发,还应清除一些 UNIX 系统中的工具程序和服务。由于双宿主机是外部用户访问内部网络系统的中间转接点,所以它必须支持很多用户的访问,因此双宿主机的性能非常重要。

4.3.2　屏蔽主机防火墙

双宿主机体系结构提供来自于多个网络相连的主机的服务(但是路由器关闭),而屏蔽主机体系结构使用一个单独的路由器提供来自仅仅与内部的网络相连的主机的服务。在这种体系结构中,屏蔽主机防火墙包括一个包过滤路由器连接外部网络,同时一个堡垒主机安装在内部网络上,如图 4-5 所示,通常在路由器上设立过滤规则,并使这个堡垒主机(应用层代理防火墙)成为从外部网络唯一可直接到达的主机,这确保了内部网络不受未被授权的外部用户的攻击。

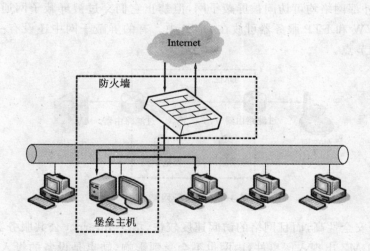

图 4-5　屏蔽主机结构

屏蔽主机结构实现了网络层安全(包过滤)和应用层安全(代理服务)。入侵者在破坏内部网络的安全性之前,必须首先渗透两种不同的安全系统。堡垒主机配置在内部网络上,而包过滤路由器则放置在内部网络和 Internet 之间。在路由器上进行规则配置,使得外部系统只能访问堡垒主机,去往内部系统上其他主机的信息全部被阻塞。由于内部主机与堡垒主机处于同一个网络,内部系统是否允许直接访问 Internet,或者是要求使用堡垒主机上的代理服务来访问 Internet 由机构的安全策略来决定。对路由器的过滤规则进行配置,使得其只接受来自堡垒主机的内部数据包,就可以强制内部用户使用代理服务。

在屏蔽的路由器中数据包过滤配置可以按下列之一执行:允许其他的内部主机为了某

些服务与 Internet 上的主机连接（即允许那些已经由数据包过滤的服务）。不允许来自内部主机的所有连接（强迫那些主机经由堡垒主机使用代理服务）。用户可以针对不同的服务混合使用这些手段；某些服务可以被允许直接经由数据包过滤，而其他服务可以被允许仅仅间接地经过代理。这完全取决于用户实行的安全策略。多数情况下，被屏蔽的主机体系结构提供比双宿主机体系结构具有更好的安全性和可用性。

然而，和其他体系结构相比较，屏蔽主机结构也有一些缺点。主要的是，如果侵袭者没有办法侵入堡垒主机，而在堡垒主机和其余的内部主机之间没有任何保护网络安全的屏障存在的情况下，则路由器一旦被损害，数据包就不会被路由到堡垒主机上，使堡垒主机被越过，整个网络对侵袭者就是开放的。所以还有下面另一种体系结构——屏蔽子网。

4.3.3 屏蔽子网防火墙

屏蔽子网体系结构添加额外的安全层到被屏蔽主机体系结构，即通过添加周边网络更进一步地把内部网络与 Internet 隔离开。

在内部网络和外部网络之间建立一个被隔离的子网，用两台分组过滤路由器将这一子网分别与内部网络和外部网络分开，如图 4-6 所示，由两个包过滤路由器放在子网的两端，在子网内构成一个"非军事区（DMZ 区）"，在该区可以放置供外网访问的 Internet 公共服务器，内部网络和外部网络均可访问被屏蔽子网，但禁止它们穿过被屏蔽子网通信，而对于一些服务器如 WWW 和 FTP 服务器可放在 DMZ 中。有的屏蔽子网中还设有一台堡垒主机作为唯一可访问节点。

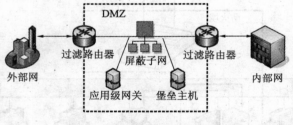

图 4-6 屏蔽子网结构

该结构网络安全性高，而且网络的访问速度较快，由于 Internet 公共服务器放在独立的区域，所以即使 DMZ 出现入侵事件，内网也不会受到影响，缺点是设备的投入巨大，为此可采用专业的硬件防火墙实现，以减少硬件投入。

堡垒主机是用户的网络上最容易受侵袭的机器。虽然堡垒主机很坚固，不易被入侵者控制，但万一堡垒主机被控制，如果采用了屏蔽子网体系结构，入侵者仍然不能直接侵袭内部网络，内部网络仍受到内部过滤路由器的保护。在周边网络上隔离堡垒主机，能减少在堡垒主机上侵入的影响。可以说，它只给入侵者一些访问的机会，但不是全部。为了侵入用屏蔽子网体系结构构筑的内部网络，侵袭者必须要通过两个路由器。即使侵袭者设法侵入堡垒主机，他将仍然必须通过内部路由器。

如果没有"非军事区"，那么入侵者控制了堡垒主机后就可以监听整个内部网络的对话。如果把堡垒主机放在"非军事区"网络上，即使入侵者控制了堡垒主机，他所能侦听到的内容是有限的,即只能侦听到周边网络的数据,而不能侦听到内部网上的数据。内部网络上的数据包虽然在内部网上是广播式的,但内部过滤路由器会阻止这些数据包流入"非军事区"网络。

建造防火墙时,一般很少采用单一的结构,通常采用为解决不同问题的多种结构的组合。这种组合主要取决于网管中心向用户提供什么样的服务,以及网管中心能接受什么等级风险。采用哪种技术主要取决于经费、投资的大小或技术人员的技术、时间等因素。

习　题　4

1. 下面关于防火墙的说法,错误的是(　　　)。

A. 防火墙可以强化网络安全策略

B. 防火墙可以防止内部信息的外泄

C. 防火墙可以限制网络暴露

D. 防火墙能防止感染了病毒的软件或文件传输

2. 包过滤型防火墙工作在(　　　)。

A. 会话层　　　　B. 应用层　　　　C. 网络层　　　　D. 数据链路层

3. 防火墙对数据包进行状态检测包过滤时,不可以进行过滤的是(　　　)。

A. 数据包中的内容　　　　　　　B. 源和目的端口

C. IP 协议号　　　　　　　　　　D. 源和目的 IP 地址

4. 如果内部网络的地址网段为 192.168.1.0/24,需要用到防火墙的哪个功能,才能使用户上网?(　　　)。

A. 地址映射　　　　　　　　　　B. 地址转换

C. IP 地址和 MAC 地址绑定功能　D. URL 过滤功能

5. 防止盗用 IP 行为是利用防火墙的(　　　)。

A. 防御攻击的功能　　　　　　　B. 访问控制功能

C. URL 过滤功能　　　　　　　　D. IP 地址和 MAC 地址绑定功能

6. 什么是防火墙,防火墙的功能和局限性各有哪些?

7. 简述防火墙的分类。

8. 防火墙所采用的技术主要有哪些?

9. 防火墙的基本体系结构是什么?

第 5 章　入侵检测技术

5.1　入侵检测系统概述

1) 入侵检测系统的定义

入侵检测系统(Intrusion Detection System,IDS)是为保证计算机系统的安全而设计与配置的一种能够及时发现并报告系统中未授权或异常现象的系统,是一种用于检测计算机网络中违反安全策略行为的系统。入侵检测系统是能够通过向管理员发出入侵或者入侵企图来加强当前的存取控制系统,如防火墙;识别防火墙通常不能识别的攻击,如来自企业内部的攻击;在发现入侵企图之后提供必要的信息。

2) 入侵检测系统的主要功能

入侵检测系统,能在入侵攻击对系统发生危害前检测到入侵攻击,并利用报警与防护系统驱逐入侵攻击;在入侵攻击过程中,尽可能减少入侵攻击所造成的损失;在被入侵攻击后,能收集入侵攻击的相关信息,作为防范系统的知识添加到知识库内,从而增强系统的防范能力。入侵检测的功能大致可以分为以下几个方面:

(1) 监控、分析用户和系统的活动;

(2) 发现入侵企图或异常现象;

(3) 记录、报警和响应。

入侵检测系统处于防火墙之后对网络活动进行实时检测。许多情况下,由于可以记录和禁止网络活动,入侵检测系统可以和防火墙和路由器配合工作。

3) 入侵检测系统的组成

入侵检测系统的基本构成如图 5-1 所示,通常由以下基本组件构成。

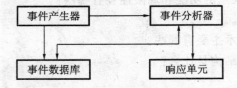

图 5-1　入侵检测系统的基本构成

事件产生器,是从整个计算环境中捕获事件信息,并向系统的其他组成部分提供该事件数据的部件。

事件分析器,是分析得到事件数据,并产生分析结果的部件。

响应单元,则是对分析结果作出反应的功能单元,它可以作出切断连接、改变文件属性等有效反应,当然也可以只是报警。

事件数据库,是存放各种中间和最终数据的地方的统称,用于指导事件的分析及反应,它可以是复杂的数据库,也可以是简单的文本文件。

最早的通用入侵检测模型由 D. Denning 提出。该模型如图 5-2 所示,由 6 个主要部分构成。

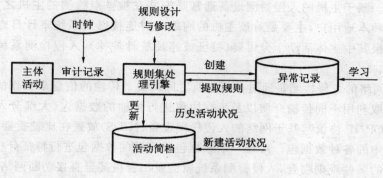

图 5-2 入侵检测模型

(1)主体(Subjects):在目标系统上活动的实体,如用户。

(2)对象(Objects):系统资源,如文件、设备、命令等。

(3)审计记录(Audit Records):由主体、活动、异常条件、资源使用情况和时间戳等组成。活动(Action)是主体对目标的操作,对操作系统而言,这些操作包括读、写、登录、退出等;异常条件(Exception-Condition)是指系统对主体的该活动的异常报告,如违反系统读写权限;资源使用状况(Resource-Usage)是系统的资源消耗情况,如 CPU、内存使用率等;时间戳(Time-Stamp)是活动发生时间。

(4)活动简档(Activity Profile):用于保存主体正常活动的有关信息,具体实现依赖于检测方法,在统计方法中从事件数量、频度、资源消耗等方面度量,可以使用方差、马尔可夫模型等方法实现。

(5)异常记录(Anomaly Record):由事件、时间戳和审计记录等组成,用于表示异常事件的发生情况。

(6)活动规则:规则集是检查入侵是否发生的处理引擎,结合活动简档用专家系统或统计方法等分析接收到的审计记录,调整内部规则或统计信息,在判断有入侵发生时采取相应的措施。

5.2 入侵检测系统的类型及技术

5.2.1 入侵检测系统的类型

根据不同的分类标准,入侵检测系统可分为不同的类别。对于入侵检测系统要考虑的因素(分类依据)主要有数据源、入侵、事件生成、事件处理以及检测方法等。

1)根据数据源分类

入侵检测系统要对所监控的网络或主机的当前状态作出判断,需要以原始数据中包含的信息为基础。按照原始数据的来源可以把入侵检测系统分为基于主机的入侵检测系统、基于网络的入侵检测系统和基于应用的入侵检测系统等类型。

(1) 基于主机的入侵检测系统是被设计用于监视、检测对于主机的攻击行为,通知用户并进行响应。有些功能强大的工具甚至能提供审计策略管理与集中控制,提供数据对比、统计与分析支持。基于主机的入侵检测设备通常是安装在被重点检测的主机之上,其目标主要是主机系统和本地用户,主要是对该主机的网络实时连接以及系统审计日志进行智能分析和判断。如果其中主体活动十分可疑(特征或违反统计规律),入侵检测系统就会采取相应措施。

(2) 基于网络的入侵检测是通过分析主机之间网线上传输的信息来工作的。网络入侵检测设备能截取利用不同传输介质以及不同协议进行传输的数据包(大部分入侵检测系统主要是针对 TCP/IP 协议),基于网络的入侵检测设备(NIDS)放置在比较重要的网段内,不停地监视网段中的各种数据包。对每一个数据包或可疑的数据包进行特征分析。如果数据包与产品内置的某些规则吻合,入侵检测系统就会发出警报甚至直接切断网络连接。目前,大部分入侵检测产品是基于网络的。基于网络的入侵检测系统是根据网络流量、网络数据包和协议来分析检测入侵行为的。

(3) 混合入侵检测系统是基于网络和基于主机的入侵检测系统的结合,这种混合的解决方案为网络入侵检测和主机入侵检测提供了互补,并提供了入侵检测的集中管理。采用这种技术能实现对入侵行为的全方位检测,避免入侵行为被忽略。

2) 根据检测原理分类

可以将入侵检测分为异常入侵检测和误用入侵检测两类。

异常检测(anomalydetection)根据用户行为或资源使用的正常模式来判定当前活动是否偏离了正常或期望的活动规律,如果发现用户或系统状态偏离了正常行为模式(normal behavior profile),就表示有攻击或企图攻击行为发生,系统将产生入侵警戒信号。

异常检测的核心问题是正常使用模式的建立以及如何利用该模式对当前的系统或用户行为进行比较,以便判断出与正常模式的偏离程度。任何不符合历史活动规律的行为都被认为是入侵行为,所以能够发现未知的攻击模式。

误用检测根据已知攻击特征和系统漏洞来实现入侵检测,所以大多数商业产品采用了技术上成熟的基于特征模式匹配的误用检测。

异常检测需要首先使用审计数据源建立程序、用户或系统资源的正常行为模式,然后通过计算实际目标行为模式与正常行为模式之间的偏差值识别事件的行为性质。由于异常检测在正常行为模式构建和异常分析方法等方面在技术上还不够成熟,并没有真正转化成商业产品。

异常检测和误用检测在识别已知攻击与未知攻击方面具有互补性,误用检测用于识别已知攻击,异常检测用于识别未知攻击,将两者混合在一起能够获得更好的检测能力。

5.2.2 入侵检测系统的技术

入侵检测系统常用的检测技术有误用检测、异常检测与高级检测技术。

误用检测技术指通过将收集到的数据与预先确定的特征知识库里的各种攻击模式进行比较,如果发现攻击特征,则判断有攻击。常用的误用检测技术有专家系统、特征检测和统计检测等。

1）专家系统

用专家系统对入侵进行检测，经常是针对有特征的入侵行为。规则，即是知识，不同的系统与设置具有不同的规则，且规则之间往往无通用性。专家系统的建立依赖于知识库的完备性，知识库的完备性取决于审计记录的完备性与实时性。入侵的特征抽取与表达，是入侵检测专家系统的关键。在系统实现中，将有关入侵的知识转化为 if-then 结构，条件部分为入侵特征，then 部分是系统防范措施。运用专家系统防范有特征入侵行为的有效性完全取决于专家系统知识库的完备性。

2）特征检测

特征检测对已知的攻击或入侵的方式作出确定性的描述，形成相应的事件模式。当被审计的事件与已知的入侵事件模式相匹配时，即报警，原理上与专家系统相仿。其检测方法与计算机病毒的检测方式类似。目前，基于对包特征描述的模式匹配应用较为广泛。该方法预报检测的准确率较高，但对于无经验知识的入侵与攻击行为无能为力。

3）统计检测

统计模型常用异常检测，在统计模型中常用的测量参数包括：审计事件的数量、间隔时间、资源消耗情况等。

统计方法的最大优点是它可以总结用户的使用习惯，从而具有较高检出率与可用性。但是它的总结能力也给入侵者机会，通过逐步修正使入侵事件符合正常操作的统计规律，从而透过入侵检测系统。

5.2.3　入侵检测过程

从总体来说，入侵检测的过程可以分为两个阶段：收集系统和非系统中的信息；对收集到的数据进行分析，并采取相应措施。

1）信息收集

信息收集包括收集系统、网络、数据及用户活动的状态和行为。而且，需要在计算机网络系统中的若干不同关键点（不同网段和不同主机）收集信息，这除了尽可能扩大检测范围的因素外，还有一个就是对来自不同源的信息进行特征分析之后比较得出问题所在的因素。入侵检测很大程度上依赖于收集信息的可靠性和正确性，因此，很有必要只利用所知道的真正的和精确的软件来报告这些信息。因为黑客经常替换软件以搞混和移走这些信息，例如替换被程序调用的子程序、记录文件和其他工具。黑客对系统的修改可能使系统功能失常并看起来跟正常的一样。例如，unix 系统的 PS 指令可以被替换为一个不显示侵入过程的指令，或者是编辑器被替换成一个读取不同于指定文件的文件（黑客隐藏了初试文件并用另一版本代替）。这需要保证用来检测网络系统的软件的完整性，特别是入侵检测系统软件本身应具有相当强的坚固性，防止被篡改而收集到错误的信息。入侵检测利用的信息一般来自以下方面（这里不包括物理形式的入侵信息）。

（1）系统和网络日志文件。

黑客经常在系统日志文件中留下他们的踪迹，因此，可以充分利用系统和网络日志文件信息。日志中包含发生在系统和网络上的不寻常和不期望活动的证据，这些证据可以指出有人正在入侵或已成功入侵了系统。通过查看日志文件,能够发现成功的入侵或入侵企图,并很快地启动相应的应急响应程序。日志文件中记录了各种行为类型,每种类型又包含不同的信息,例如记录"用户活动"类型的日志,就包含登录、用户 ID 改变、用户对文件的访问、授权和认证信息等内容。很显然地,对用户活动来讲,不正常的或不期望的行为就是重复登录失败、登录到不期望的位置以及非授权的企图访问重要文件,等等。

(2) 非正常的目录和文件改变。

网络环境中的文件系统包含很多软件和数据文件,他们经常是黑客修改或破坏的目标。目录和文件中非正常改变(包括修改、创建和删除),特别是那些正常情况下限制访问的,很可能就是一种入侵产生的指示和信号。黑客经常替换、修改和破坏他们获得访问权的系统上的文件,同时为了隐藏系统中他们的表现及活动痕迹,都会尽力去替换系统程序或修改系统日志文件。

(3) 非正常的程序执行。

网络系统上的程序执行一般包括操作系统、网络服务、用户启动的程序和特定目的的应用,例如 Web 服务器。每个在系统上执行的程序由一到多个进程来实现。一个进程的执行行为由它运行时执行的操作来表现,操作执行的方式不同,它利用的系统资源也就不同。操作包括计算、文件传输、设备和其他进程,以及与网络间其他进程的通信。

一个进程出现了不期望的行为可能表明黑客正在入侵你的系统。黑客可能会将程序或服务的运行分解,从而导致它失败,或者是以非用户或管理员意图的方式操作。

2) 信号分析

对收集到的有关系统、网络、数据及用户活动的状态和行为等信息,一般通过三种技术手段进行分析:模式匹配、统计分析和完整性分析。其中前两种方法用于实时的入侵检测,而完整性分析则用于事后分析。

(1) 模式匹配。

模式匹配就是将收集到的信息与已知的网络入侵和系统已有模式数据库进行比较,从而发现违背安全策略的行为。该过程可以很简单(如通过字符串匹配以寻找一个简单的条目或指令),也可以很复杂(如利用正规的数学表达式来表示安全状态的变化)。一般来讲,一种进攻模式可以用一个过程(如执行一条指令)或一个输出(如获得权限)来表示。该方法的一大优点是只需收集相关的数据集合,显著减少系统负担,且技术已相当成熟。它与病毒防火墙采用的方法一样,检测准确率和效率都相当高。但是,该方法存在的弱点是需要不断升级以对付不断出现的黑客攻击手法,无法检测到从未出现过的黑客攻击手段。

(2) 统计分析。

统计分析方法首先给系统对象(如用户、文件、目录和设备等)创建一个统计描述,统计正常使用时的一些测量属性(如访问次数、操作失败次数和延时等)。在比较这一点上与模式匹配有些相似之处。测量属性的平均值将被用来与网络、系统的行为进行比较,任何观察值在正常值范围之外时,就认为有入侵发生。例如,本来都默认用 GUEST 账号登录的,突然用 ADMIN 账号登录。这样做的优点是可检测到未知的入侵和更为复杂的入侵,缺点是误报、漏报率高,且不适应用户正常行为的突然改变。具体的统计分析方法如基于专家系统的、基于模型推理的和基于神经网络的分析方法,目前正处于研究热点和迅速发展之中。

（3）完整性分析。

完整性分析主要关注某个文件或对象是否被更改，这经常包括文件和目录的内容及属性，它在发现被更改的、被特洛伊化的应用程序方面特别有效。完整性分析利用强有力的加密机制，称为消息摘要函数（如 MD5），它能识别哪怕是微小的变化。其优点是不管模式匹配方法和统计分析方法能否发现入侵，只要是成功的攻击导致了文件或其他对象的任何改变，它都能够发现。缺点是一般以批处理方式实现，用于事后分析而不用于实时响应。尽管如此，完整性检测方法还应该是网络安全产品的必要手段之一。例如，可以在每一天的某个特定时间内开启完整性分析模块，对网络系统进行全面的扫描检查。

（4）专家系统。

用专家系统对入侵进行检测，经常是针对有特征入侵行为，是较为智能的方法。专家系统主要是运用规则进行分析，规则即知识，不同的系统与设置具有不同的规则，且规则之间往往无通用性。专家系统的建立依赖于知识库的完备性，知识库的完备性又取决于审计记录的完备性与实时性。入侵的特征抽取与表达，是入侵检测专家系统的关键。在系统实现中，将有关入侵的知识转化为 if-then 结构（也可以是复合结构），条件部分为入侵特征，then 部分是系统防范措施。运用专家系统防范有特征入侵行为的有效性完全取决于专家系统知识库的完备性。

5.2.4 数据完整性监控工具 Tripwire 的使用

1992 年，Purdue 大学 COAST 实验室的 GeneH. Kim 和 Eugene H. Spafford 开发了 tripwire。1997 年，Gene Kim 和 W. Wyatt Starnes 发起成立了 Tripwire 公司。2008 年之后，Tripwire 公司发展了 Tripwire VIA 的理念（IT 架构的可见性、完整性和控制性），通过 Tripwire Enterprise 和 Tripwire Log&Event Center manager 两个组合来实现，上述保障机制的重点在于数据库内的数字签名，如果数据库是不可靠的，则一切工作都丧失意义。所以在 Tripwire 生成数据库后，这个库文件的安全极为重要。比较常见的做法是将数据库文件，Tripwire 二进制文件，配置文件单独保留，也可利用 PGP 等加密工具对上述关键文件进行数字签名。

Tripwire 能把文件的特征，如对象大小、拥有者、群组、存取权限等建立成指纹数据库，并定期执行检查。当发现文件现况与指纹数据库不符合时，Tripwire 会提出警告，告知哪些项目与指纹数据库不符。

当 Tripwire 运行在数据库生成模式时，会根据管理员设置的一个配置文件对指定要监控的文件进行读取，对每个文件生成相应数字签名，并将这些结果保存在自己的数据库中，在缺省状态下，MD5 和 SNCFRN（Xerox 的安全哈希函数）加密手段被结合用来生成文件的数字签名。除此以外，管理员还可使用 MD4、CRC32、SHA 等哈希函数，但实际上，使用上述两种哈希函数的可靠性已相当高了，而且结合 MD5 和 sncfrn 两种算法（尤其是 sncfrn）对系统资源的耗费已较大，所以在使用时可根据文件的重要性做取舍。当怀疑系统被入侵时，可由 Tripwire 根据先前生成的，数据库文件来做一次数字签名的对照，如果文件被替换，则与 Tripwire 数据库内相应数字签名不匹配，这时 Tripwire 会报告相应文件被改动。

当管理员自身对某些文件改动时，Tripwire 的数据库必然是需要随之更新的，Tripwire

考虑到了这一点，它有 4 种工作模式：数据库生成、完整性检查、数据库更新、交互更新。当管理员改动文件后，可运行数据库更新模式来产生新的数据库文件。

Tripwire 被安装、配置后，将当前的系统数据状态建立成数据库，随着文件的添加、删除和修改等等变化，通过系统数据现状与不断更新的数据库进行比较，来判定哪些文件被添加、删除和修改过。正因为初始的数据库是在 Tripwire 本体被安装、配置后建立的原因，用户务必应该在操作系统刚被安装后用 Tripwire 构建数据完整性监测系统。

Tripwire 从一个配置文件中读取你想要监视的文件和目录。其自由版本和商业版本的配置文件是不同的。原始配置文件适用于所有 Tripwire 支持的操作系统，不一定能够满足安全要求。因此用户需要自己修改配置加入对这个项目的监视。

在找出所有账户的重要文件之后，你就可以把它们加入到 Tripwire 的配置文件或者策略文件了。在创建 Tripwire 的特征码数据库之前，还有一件事情要做，就是检查某些重要文件的权限是否恰当，这样可以禁止其他用户对这些文件的访问。

在创建 Tripwire 特征码数据库之前，用户需要了解一下 Tripwire 支持的特征码函数。所谓特征码函数就是使用任意的文件作为输入，产生一个固定大小的数据（特征码）的函数。入侵者如果对文件进行了修改，即使文件大小不变，也会破坏文件的特征码。因此，这些函数可以用于数据完整性检测。而且这些特征码函数一般是单向的。Tripwire-2.3.1 版本支持如下特征码算法。

MD5：RSA Data Security 公司提出，产生 128 位特征码的消息（message）算法。

Snefru：Xerox 安全散列函数。

MD4：RSA Data Security 公司提出。利用 32 位 RISC 架构的消息算法。

MD2：RSA Data Security 公司提出。产生 128 位特征码的消息算法。

SHA：安全散列算法（Secure Hash Algorithm）。

Haval：128 位消息摘要算法。

CRC-16/32：16/32 位循环冗余校验码。

1）编辑配置文件

首先打开文本格式的配置文件 twcfg.txt。然后根据自己的需要修改配置文件，修改完毕后存盘。最后使用 twadmin 命令根据已编辑的文本文件生成一个加密的配置文件。

```
twadmin- - create- cfgfile- - site- keyfile/etc/tripwire/site.key twcfg.txt
```

安装完毕后，该文件已存在，因此不必再重新创建。通常情况下，配置文件的内容不会发生变化，因此没有必要去修改它，使用 Tripwire 默认的就可以了。

如果想测试一下 Email 报告功能是否起作用，用户可以输入以下命令进行测试。

```
tripwire- - test- - mail user@domain.com
```

2）编辑策略文件

首先打开文本格式的策略文件 twpol.txt。Tripwire 在安装时已经在策略文件中写入了默认的检查规则。这些默认的规则主要检查重要的系统文件和 Tripwire 自身文件的完整性。这些默认规则可以满足大部分人的需要，即保护系统。用户也可以用 Tripwire 来保护其他任何的文件，这样，你的重要数据和应用系统也得到了保护。修改完策略文件后存盘。最后使用 twadmin 命令根据已编辑的文本文件生成一个加密的策略文件。注意，策略文件的文本文件最好删除,否则该文件的内容易被查看。命令格式如下。

```
twadmin- - create- profile twpol.txt
```

安装完毕后,该文件已存在,因此不必再重新创建。默认的策略中有一些被检测的文件可能在你的机器中不存在,因此使用默认策略进行基准数据库的生成和完整性检查时,系统会报出一些文件找不到的小错误。请不要惊慌,这是正常现象,不影响检查的结果。用户可以修改策略文件,也可以执行步骤6)升级基准数据库文件来避免这些小错误。

如何书写 Tripwre 认可的规则呢?这些规则具有一定的语法,有几个部分组成。

在 Tripwire 软件中,策略文件包含着一系列的规则控制着 Tripwire 软件如何检查系统的完整性。Tripwire 的策略文件有 5 个标准组成部分,分别是规则、停止点、特征、指示符、预定义变量。

(1) 规则是策略文件的基本组成部分,指明了 Tripwire 在进行检查时会对哪些文件或目录检测哪些属性的变化。

(2) 停止点指明了 Tripwire 在进行检查时不会对哪些文件或目录检测属性的变化。

(3) 特征是为一条或一组规则提供其他信息而设。

(4) 指示符允许 Tripwire 有条件的应用这组规则。

(5) 预定义变量是 Tripwire 内置的、已定义的变量,不同的变量代表了对文件不同的检测策略,也就是代表了不同的检测属性和不检测属性。

3) 生成基准数据库

配置文件和策略文件都编辑和生成之后,就应该根据配置文件的规则生成基准数据库。基准数据库在 Tripwire 安装完毕后生成一次即可。可以使用以下 tripwire 命令来生成基准数据库。

```
tripwire - init
```

基准数据库生成时,Tripwire 会提示你输入 localkey,对其进行高强度的加密,以防止对文件内容的非法改变。它的存贮位置为/var/lib/tripwire/ $ (HOSTNAME). twd。

4) 运行完整性检查

基准数据库生成完毕之后,就可以使用 tripwire 命令随时进行完整性检查了。

```
tripwire - check
```

进行检查时指定检查报告的存贮位置。

```
tripwire- - check- - twfile/var/lib/report/report.twr
```

进行检查时发送 Email 报告结果。

```
tripwire- - check- - email- report
```

进行检查时指定使用 Email 进行发送的报告等级。

```
tripwire- - check- - email- report- - email- report- level2
```

使用指定严重性等级的规则进行检查。

```
tripwire- - check- - severity 80
```

使用指定的规则名进行检查。

```
tripwire- - check- - rule- name rulename
```

只检查指定的文件或目录。

```
tripwire- - check object1 object2 object3…
```

进行检查时忽略某些属性（因为有些属性的检查比较耗费系统资源，比如 Hash 算法）。

```
tripwire- - check- - ignore"property,property,property,property"
```

如果完整性检查完毕后，发现 Email 报告功能未生效，可以检查两个方面：一个是策略文件中规则的 emailto 属性必须填写妥当，另一个是运行 tripwire 命令时，--email-report 选项必须被包含。

生成基准数据库和进行完整性检查时，如果策略制订不当，资源耗费会比较大。这时应该调整你的策略，减少一些次重要文件的监测属性，尤其是耗时较多的属性。一个能取得性能和安全均衡点的策略不可能一次写成，你必须不断进行调整，直到满意为止。编辑完策略文件应执行步骤 7）升级策略文件。

5）查阅报告

完整性检查进行完毕后，你就可以查阅报告以发现有哪些文件遭到改动，改动了什么。使用 twprint 命令可以输出报告。

将加密的报告内容输出到显示器。

```
twprint- - print- report- - twrfile/var/lib/report/report.twr
```

将加密的报告内容输出到一个文本文件。

```
twprint- - print- report- - twrfile/var/lib/report/report.twr> myreport.txt
```

输出报告时指定输出的报告等级。

```
twprint- - print - report - - report - level 4- - twrfile/var/lib/report/
report.twr
```

6）升级基准数据库文件

如果在报告中发现了一些违反策略的错误，而这些错误又是你认为正常的，那么要使 Tripwire 检查时也认为这是正常的，需要使用 tripwire 命令更新基准数据库。

```
tripwire- - update- - twrfile/var/lib/report/report.twr
```

或在进行完整性检查之后立即自动进行更新，命令如下。

```
tripwire- - check - interactive
```

进行更新时 Tripwire 会显示出每条错误。如果括号中有 x，则该条错误将会被更新。如果没有，该条错误将不会被更新。

7）升级策略文件

随着系统的变化，原来的策略文件必然会不能满足需要，因此必须不断更新策略文件中的规则。更新和创建新的策略文件不同，因为如果为 Tripwire 创建了新的策略文件，那么你就必须要重新生成基准数据库。更新时首先打开策略文件的文本文件。

```
twadmin- - print- profile> twpol.txt
```

然后编辑该文件，完毕后存盘。最后使用 tripwire 命令进行策略更新。

```
tripwire- - update- policy twpol.txt
```

8）改变 sitekey 和 localkey

sitekey 和 localkey 是在安装时生成的，但可以随时修改。如果已经用来加密的密钥文件被删除了或是被覆盖了，那么 Tripwire 加密过的文件都不能访问了。因此，最好对这两个文件做备份。

5.3　入侵检测技术的实施

5.3.1　IDS 系统放置的位置

（1）网络主机：在非混杂模式网络中，可以将 NIDS 系统安装在主机上，从而监测位于同一交换机上的机器间是否存在攻击现象。

（2）网络边界：IDS 非常适合于安装在网络边界处，例如防火墙的两端、拨号服务器附近以及与其他网络的连接处。由于这些位置的带宽都不很高，所以 IDS 系统可以跟上通信流的速度。

（3）广域网中枢：由于经常发生从偏僻地带攻击广域网核心位置的案件以及广域网的带宽通常并不很高，在广域网的骨干地段安装 IDS 系统也显得日益重要。

（4）服务器群：服务器种类不同，通信速度也不同。对于流量速度不是很高的应用服务器，安装 IDS 是非常好的选择；对于流量速度快但又特别重要的服务器，可以考虑安装专用 IDS 系统进行监测。

（5）局域网中枢：IDS 系统通常都不能很好地应用于局域网，因为它的带宽很高，IDS 很难追上狂奔的数据流，无法完成重新构造数据包的工作。

5.3.2　IDS 如何与网络中的其他安全措施相配合

IDS 与防火墙的协同：通过在防火墙中驻留的一个 IDS Agent 对象，以接收来自 IDS 的控制消息，然后再增加防火墙的过滤规则，最终实现联动。

IDS 与防病毒系统的协同：一方面，对越来越多来自网络的病毒攻击，IDS 可能根据某些特征发出警告。另一方面，由于 IDS 本身并不是防病毒系统，对网络中的主机是否真的正在遭受计算机病毒的袭击并不能非常准确的预报。如果能与防病毒系统协同，就可有针对性地对 IDS 的病毒报警信息进行验证，对遭受病毒攻击的主机系统进行适当的处理。

IDS 与网络中的其他安全措施相配合时应注意的要点：

（1）建立不断完善的安全策略。

（2）根据不同的安全要求，合理放置防火墙。例如，放在内部网和外部网之间、放在服务器和客户端之间、放在公司网络和合作伙伴网络之间。

（3）使用网络漏洞扫描器检查防火墙的漏洞。

（4）使用主机策略扫描器确保服务器等关键设备最大的安全性，比如查看它们是否已经打了最新补丁。

（5）使用 NIDS 系统和其他数据包嗅探软件查看网络上是否有成批的异常情况。

（6）使用基于主机的 IDS 系统和病毒扫描软件对成功的入侵行为作标记。

（7）使用网络管理平台为可疑活动设置报警。

5.4　入侵检测技术发展方向

5.4.1　目前 IDS 存在的主要问题

目前 IDS 还存在很多问题,主要表现为以下几点。

(1)误报率高:主要表现为把良性流量误认为恶性流量进行误报。还有些 IDS 系统会对用户不关心的事件进行误报。

(2)产品适应能力差:传统的 IDS 系统在开发时没有考虑特定网络环境下的需求,适应能力差。入侵检测产品要能适应当前网络技术和设备的发展进行动态调整,以适应不同环境的需求。

(3)大型网络管理能力差:首先,要确保新的产品体系结构能够支持数以百计的 IDS 传感器;其次,要能够处理传感器产生的告警事件;最后还要解决攻击特征库的建立,配置以及更新问题。

(4)缺少防御功能:大多数 IDS 系统缺乏主动防御功能。

5.4.2　IDS 技术的发展方向

(1)分析技术的改进:入侵检测误报和漏报的解决最终依靠分析技术的改进。目前入侵检测分析方法主要有,统计分析、模式匹配、数据重组、协议分析、行为分析等。

统计分析是统计网络中相关事件发生的次数,达到判别攻击的目的。

模式匹配利用对攻击的特征字符进行匹配完成对攻击的检测。

数据重组是对网络连接的数据流进行重组再加以分析,而不仅仅分析单个数据包。

协议分析是在对网络数据流进行重组的基础上,理解应用协议,再利用模式匹配和统计分析的技术来判明攻击。

行为分析不仅简单分析单次攻击事件,还根据前后发生的事件确认是否确有攻击发生,攻击行为是否生效。最好综合使用多种检测技术,而不只是依靠传统的统计分析和模式匹配技术。另外,规则库是否及时更新也和检测的准确程度相关。

(2)内容恢复和网络审计功能的引入:内容恢复即在协议分析的基础上,对网络中发生的行为加以完整的重组和记录,网络中发生的任何行为都逃不过它的监视。网络审计即对网络中所有的连接事件进行记录。入侵检测的接入方式决定入侵检测系统中的网络审计不仅类似防火墙可以记录网络进出信息,还可以记录网络内部连接状况,此功能对内容恢复无法恢复的加密连接尤其有用。内容恢复和网络审计让管理员看到网络的真正运行状况,其实就是调动管理员参与行为分析过程。此功能不仅能使管理员看到孤立的攻击事件的报警,还可以看到整个攻击过程,了解攻击确实发生与否,查看攻击者的操作过程,了解攻击造成的危害。不但可以发现已知攻击,还可以发现未知攻击;不但发现外部攻击者的攻击,也发现内部用户的恶意行为。毕竟管理员是最了解其网络的,管理员通过此功能的使用,很好地达成了行为分析的目的。但使用此功能的同时需注意对用户隐私的保护。

(3)集成网络分析和管理功能:入侵检测不仅对网络攻击进行检测。同时,入侵检测可以收集网络中的所有数据,对网络的故障分析和健康管理也可起到重大作用。当管理员发现某台主机有问题时,也希望能马上对其进行管理。入侵检测也不应只采用被动分析方法,最好能和主动分析结合。所以,入侵检测产品集成网管功能是以后发展的方向。

(4) 安全性和易用性的提高:入侵检测是个安全产品,自身安全极为重要。因此,目前的入侵检测产品大多采用硬件结构,黑洞式接入,免除自身安全问题。同时,对易用性的要求也日益增强,如全中文的图形界面、自动的数据库维护、多样的报表输出。这些都是优秀入侵产品的特性和以后继续发展细化的趋势。

(5) 改进对大数据量网络的处理方法:随着对大数据量处理的要求,入侵检测的性能要求也逐步提高,出现了千兆入侵检测等产品。但如果入侵检测检测系统不仅具备攻击分析,同时具备内容恢复和网络审计功能,则其存储系统也很难完全工作在千兆环境下。这种情况下,网络数据分流是一个很好的解决方案。

(6) 防火墙联动功能:入侵检测发现攻击,自动发送给防火墙,防火墙加载动态规则拦截入侵,称为防火墙联动功能。主要的应用对象是自动传播的攻击,联动在这种场合有一定的作用。随着入侵检测产品检测准确度的提高,联动功能日益趋向实用化。

5.4.3　IPS 技术

入侵防御系统(Instrusion Prevention System,IPS)的设计基于一种全新的思想和体系结构,工作于串联(IN-Line)方式,以硬件方式实现网络数据流的捕获和检测,使用硬件加速技术进行深层数据包分析处理。突破了传统 IDS 只能检测不能防御入侵的局限性。

IPS 技术可以深度感知并检测流经的数据流量,丢弃恶意报文以阻断攻击,对滥用报文进行限流以保护网络带宽资源。简单地理解,可认为 IPS 就是在 IDS 监测的功能上又增加了主动响应的功能。IPS 的产生就是因为 IDS 只能发现入侵,但不能主动抵御入侵。IPS 既可以做到及时发现入侵,又能主动抵御入侵。但是,IPS 在设计上解决了 IDS 的一些缺陷。IPS 位于防火墙和网络的设备之间。这样,如果检测到攻击,IPS 会在这种攻击扩散到网络的其他地方之前阻止这个恶意的通信。

IPS 工作原理:首先数据包在流入 IPS 设备时就要在一个入口处进行数据包分类,依据就是数据包报头和流信息。对于不完整或者不符合分类标准的数据包予以丢弃。通过的数据进入对应的过滤器,根据过滤器中所设置的不同攻击行为特征进行数据包检查。如果符合了其中的攻击行为特征,则把相应数据包标记为"命中"。被标记为"命中"的数据包将在下面的出口中予以丢弃,没被标为"命中"的数据包将通过出口进入内部网络。

IPS 目前主要分为以下两类。

(1) 基于主机的入侵防御系统(Host Intrusion Prevent System,HIPS)。HIPS 是一种能监控电脑中文件的运行和文件运用了其他的文件以及文件对注册表的修改,并向用户报告请求允许的软件。

(2) 基于网络的入侵防御系统(Network Intrusion Prevent System,NIPS)。NIPS 阻挡的机制可以有丢弃封包(packet drop)、封锁来源(source blocking)、重导联机(connection reset)、会话代理(session proxy)等。NIPS 通过检测流经的网络流量,提供对网络系统的安全保护,可以做到实时的阻挡黑客的入侵行为以及破坏行为。另外,由于 NIPS 采用在线连接方式,所以一旦辨识出入侵行为,NIPS 就可以去除该入侵通信的整个网络会话,而不仅仅是复位会话。

习 题 5

1. 如何判断系统是否遭到入侵?
2. 入侵检测系统技术由哪些方面实施?
3. 入侵检测系统未来如何发展?

第6章 计算机病毒及其防治

6.1 计算机病毒概述

在这个互联网高速发展的时代,各种计算机病毒和木马肆意横行,每天都有成千上万的计算机被感染,从而造成或大或小的损失。目前,计算机病毒已成为困扰计算机系统安全和网络发展的重要问题。计算机病毒已经遍及社会的各个领域,近乎家喻户晓,只要接触过计算机的都能碰上它。计算机病毒更是在军事、经济、民生等多个重要领域扮演着越来越重要的角色,没有哪一个国家会对计算机病毒掉以轻心,因为它给计算机系统带来了巨大的破坏和潜在的威胁。

6.1.1 计算机病毒的概念

从广义上来说,凡是能够引起计算机故障,破坏计算机数据的程序统称为计算机病毒。根据《中华人民共和国计算机信息系统安全保护条例》,对计算机病毒的定义是:编制或者在计算机程序中插入的破坏计算机功能或者毁坏数据、影响计算机使用、并能自我复制的一组计算机指令或者程序代码。

计算机病毒作为一种计算机程序,之所以被人们称为"病毒",最主要的原因就是它对计算机的破坏作用与医学上的"病毒"对生物体的破坏作用极其相似,它与生物医学上的"病毒"一样具有传染性和破坏性,因而人们将生物医学上的"病毒"概念进行引申,从而产生了"计算机病毒"一词。但计算机病毒和生物学上的病毒不同的是,计算机病毒不是天然存在的,而是某些别有用心的人利用自己所掌握的计算机知识,针对计算机软、硬件所固有的漏洞而编制的具有特殊功能(通常是攻击计算机软、硬件)的程序,也就是说,其本质就是一段程序。

病毒不是来源于突发或偶然的原因。有时一次突发停电和偶然错误,会在计算机的磁盘和内存中产生一些乱码和随机指令,但这些代码是无序和混乱的,病毒则是一种比较完美的、精巧严谨的代码,按照严格的秩序组织起来,与所在的系统网络环境相适应和配合起来,病毒不会偶然形成,它需要有一定的长度,这个基本的长度从概率上来讲是不可能通过随机代码产生的。

案例1:第一个蠕虫诞生——莫里斯蠕虫

1988年11月2日,美国康奈尔大学的计算机科学系研究生,23岁的莫里斯(Morris)将其编写的蠕虫程序输入计算机网络,感染了6000台计算机,使Internet不能正常运行,造成的经济损失达1亿美元。这件事就像是计算机界的一次大地震,引起了人们对计算机病毒的恐慌,也使更多的计算机专家重视和致力于计算机病毒研究。

案例 2:CIH 病毒

CIH 病毒是迄今为止破坏性最严重的病毒,也是世界上首例破坏计算机硬件的病毒。这种病毒在 Windows 环境下传播,其实时性和隐蔽性都特别强,使用一般反病毒软件很难发现这种病毒在系统中的传播。CIH 病毒每月 26 日都会爆发(有一种版本是每年 4 月 26 日爆发)。CIH 病毒发作时,一方面全面破坏计算机系统硬盘上的数据,另一方面对某些计算机主板的 BIOS 进行改写,导致主板损坏。此病毒是由台湾大学生陈盈豪研制的,据说他研制此病毒的目的是纪念"切尔诺贝利核事故"或是让反病毒软件难堪。

案例 3:"熊猫烧香"病毒

"熊猫烧香"病毒其实是一种蠕虫病毒的变种(尼姆亚变种),而且是经过多次变种而来的。由于计算机中毒感染后所有可执行文件图标都变成一个烧香的熊猫,所以被称为"熊猫烧香"病毒。含有病毒体的文件被运行后,病毒将自身复制至系统目录,同时修改注册表将自身设置为开机启动项,并遍历各个驱动器,将自身写入磁盘根目录下,增加一个 autorun. inf 文件,使得用户打开该盘时激活病毒体。随后病毒体开一个线程进行本地文件感染,同时开另外一个线程连接某网站下载 ddos 程序发动恶意攻击。但原病毒只会对 EXE 文件图标进行替换,并不会对系统本身进行破坏。而大多数中的是病毒变种,用户计算机中毒后可能会出现蓝屏、频繁重启以及系统硬盘中数据文件被破坏等现象。同时,该病毒的某些变种可以通过局域网进行传播,进而感染局域网内所有计算机系统,最终导致局域网瘫痪,无法正常使用,它能感染系统中. exe、. com、. pif、. src、. html、. asp 等文件,它还能中止大量的反病毒软件进程并且会删除扩展名为. gho 的文件,该文件是一系统备份工具 GHOST 的备份文件,使用户的系统备份文件丢失。

6.1.2 计算机病毒的发展

计算机病毒是计算机技术和以计算机为核心的社会信息化进程发展到一定阶段的必然产物。在病毒的发展史上,病毒的出现是有规律的,一般情况下一种新的病毒技术出现后,病毒迅速发展,接着反病毒技术的发展会抑制其流传。操作系统升级后,病毒也会调整为新的方式,产生新的病毒技术。IT 行业普遍认为,从最原始的单机磁盘病毒到现在逐步进入人们视野的手机病毒,计算机病毒主要经历了如下发展阶段:

1) DOS 引导阶段

1987 年,计算机病毒主要是引导型病毒,具有代表性的是"小球"和"石头"病毒。当时的计算机硬件较少,功能单一,一般需要通过软盘启动后使用。引导型病毒利用软盘的启动原理工作,它们修改系统启动扇区,在计算机启动时首先取得控制权,减少系统内存,修改磁盘读写中断,影响系统工作效率,在系统存取磁盘时进行传播。1989 年,引导型病毒发展为可以感染硬盘,典型的代表有"石头 2"。

2) DOS 可执行阶段

1989 年,可执行文件型病毒出现,它们利用 DOS 系统加载执行文件的机制工作,该类型的典型代表为"耶路撒冷"、"星期天"病毒,病毒代码在系统执行文件时取得控制权,修改 DOS 中断,在系统调用时进行传染,并将自己附加在可执行文件中,使文件长度增加。1990 年,发展为复合型病毒,可感染. com 和. exe 文件。

3）伴随、批次型阶段

1992 年,伴随型病毒出现,它们利用 DOS 加载文件的优先顺序进行工作。具有代表性的有"金蝉"计算机病毒,它感染.exe 文件时生成一个和.exe 同名的扩展名为.com 伴随体,它感染.com 文件时,修改原来的.com 文件为同名的.exe 文件,这样,在 DOS 加载文件时,病毒就取得控制权。这类计算机病毒的特点是不改变原来的文件内容、日期及属性,感染计算机病毒后只要将其伴随体删除即可。在非 DOS 操作系统中,一些伴随型病毒利用操作系统的描述语言进行工作,具有典型代表的是"海盗旗"病毒,它在得到执行时,询问用户名称和口令,然后返回一个出错信息,将自身删除。批次型病毒是工作在 DOS 下的和"海盗旗"病毒类似的一类病毒。

4）幽灵、多形型阶段

1994 年,随着汇编语言的发展,实现同一功能可以用不同的方式进行完成,这些方式的组合使一些看似随机的代码产生相同的运算结果。幽灵病毒就是利用这个特点,每感染一次就产生不同的代码。例如,"一半"计算机病毒就是产生一段有上亿种可能的解码运算程序,计算机病毒体被隐藏在解码前的数据中,查解这类计算机病毒就必须要对这段数据进行解码,这就加大了查毒的难度。多形型病毒是一种综合性病毒,它既能感染引导区又能感染程序区,多数具有解码算法,一种病毒往往要两段以上的子程序方能解除。

5）生成器、变体机阶段

1995 年,在汇编语言中,一些数据的运算放在不同的通用寄存器中,可运算出同样的结果,随机地插入一些空操作和无关指令,也不影响运算的结果,这样,一段解码算法就可以由生成器生成。当生成的是计算机病毒时,这种复杂的被称为病毒生成器和变体机的病毒就产生了。具有典型代表的是"计算机病毒制造机 VCL",它可以在瞬间制造出成千上万种不同的计算机病毒,查解时就不能使用传统的特征识别法,需要在宏观上分析指令,解码后查解计算机病毒。

6）网络、蠕虫阶段

1995 年,随着网络的普及,病毒开始利用网络进行传播,它们只是以上几代病毒的改进。在非 DOS 操作系统中,"蠕虫"是典型的代表,它不占用除内存以外的任何资源,不修改磁盘文件,利用网络功能搜索网络地址,将自身向下一地址进行传播,有时也在网络服务器和启动文件中存在。

7）Windows 病毒阶段

1996 年,随着 Windows 和 Windows95 的日益普及,利用 Windows 进行工作的病毒开始发展,它们修改(NE,PE)文件,典型的代表是"DS.3873",这类病毒的机制更为复杂,它们利用保护模式和 API 调用接口工作,清除方法也比较复杂。

8）宏病毒阶段

1996 年,随着 Windows 的 Word 功能的增强,使用 Word 宏语言也可以编制病毒,这种病毒使用类 Basic 语言,编写容易,感染 Word 文档文件。在 Excel 和 AmiPro 出现的相同工作机制的病毒也归为此类。

9）Internet 阶段

1997 年,随着因特网的发展,各种病毒也开始利用因特网进行传播,一些携带病毒的数据包和邮件越来越多,如果不小心打开了这些邮件,机器就有可能中毒。

6.2 计算机病毒的特征及传播途径

6.2.1 计算机病毒的特征

1) 寄生性

计算机病毒和生物病毒一样,需要宿主。计算机病毒会寄生在其他程序之中,依赖于宿主程序的执行而生存,这就是计算机病毒的寄生性。当执行这个宿主程序时,病毒程序就被激活,病毒就会发挥作用,从而可以进行自我复制和繁衍。而在未启动这个程序之前,它是不易被人发觉的。

2) 传染性

病毒也会传染,一台计算机如果感染了病毒,那么曾在这台计算机上使用过的移动硬盘或 U 盘往往已经感染上了病毒,而与这台计算机联网的其他计算机也会被感染的。由于目前计算机网络飞速发展,所以它能在短时间内进行快速传染。是否具有传染性是判别一个程序是否为计算机病毒的最重要条件。病毒程序通过修改磁盘扇区信息或文件内容并把自身嵌入到其中的途径达到病毒的传染和扩散。

3) 隐蔽性

计算机病毒要想不被发现的话,就需要隐藏起来。它是一种隐藏性很高的可执行程序,通常附在正常程序中或磁盘较隐蔽的地方,也有个别的以隐含文件形式出现。目的是不让用户发现它的存在。如果不经过代码分析或计算机病毒代码扫描,病毒程序与正常程序是不容易区别开来的。一般在没有防护措施的情况下,计算机病毒程序取得系统控制权后,可以在很短的时间里传染大量程序。而且受到传染后,计算机系统通常仍能正常运行,使用户不会感到任何异常,好像不曾在计算机内发生过什么。大部分的病毒的代码之所以设计得非常短小,也是为了隐藏。

4) 潜伏性

并不是所有的病毒都能马上发作的,有些病毒像定时炸弹一样,让它什么时间发作是预先设计好的。比如黑色星期五病毒,不到预定时间一点都觉察不出来,等到条件具备的时候一下子就爆炸开来,对系统进行破坏。一个编制精巧的计算机病毒程序,进入系统之后一般不会马上发作,可以在几周或者几个月内甚至几年内隐藏在合法文件中,对其他系统进行传染,而不被人发现,潜伏性越好,其在系统中的存在时间就会越长,病毒的传染范围就会越大。潜伏性的第一种表现是指:病毒程序不用专用检测程序是检查不出来的,因此病毒可以静静地躲在磁盘或磁带里待上几天,甚至几年,一旦时机成熟,得到运行机会,就又要四处繁殖、扩散,继续为害。潜伏性的第二种表现是指:计算机病毒的内部往往有一种触发机制,不满足触发条件时,计算机病毒除了传染外不做什么破坏。触发条件一旦得到满足,有的在屏幕上显示信息、图形或特殊标识,有的则执行破坏系统的操作,如格式化磁盘、删除磁盘文件、对数据文件做加密、封锁键盘以及使系统锁死等。

5）破坏性

计算机病毒往往带有某种破坏功能,轻则干扰系统的正常运行,降低计算机系统的工作效率,占用系统资源,重则破坏磁盘数据、删除文件,甚至导致整个计算机系统的瘫痪,危害极其严重。

6）可触发性

病毒因需要满足特定的时间或日期要求,期待特定用户识别符出现、特定文件的出现或使用、一个文件使用的次数超过设定数等,才能诱使病毒实施感染或进行攻击的特性称为可触发性。为了隐蔽自己,病毒必须潜伏,少做动作。如果完全不动,一直潜伏的话,病毒既不能感染也不能进行破坏,便失去了杀伤力。病毒既要隐蔽又要维持杀伤力,它必须具有可触发性。病毒的触发机制就是用来控制感染和破坏动作的频率的。病毒具有预定的触发条件,这些条件可能是时间、日期、文件类型或某些特定数据等。病毒运行时,触发机制检查预定条件是否满足,如果满足,就启动感染或破坏动作,使病毒实施感染或攻击行为;如果不满足,则使病毒继续潜伏。

7）流行性

计算机病毒传染大都与时间相关,就像生物领域的流行病一样,一定的时间内爆发、流行,等相应的杀毒软件开发出来后,就趋向减少,甚至消失。

除了上述特点以外,计算机病毒还具有不可预见性、衍生性、针对性、欺骗性、持久性等特点。正是由于计算机病毒具有这些特点,所以给计算机病毒的预防、检测与清除工作带来了很大的难度。

随着计算机应用的不断发展,计算机病毒又出现一些新的特性如:利用微软漏洞主动传播、局域网内快速传播、以多种方式传播、大量消耗系统与网络资源、双程序结构、用移动工具传播病毒、远程启动等。

6.2.2　计算机病毒的传播途径

计算机病毒具有自我复制和传播的特点,因此,只要是能够进行数据交换的介质都有可能成为计算机病毒的传播途径,主要有以下几个方式。

（1）通过移动存储设备来传播,包括软盘、光盘、U 盘、移动硬盘等。其中 U 盘是使用最广泛、移动最频繁的存储介质,因此也成了计算机病毒寄生的"温床"。

（2）通过网络传播,如电子邮件、BBS、网页、即时通信软件等,计算机网络的发展使计算机病毒的传播速度大大提高,感染的范围也越来越广。有时候,打开即时通信工具传来的网址、来历不明的邮件及附件、到不安全的网站下载可执行程序等,都会导致网络病毒进入计算机。现在很多木马病毒可以通过 MSN、QQ 等即时通信软件进行传播,一旦你的在线好友感染病毒,那么所有好友都将会遭到病毒的入侵。

（3）利用系统、应用软件漏洞进行传播,尤其是近几年,由于操作系统固有的一些设计缺陷,导致被恶意用户利用,利用系统漏洞攻击已经成为病毒传播的一个重要的途径。

（4）利用系统配置缺陷传播。很多计算机用户在安装了系统后,为了使用方便,而没有设置开机密码或者设置密码过于简单、有的在网络中设置了完全共享等,这些都很容易导致计算机感染病毒。

（5）通过无线通道传播，在无线网络中被传输的信息没有加密或者加密很弱，很容易被窃取、修改和插入，存在较严重的安全漏洞。目前，这种传播途径十分广泛，已与网络传播一起成为病毒扩散的两大"时尚渠道"。

6.3　计算机病毒的分类

计算机病毒的种类很多，对计算机病毒可以从不同的角度来进行分类，因而同一种病毒可能有多种不同的分类方法。

1）按照破坏程度分类

良性病毒，是指那些只是为了表现自己而并不破坏系统数据，只是不停地进行传播，从一台计算机传染到另一台，占用系统 CPU 资源或干扰系统工作的一类计算机病毒。如国内出现的小球病毒。

恶性病毒，是指病毒制造者在主观上故意要对被感染的计算机实施破坏，在其传染或发作时会对系统产生直接破坏作用的计算机病毒。这类病毒一旦发作就破坏系统的数据、删除文件、加密或格式化硬盘，使系统处于瘫痪状态，如米开朗基罗病毒。需要指出的是，良性和恶性是相对比较而言的。

2）按传染方式分类

引导区型病毒：主要通过软盘在操作系统中传播，感染引导区，蔓延到硬盘，并能感染到硬盘中的"主引导记录"。

文件型病毒：文件型病毒是文件感染者，也称为寄生病毒。它运行在计算机存储器中，通常感染扩展名为.com、.exe 等可执行文件。在用户调用染毒的可执行文件时，病毒首先被运行，然后病毒驻留内存伺机传染其他文件或直接传染其他文件。

混合型病毒：混合型病毒具有引导区型病毒和文件型病毒两者的特点。这种病毒的原始状态是依附在可执行文件上，以该文件为载体进行传播。当被感染文件执行时，会感染硬盘的主引导记录。以后用硬盘启动系统时，就会实现从文件型病毒转变为引导型病毒。例如 BloodBound. A，该病毒也称为 Tchechen. 3420，主要感染.com、.exe 和.mbr 文件。它将自己附着在可执行文件的尾部，将破坏性的代码放入 MBR 中，然后清除硬盘中的文件。

宏病毒：宏病毒是利用宏语句编写的病毒程序，如寄存在 Office 文档上的宏代码。它们通常利用宏的自动化功能进行感染，当一个感染的宏被运行时，它会将自己安装在应用的模板中，并感染应用创建和打开的所有文档，影响对文档的各种操作，如著名的美丽莎（Macro. Melissa）。

3）按链接方式分类

源码型病毒：它攻击高级语言编写的源程序，在源程序编译之前插入其中，并随源程序一起编译、连接成可执行文件。源码型病毒较为少见，亦难以编写。

入侵型病毒：入侵型病毒可用自身代替正常程序中的部分模块或堆栈区。因此这类病毒只攻击某些特定程序，针对性强。一般情况下也难以被发现，清除起来也较困难。

操作系统型病毒：操作系统型病毒可用其自身部分加入或替代操作系统的部分功能。因其直接感染操作系统，这类病毒的危害性也较大。"圆点"病毒和"大麻"病毒就是典型的操作系统病毒。

外壳型病毒：外壳型病毒通常将自身附在正常程序的开头或结尾，相当于给正常程序增加了一个外壳。这种病毒最为常见，易于编写，也易于被发现。大部分的文件型病毒都属于这一类。

4）按特有算法分类

伴随型病毒：这一类病毒并不改变文件本身，它们根据算法产生 .exe 文件的伴随体，与文件具有同样的名字和不同的扩展名，例如，BOOK.exe 的伴随体是 BOOK.com。计算机病毒把自身写入 .com 文件并不改变 .exe 文件，当 DOS 加载文件时，伴随体优先被执行，再由伴随体加载执行原来的 .exe 文件。

蠕虫型病毒：这类病毒将计算机网络地址作为感染目标，利用网络从一台计算机的内存传播到其他计算机的内存，将自身通过网络发送。蠕虫通过计算机网络传播，不改变文件和资料信息，除了内存，一般不占用其他资源。

寄生型病毒：除了伴随和"蠕虫"型，其他病毒均可称为寄生型病毒，它们依附在系统的引导扇区或文件中，通过系统的功能进行传播。按算法寄生型病毒又可分为练习型病毒、诡秘型病毒和变型病毒。

（1）练习型病毒自身包含错误，不能很好地传播，例如一些处在调试阶段的病毒。

（2）诡秘型病毒一般不直接修改 DOS 中断和扇区数据，而是通过设备技术和文件缓冲区等 DOS 内部修改，不易看到资源，使用比较高级的技术，利用 DOS 空闲的数据区进行工作。

（3）变型病毒又称幽灵病毒，这一类病毒使用一个复杂的算法，使自己每传播一份都具有不同的内容和长度。它们一般的做法是由一段混有无关指令的解码算法和被变化过的病毒体组成。

除了上述分类，还可以按计算机病毒激活的时间分为定时病毒和随机病毒，按计算机病毒传播的媒介分为单机病毒和网络病毒等。

6.4　计算机病毒的破坏行为及防御

6.4.1　计算机病毒的破坏行为

计算机病毒的破坏行为体现了病毒的杀伤能力。病毒破坏行为的危害程度取决于病毒作者的主观愿望和他所具有的技术能量。计算机病毒的破坏行为有很多，主要归纳如下：

1）攻击计算机系统数据信息

攻击部位包括：硬盘主引导扇区、Boot 扇区、FAT 表、文件目录。一般来说，攻击系统数据区的病毒都是恶性病毒，受损的数据通常不易恢复。

2）攻击文件

病毒对文件的攻击方式很多，比如删除、改名、替换内容、丢失部分程序代码、内容颠倒、写入时间空白、变碎片、假冒文件、丢失数据文件等。

3）攻击内存

内存是计算机的重要资源，也是病毒的攻击目标。病毒额外地抢占和消耗系统的内存资源，导致内存减少，从而使得一些较大的程序不能运行。病毒攻击内存的方式主要有：占用大量内存、改变内存总量、禁止分配内存、蚕食内存等。

4）干扰系统运行

病毒进驻内存后会干扰系统的正常运行，以此作为自己的破坏行为。此类行为也是花样繁多，常见的破坏行为有不执行命令、干扰内部命令的执行、虚假报警、打不开文件、内部栈溢出、占用特殊数据区、换现行盘、时钟倒转、重启、死机、强制游戏、扰乱串/并行口等。

5）速度下降

病毒激活时，其内部的时间延迟程序启动。在时钟中纳入了时间的循环计数，迫使计算机空转，计算机运行速度明显下降。

6）攻击磁盘

攻击磁盘数据导致不写盘、写操作变读操作、写盘时丢字节等。

7）扰乱屏幕显示

病毒扰乱屏幕显示的方式很多，例如字符跌落、环绕、倒置、显示前一屏、光标下跌、滚屏、抖动、乱写、吃字符等。

8）键盘

病毒干扰键盘操作，已发现有下述方式：响铃、封锁键盘、换字、抹掉缓存区字符、重复、输入紊乱等。

9）喇叭

许多病毒运行时，会使计算机的喇叭发出响声。有的病毒作者让病毒演奏旋律优美的世界名曲，在高雅的曲调中去杀戮人们的信息财富。有的病毒作者通过喇叭发出种种声音。已发现的有以下方式：演奏曲子、警笛声、炸弹噪声、鸣叫、咔咔声、嘀嗒声等。

10）攻击 CMOS

在机器的 CMOS 区中，保存着系统的重要数据。例如系统时钟、磁盘类型、内存容量等，并具有校验和。有的病毒激活时，能够对 CMOS 区进行写入动作，破坏系统 CMOS 中的数据。

11）破坏网络系统

病毒通过网络快速传播，对网络用户的数据安全以及计算机的正常运行带来很大的安全隐患，比如：非法使用网络资源，破坏电子邮件，盗取用户信息，发送垃圾信息，占用网络带宽等。

一般来说，用户计算机中毒之后主要有以下 24 种症状：

（1）计算机系统运行速度减慢。

（2）计算机系统经常无故发生死机。

（3）计算机系统中的文件长度发生变化。

（4）计算机存储的容量异常减少。

（5）系统引导速度减慢。

（6）丢失文件或文件损坏。

（7）计算机屏幕上出现异常显示。

（8）计算机系统的蜂鸣器出现异常声响。

（9）磁盘卷标发生变化。

（10）系统不识别硬盘。

（11）对存储系统异常访问。

（12）键盘输入异常。

（13）文件的日期、时间、属性等发生变化。

（14）文件无法正确读取、复制或打开。

（15）命令执行出现错误。

（16）虚假报警。

（17）切换当前盘。有些病毒会将当前盘切换到 C 盘。

（18）时钟倒转。有些病毒会命名系统时间倒转，逆向计时。

（19）Windows 操作系统无故频繁出现错误。

（20）系统异常重新启动。

（21）一些外部设备工作异常。

（22）异常要求用户输入密码。

（23）WORD 或 EXCEL 提示执行"宏"。

（24）不应驻留内存的程序驻留内存。

6.4.2　计算机病毒的防御

计算机病毒危害日益严峻，引起人们越来越大的关注。它的存在和传播对用户造成了很大的威胁，为了减少信息资料的丢失和破坏，这就需要在日常使用计算机时，养成良好的习惯，预防计算机病毒。并且需要用户掌握一些查杀病毒的知识，在发现病毒时，及时保护好资料，并清除病毒。对计算机病毒的防御应该以预防为主。

（1）树立病毒防范意识，从思想上重视计算机病毒可能会给计算机安全运行带来的危害。对于计算机病毒，有病毒防护意识的人和没有病毒防护意识的人对待病毒的态度完全不同。对于病毒毫无警惕意识的人员，可能连计算机显示屏上出现的病毒信息都不去仔细观察一下，任其在磁盘中进行破坏。其实，只要稍有警惕，病毒在传染时和传染后留下的蛛丝马迹总是能被发现的。

（2）建立良好的安全习惯。例如：不要随便点击打开 QQ、MSN 等聊天工具上发来的陌生链接信息；不要随便打开或运行陌生、可疑文件和程序，如一些来历不明的邮件及附件不要打开；不要上一些不太了解的网站；不要执行从 Internet 下载的未经杀毒处理的软件等。这些必要的习惯会使计算机更安全。

（3）关闭或删除系统中不需要的服务。默认情况下，许多操作系统会安装一些辅助服务，如 FTP 客户端、Telnet 和 Web 服务器。这些服务为攻击者提供了方便，而又对用户没有太大用处，如果删除它们，就能大大减少被攻击的可能性。

（4）经常升级安全补丁。据统计，有 80％的网络病毒是通过系统安全漏洞进行传播的，像蠕虫王、冲击波、震荡波等,所以我们应该定期下载系统的最新安全补丁,从根源上杜绝黑客利用系统漏洞攻击用户的计算机。

(5)使用复杂的密码。有许多网络病毒就是通过猜测简单密码的方式攻击系统的,因此使用复杂的密码,将会大大提高计算机的安全系数。

(6)迅速隔离受感染的计算机。当您的计算机发现病毒或异常时应立刻断网,以防止计算机受到更多的感染,或者成为传播源,再次感染其他计算机。

(7)了解一些病毒知识。这样就可以及时发现新病毒并采取相应措施,在关键时刻使自己的计算机免受病毒破坏。如果能了解一些注册表知识,就可以定期看一看注册表的自启动项是否有可疑键值;如果了解一些内存知识,就可以经常看看内存中是否有可疑程序。

(8)安装专业的杀毒软件进行全面监控。在病毒日益增多的今天,使用杀毒软件进行防毒,是越来越经济的选择,不过用户在安装了反病毒软件之后,应该经常进行升级,将一些主要监控经常打开(如邮件监控、内存监控等),遇到问题要上报,这样才能真正保障计算机的安全。

(9)用户还应该安装个人防火墙软件来防止黑客攻击。由于网络的发展,用户电脑面临的黑客攻击问题也越来越严重,许多网络病毒都采用了黑客的方法来攻击用户电脑,因此,用户还应该安装个人防火墙软件,将安全级别设为中、高级,这样才能有效地防止网络上的黑客攻击。

尽管计算机病毒的种类繁多,传播迅速,感染形式多样,危害极大,但是还是可以预防和杀灭的。只要我们增强计算机和计算机网络的安全意识,采取有效的防杀措施,随时注意工作中计算机的运行情况,发现异常及时处理,就可以大大减少病毒和黑客的危害。

6.4.3 如何降低由病毒破坏所引起的损失

计算机病毒的存在和传播对用户造成了很大的危害,可能会在很短的时间内使整个计算机系统处于瘫痪状态,从而造成巨大的损失。为了减少信息资料的丢失和破坏,这就需要在日常使用计算机时,养成良好的习惯,预防计算机病毒。并且需要用户掌握一些查杀病毒的知识,在发现病毒时,及时保护好资料,并清除病毒,降低病毒带来的损失。其措施主要有以下几点。

1)备份重要文件

中毒后如果计算机中没有重要的文件,那么怎么操作都无所谓,大不了把硬盘全盘格式化重新安装。但是如果计算机中保存有重要的数据、邮件、文档,那么应该在断开网络后立即将其备份到其他设备上,例如移动硬盘、U盘等。尽管要备份的这些文件可能包含病毒,但这要比杀毒软件在查毒时将其删除要好得多。更何况病毒发作后,很有可能就进不了系统,因此中毒后及时备份重要文件是减轻损失最重要的做法之一。

2)全面杀毒

在没有了后顾之忧的时候,就可以进行病毒查杀了。在杀毒时,建议用户先对杀毒软件进行必要的设置,例如扫描压缩包中的文件、扫描电子邮件等,同时对包含病毒的文件处理方式,例如可以将其设为"清除病毒"或"隔离",而不是直接"删除文件",这样做的目的是防止将重要的文件因为误操作而被删除。

3）更改重要资料设定

由于病毒、木马很多时候都是以窃取用户个人资料为目的，因此在进行了全面杀毒操作之后，必须将一些重要的个人资料，例如 QQ、E-mail 账户密码等重新设置。尤其是查杀出后发现是木马程序的，尤其需要进行这项工作。

6.4.4　计算机病毒相关法律法规

1）《中华人民共和国计算机信息系统安全保护条例》

我国第一个关于信息系统安全方面的法规是《中华人民共和国计算机信息系统安全保护条例》，目的是保护信息系统的安全，促进计算机的应用和发展。其主要内容如下所示。

（1）主管全国的计算机信息系统安全保护工作。

（2）计算机信息系统实行安全等级保护。

（3）健全安全管理制度。

（4）国家对计算机信息系统安全专用产品的销售实行许可证制度。

（5）行使监督职权，包括监督、检查、指导和查处危害信息系统安全的违法犯罪案件等。

2）《计算机病毒防治管理办法》

我国有关计算机病毒的法律法规是《计算机病毒防治管理办法》，于 2000 年 4 月 26 日发布执行，目的是加强对计算机病毒的预防和治理，保护计算机信息系统安全。其主要内容如下。

第一条　为了加强对计算机病毒的预防和治理，保护计算机信息系统安全，保障计算机的应用与发展，根据《中华人民共和国计算机信息系统安全保护条例》的规定，制定本办法。

第二条　本办法所称的计算机病毒，是指编制或者在计算机程序中插入的破坏计算机功能或者毁坏数据，影响计算机使用，并能自我复制的一组计算机指令或者程序代码。

第三条　中华人民共和国境内的计算机信息系统以及未联网计算机的计算机病毒防治管理工作，适用本办法。

第四条　公安部公共信息网络安全监察部门主管全国的计算机病毒防治管理工作。地方各级公安机关具体负责本行政区域内的计算机病毒防治管理工作。

第五条　任何单位和个人不得制作计算机病毒。

第六条　任何单位和个人不得有下列传播计算机病毒的行为：

（一）故意输入计算机病毒，危害计算机信息系统安全；

（二）向他人提供含有计算机病毒的文件、软件、媒体；

（三）销售、出租、附赠含有计算机病毒的媒体；

（四）其他传播计算机病毒的行为。

第七条　任何单位和个人不得向社会发布虚假的计算机病毒疫情。

第八条　从事计算机病毒防治产品生产的单位，应当及时向公安部公共信息网络安全监察部门批准的计算机病毒防治产品检测机构提交病毒样本。

第九条　计算机病毒防治产品检测机构应当对提交的病毒样本及时进行分析、确认，并将确认结果上报公安部公共信息网络安全监察部门。

第十条　对计算机病毒的认定工作，由公安部公共信息网络安全监察部门批准的机构承担。

第十一条　计算机信息系统的使用单位在计算机病毒防治工作中应当履行下列职责：

（一）建立本单位的计算机病毒防治管理制度；

（二）采取计算机病毒安全技术防治措施；

（三）对本单位计算机信息系统使用人员进行计算机病毒防治教育和培训；

（四）及时检测、清除计算机信息系统中的计算机病毒，并备有检测、清除的记录；

（五）使用具有计算机信息系统安全专用产品销售许可证的计算机病毒防治产品；

（六）对因计算机病毒引起的计算机信息系统瘫痪、程序和数据严重破坏等重大事故及时向公安机关报告，并保护现场。

第十二条　任何单位和个人在从计算机信息网络上下载程序、数据或者购置、维修、借入计算机设备时，应当进行计算机病毒检测。

第十三条　任何单位和个人销售、附赠的计算机病毒防治产品，应当具有计算机信息系统安全专用产品销售许可证，并贴有"销售许可"标记。

第十四条　从事计算机设备或者媒体生产、销售、出租、维修行业的单位和个人，应当对计算机设备或者媒体进行计算机病毒检测、清除工作，并备有检测、清除的记录。

第十五条　任何单位和个人应当接受公安机关对计算机病毒防治工作的监督、检查和指导。

第十八条　违反本办法第九条规定的，由公安机关处以警告，并责令其限期改正；逾期不改正的，取消其计算机病毒防治产品检测机构的检测资格。

第十九条　计算机信息系统的使用单位有下列行为之一的，由公安机关处以警告，并根据情况责令其限期改正；逾期不改正的，对单位处以一千元以下罚款，对单位直接负责的主管人员和直接责任人员处以五百元以下罚款：

（一）未建立本单位计算机病毒防治管理制度的；

（二）未采取计算机病毒安全技术防治措施的；

（三）未对本单位计算机信息系统使用人员进行计算机病毒防治教育和培训的；

（四）未及时检测、清除计算机信息系统中的计算机病毒，对计算机信息系统造成危害的；

（五）未使用具有计算机信息系统安全专用产品销售许可证的计算机病毒防治产品，对计算机信息系统造成危害的。

第二十一条　本办法所称计算机病毒疫情，是指某种计算机病毒爆发、流行的时间、范围、破坏特点、破坏后果等情况的报告或者预报。

6.5　常见病毒的查杀

要查杀计算机中的病毒，有必要对病毒的名称有所了解，计算机病毒名称的一般格式为：<病毒前缀>.<病毒名>.<病毒后缀>。

病毒前缀是指一个病毒的种类，它是用来区别病毒的种族分类的。不同种类的病毒，其前缀也是不同的。比如我们常见的木马病毒的前缀是 Trojan，蠕虫病毒的前缀是 Worm，等等。

病毒名是指一个病毒的家族特征，是用来区别和标识病毒家族的，如著名的 CIH 病毒的家族名都是统一的"CIH"，振荡波蠕虫病毒的家族名是"Sasser"。

病毒后缀是指一个病毒的变种特征，是用来区别具体某个家族病毒的某个变种的。一般都采用英文中的 26 个字母来表示，如 Worm. Sasser. b 就是指振荡波蠕虫病毒的变种 B，因此一般称为"振荡波 B 变种"或者"振荡波变种 B"。如果该病毒变种非常多，可以采用数字与字母混合表示变种标识。

1) 蠕虫病毒的查杀

蠕虫（Worm）病毒是一种通过网络传播的恶意病毒，其本身不具有太多破坏特性，以消耗系统带宽、内存、CPU 为主。这类病毒最大的破坏之处不是对终端用户造成的麻烦，而是对网络的中间设备无谓耗用。

蠕虫病毒可以说是近年来发作最为猖獗、影响非常广泛的一类计算机病毒，它的传播主要体现在以下两个方面。

（1）利用微软的系统漏洞攻击计算机网络，网络中的客户端感染这一类病毒后，会不断自动拨号上网，并利用文件中的地址或者网络共享传播，从而导致网络服务遭到拒绝并发生死锁，最终破坏用户的大部分重要数据。"红色代码"、"尼姆达"、"sql 蠕虫王"等病毒都是属于这一类病毒。

（2）利用 E-mail 邮件迅速传播。如"爱虫病毒"和"求职信病毒"。蠕虫病毒会盗取被感染计算机中邮件的地址信息，并且利用这些邮件地址复制自身病毒体以达到大量传播，对计算机造成严重破坏的目的。蠕虫病毒可以对整个互联网造成瘫痪性的后果。

蠕虫病毒通常由两部分组成：主程序和引导程序。主程序的主要功能是搜索和扫描，这个程序能够读取系统的公共配置文件，获得与本机联网的客户端信息，检测到网络中的哪台机器没有被占用，从而通过系统的漏洞，将引导程序建立到远程计算机上。引导程序实际上是蠕虫病毒主程序（或一个程序段）自身的一个副本，而主程序和引导程序都有自动重新定位的能力。也就是说，这些程序或程序段都能够把自身的副本重新定位在另一台机器上，这就是蠕虫病毒之所以能够大面积爆发并且带来严重后果的主要原因。

蠕虫病毒的一般传播过程如下。

（1）扫描。由蠕虫的扫描功能模块负责探测存在漏洞的主机。

（2）攻击。攻击模块按漏洞攻击步骤中找到的对象，取得该主机的权限（一般为管理员权限），获得一个 shell。

（3）现场处理。进入被感染的系统后，要做现场处理工作，现场处理部分工作主要包括隐藏、信息搜集等等。

（4）复制。复制模块通过原主机和新主机的交互将蠕虫程序复制到新主机并启动。

对蠕虫病毒的查杀，一般可以按下面的方法操作。

（1）中止进程。

按"Ctrl＋Alt＋Del"组合键，在"Windows 任务管理器"中选择"进程"选项卡，查找"ms-blast. exe"（或"teekids. exe"、"penis32. exe"），选中它，然后，点击下方的"结束进程"按钮。

提示：如不能运行"Windows 任务管理器"，可以在"开始"→"运行"中输入"cmd"打开

"命令提示符"窗口,输入以下命令"taskkill. exe/im msblast. exe"(或"taskkill. exe/im teekids. exe"、"taskkill. exe/im penis32. exe")。

(2)删除病毒体。

依次点击"开始"→"搜索",选择"所有文件和文件夹"选项,输入关键词"msblast. exe",将查找目标定在操作系统所在分区。搜索完毕后,在"搜索结果"窗口将所找到的文件彻底删除。然后使用相同的方法,查找并删除"teekids. exe"和"penis32. exe"文件。

(3)修改注册表。

点击"开始"→"运行",输入命令"regedit"打开注册表编辑器,依次找到"HKEY_LO-CAL_MACHINE\SOFTWARE\Microsoft\Windows\CurrentVersion\Run",删除"windows auto update=msblast. exe"(病毒变种可能会有不同的显示内容)。

(4)重新启动计算机。

重启计算机后,蠕虫病毒就已经从系统中完全清除了。

蠕虫病毒由于感染非常迅速,而且是通过系统漏洞方式感染,对互联网络的危害相当大,因此,一般来说发现了该漏洞的操作系统公司和杀毒公司都不会坐视不管,会在第一时间推出补丁和专杀工具。用户下载后,断网进行杀毒,然后打上补丁,重新启动系统就能避免再次重复感染了。

2)木马病毒的查杀

木马是指通过入侵计算机,能够伺机盗取账号密码的恶意程序,它是计算机病毒中的一种特定类型。

木马通常会在每次用户启动时自动装载服务端,Windows系统启动时自动加载应用程序的方法,木马都会用上,如:启动组、win. ini、system. ini、注册表等都是"木马"藏身的好地方。在用户登录网银、聊天或游戏等账号的过程中记录用户输入的账号和密码,并自动将窃取到的信息发送到黑客预先指定的信箱中。这将直接导致用户账号被盗用,账户中的虚拟财产被转移。

如果发现有木马存在,要第一时间进行查杀。

(1)马上将计算机与网络断开,防止黑客通过网络进行攻击。关闭共享文件和目录。

(2)编辑win. ini文件,将"WINDOWS"下面,"run=木马程序"或"load=木马程序"更改为"run="和"load="。

(3)编辑system. ini文件,将"BOOT"下面的"shell=木马文件",更改为:"shell=explorer. exe"。

(4)打开注册表,"开始"→"运行"输入命令regedit,对注册表进行编辑,在"HKEY_LOCAL_MACHINE\Software\Microsoft\Windows\CurrentVersion\Run"和"HKEY_LOCAL_MACHINE\Software\Microsoft\Windows\CurrentVersion\Runserveice"下查看键值中有没有不熟悉的自动启动文件,扩展名一般为. exe,删除该木马程序的键值,然后用木马的文件名在整个注册表中搜索并一一删除,这里要特边注意一些木马可以的去模仿系统文件,比如explorer. exe(正确的是explorer. exe)、command. exe(正确的是command. com)。有时候还需注意:有的木马程序并不是直接将"HKEY-LOCAL-MACHINE"下的木马键值删除就行了,因为有的木马(如BladeRunner木马),如果你删除它,木马会立即自动加上,这时要记下木马的名字与目录,然后退回到 MS-DOS 下,找到此木马文件并删除掉。重新启动计算机,然后再到注册表中将所有木马文件的键值删除。为保证安全最好再重启计算机,进入安全模式查杀一次。把带有病毒的文件删除后,有些木马会驻留在 IE 文件内,打开 IE,选择选择 IE 工具栏中的"工具"→"Internet 选项",选择"删除文件",如果有脱机内容,也一起删除。

• 案例:"灰鸽子"木马的查杀

"灰鸽子"是一个集多种控制方法于一体的木马,一旦用户计算机不幸感染,可以说用户的一举一动都在黑客的监控之下,要窃取账号、密码、照片、重要文件都轻而易举。更甚的是,他们还可以连续捕获远程计算机屏幕,还能监控被控计算机上的摄像头,自动开机(不开显示器)并利用摄像头进行录像。截至 2006 年年底,"灰鸽子"木马已经出现了 6 万多个变种。其客户端简易便捷的操作使刚入门的初学者都能充当黑客。当使用在合法情况下时,"灰鸽子"是一款优秀的远程控制软件。但如果拿它做一些非法的事,"灰鸽子"就成了很强大的黑客工具。

自 2001 年,"灰鸽子"诞生之日起,就被反病毒专业人士判定为最具危险性的后门程序,并引发了安全领域的高度关注。2004 年至 2006 年,"灰鸽子"木马连续三年被国内各大杀毒厂商评选为年度十大病毒,"灰鸽子"也因此声名大噪,逐步成为媒体以及网民关注的焦点。

"灰鸽子"2011 年出现最新变种,服务端仅有 70 kB,只占葛军(最早"灰鸽子"的作者)"灰鸽子"大小的 1/10,隐蔽性更强。

该木马为只读、隐藏或存档,使得计算机用户无法发现并删除。该变种还会修改受感染系统注册表中的启动项,使得变种随计算机系统启动而自动运行。另外,该变种还会在受感染操作系统中创建新的 IE 进程,并设置其属性为隐藏,然后将病毒文件自身插入到该进程中。如果恶意攻击者利用该变种入侵感染计算机系统,那么受感染的操作系统会主动连接互联网中指定的服务器,下载其他病毒、木马等恶意程序,同时恶意攻击者还会窃取计算机用户的键盘操作信息(如登录账户名和密码信息等),最终造成受感染的计算机系统被完全控制,严重威胁计算机用户的系统和信息安全。

由于"灰鸽子"在正常模式下服务端程序文件和它注册的服务项均被隐藏,也就是说即使设置了"显示所有隐藏文件"也看不到它们。此外,"灰鸽子"服务端的文件名也是可以自定义的,这都给手工检测带来了一定的困难。

但是,对于"灰鸽子"的检测仍然是有规律可循的。从上面的运行原理分析可以看出,无论自定义的服务器端文件名是什么,一般都会在操作系统的安装目录下生成一个以"＊_hook.dll"结尾的文件。通过这一点,我们可以较为准确地手工检测出"灰鸽子"服务端。

由于正常模式下"灰鸽子"会隐藏自身,因此检测"灰鸽子"的操作一定要在安全模式下进行。进入安全模式的方法是:启动计算机,在系统进入 Windows 启动画面前,按下"F8"键,在出现的启动选项菜单中,选择"Safe Mode"或"安全模式"。

(1) 由于"灰鸽子"的文件本身具有隐藏属性,因此要设置 Windows 显示所有文件。打开"我的电脑",选择菜单"工具"—"文件夹选项",点击"查看",取消"隐藏受保护的操作系统文件"前的复选框,并在"隐藏文件和文件夹"项中选择"显示所有文件和文件夹",然后点击"确定"。

（2）打开 Windows 的"搜索文件",文件名称输入"_hook.dll",搜索位置选择 Windows 的安装目录。

（3）例如,经过搜索,在 Windows 目录(不包含子目录)下发现了一个名为 Game_Hook.dll 的文件。如果 Game_Hook.DLL 是"灰鸽子"的文件,则在操作系统安装目录下还会有 Game.exe 和 Game.dll 文件。打开 Windows 目录,找到这两个文件,同时还有一个用于记录键盘操作的 GameKey.dll 文件。

经过这几步操作基本就可以确定这些文件是"灰鸽子"服务端了,下面就可以进行手动清除。清除"灰鸽子"仍然要在安全模式下操作,主要有两步(为防止误操作,清除前一定要做好备份)：

第一步：清除"灰鸽子"的服务

注意清除"灰鸽子"的服务要在注册表里完成,一定要先备份注册表,或者到 DOS 下将注册表文件更名,然后再去注册表删除"灰鸽子"的服务。以 Windows2000/XP 系统为例：

（1）打开注册表编辑器(点击"开始"→"运行",输入"Regedit.exe"),打开 HKEY_LO-CAL_MACHINE\SYSTEM\CurrentControlSet\Services 注册表项。

（2）点击菜单"编辑"→"查找","查找目标"输入"game.exe",就可以找到"灰鸽子"的服务项(此例为 Game_Server,每个人这个服务项名称是不同的)。

（3）删除整个 Game_Server 项。

第二步：删除"灰鸽子"程序文件

删除"灰鸽子"程序文件非常简单,只需要在安全模式下删除 Windows 目录下的 Game.exe、Game.dll、Game_Hook.dll 以及 Gamekey.dll 文件,然后重新启动计算机。至此,"灰鸽子"服务端已经被清除干净。

以上介绍的方法适用于我们看到的大部分"灰鸽子"木马及其变种,然而仍有极少数变种采用此种方法无法检测和清除。同时,随着"灰鸽子"新版本的不断推出,手工检测和清除它的难度也会越来越大。

3）宏病毒的查杀

宏病毒是一种寄存在文档或模板的宏中的计算机病毒。一旦打开这样的文档,其中的宏就会被执行,于是宏病毒就会被激活,转移到计算机上,并驻留在 Normal 模板上。从此以后,所有自动保存的文档都会"感染"上这种宏病毒,而且如果其他用户打开了感染病毒的文档,宏病毒又会转移到他的计算机上。

要查杀宏病毒一般采用最新版的反病毒软件来清除宏病毒。使用反病毒软件是一种高效、安全和方便的清除方法,也是一般计算机用户的首选方法。当然,无论使用的是何种反病毒软件,及时升级是非常重要的。

手动查杀宏病毒一般可采取以下两个步骤。

（1）进入"开发工具"→"宏",查看模板 Normal.dot,若发现有 Filesave、Filesaveas 等文件操作宏或类似 AAACAO、AAAXHS 怪名字的宏,说明系统确实感染了宏病毒,删除这些来历不明的宏。对以 Auto×××命名的,若不是用户自己命名的自动宏,则说明文明感染了宏病毒,删除它们。若是用户自己创建的自动宏,可以打开它,看是否与原来创建时的内容一样,如果存在被改变处,说明你编制的自动宏已经被宏病毒修改,这时应该将自动宏修改为原来编制的内容。在最糟的情况下,如果分不清哪些是宏病毒,为安全起见,可删除所有来路不明的宏,甚至是用户自己创建的宏。因为即便删错了,也不会对 Word 文档内容产生任何影响,仅仅是少了"宏功能"。如果需要,还可以重新编制。

(2) 即使在"工具"→"宏"删除了所有的病毒宏,并不意味着可以高枕无忧了。因为病毒原体还在文本中,只不过暂时不活动了,也许还会死灰复燃。为了彻底消除宏病毒,再次点击"开发工具",选择"模板",正常情况下,可以在"文档模板"处见到"Normal. dot",如果没有,说明文档模板文件 Normal. dot 已被病毒修改了。这时用原来备份的 Normal. dot 覆盖当前的 Normal. dot;或没有备份,则删掉感染病毒的 Normal. dot,重新创建一个干净的 Normal. dot,并新建另一个空文档,这时新建文档是干净的;将原文件的全部内容拷贝到新文件中,关闭感染宏病毒的文件,然后再将新文件保存为原文件名存储。这样,宏病毒感染就彻底清除了。

• 案例:EXCEL 宏病毒的查杀

excel 宏病毒是一种寄存在 excel 表的宏中的计算机病毒(文件名一般为 StartUp. xls)。一旦打开这样的 excel 表格,其中的宏就会被执行,于是宏病毒就会被激活,转移到计算机。以 Win7 系统为例,excel 宏病毒的手动查杀过程如下。

(1) 打开资源管理器,定位到 excel 的安装路径,比如 C:\Documents and Settings\administrator\Application Data\Microsoft\Excel\XLSTART 之下,如果发现 StartUp. xls 文件,手动删除它。

(2) 打开资源管理器,定位到 C:\Documents and Settings\administrator\Application Data\Microsoft\Excel 下,如果发现 Excel11. exe,手动删除它。

(3) 打开资源管理器,定位到 C:\Documents and Settings\administrator\Application Data\Microsoft\Excel\XLSTART,新建文本文档,复制以下代码:

```
Sub auto_open()
On Error Resume Next
Application.ScreenUpdating = False
ActiveWindow.Visible = False
n$ = ActiveWorkbook.Name
Workbooks(n$ ).Close(False)
Application.OnSheetActivate = "StartUp.xls! cop"
End Sub

Sub cop()
On Error Resume Next
Dim VBC As Object
Dim Name As String
Dim delComponent As VBComponent
Name = "StartUp"
```

```
For Each book In Workbooks
    Set          delComponent=          book.VBProject.VBComponents(Name)
    book.VBProject.VBComponents.Remove delComponent
Next
End Sub
```

（4）把该文本文档重命名为 startup. xls。手动查杀完毕。

6.6　企业版杀毒软件

在病毒日益增多的今天，使用杀毒软件进行防毒，是越来越经济的选择，不过用户在安装了反病毒软件之后，应该经常进行升级，将一些主要监控经常打开，如邮件监控、内存监控等，遇到问题要上报，这样才能真正保障计算机的安全。

对于企业，需要建立企业多层次的病毒防护体系：在企业的每个台式机上安装台式机的反病毒软件；在服务器上安装基于服务器的反病毒软件；在 Internet 网关上安装基于 Internet 网关的反病毒软件。

企业级防病毒软件产品的选择依据是，防病毒引擎的工作效率；系统的易管理性；对病毒的防护能力（特别是病毒码的更新能力）。

常用的企业版杀毒软件有卡巴斯基、诺顿、瑞星、金山毒霸、江民、360 等。这些杀毒软件操作简单、界面友好、行之有效，在查杀病毒、网络管理与病毒报警等方面都是非常优秀的，而且在新版本的功能设计上都考虑的比较全面，都算是非常具有影响力的常用杀毒软件。

习　题　6

1. 通常所说的"计算机病毒"是指（　　）。

A. 细菌感染　　　　　　　　　　B. 生物病毒感染

C. 被损坏的程序　　　　　　　　D. 特制的具有破坏性的程序

2. 计算机病毒的危害性表现在（　　）。

A. 能造成计算机器件永久性失效

B. 影响程序的执行，破坏用户数据与程序

C. 不影响计算机的运行速度

D. 不影响计算机的运算结果，不必采取措施

3. 以下措施不能防止计算机病毒的是（　　）。

A. 保持计算机清洁

B. 先用杀病毒软件将从别人机器上拷贝来的文件清查病毒

C. 不用来历不明的 U 盘

D. 经常关注防病毒软件的版本升级情况，并尽量取得最高版本的防毒软件

4. 宏病毒可感染下列中的（　　）文件。

A. exe   B. bat   C. doc   D. txt

5. 下列选项中,不属于计算机病毒特征的是(　　)。

A. 潜伏性   B. 传染性   C. 寄生性   D. 免疫性

6. 关于计算机病毒知识,下列叙述不正确的是(　　)。

A. 计算机病毒是人为制造的一种破坏性程序

B. 大多数病毒程序都具有自身复制功能

C. 安装防毒软件,并不能完全杜绝病毒的侵入

D. 不使用来历不明的软件才是防止病毒侵入的有效措施

7. 当用各种清病毒软件都不能清除系统病毒时,则应该对此 U 盘(　　)。

A. 丢弃不用   B. 删除所有文件

C. 重新进行格式化   D. 删除病毒文件

8. 计算机病毒的特征有哪些?

9. 简述计算机病毒的传播途径。

10. 简述计算机病毒的分类。

第 7 章　无线网络安全

7.1　无线网络基础

7.1.1　无线网络的分类

无线局域网(Wireless Local Area Networks,WLAN)利用无线技术在空中传输数据、语音和视频信号。作为传统布线网络的一种替代方案或延伸,无线局域网把个人从办公桌边解放了出来,使人们可以随时随地获取信息。

1990 年 IEEE802 标准化委员会成立 IEEE802.11WLAN 标准工作组。IEEE802.11(别名 Wi-Fi)是在 1997 年 6 月由局域网及计算机专家审定通过的标准,该标准定义物理层和媒体访问控制(MAC)规范。在此之后,工作组又陆续推出了 IEEE802.11b、IEEE802.11a、IEEE802.11e、IEEE802.11f、IEEE802.11g、IEEE802.11i 标准和 IEEE802.11h 标准。

1) 无线城域网

无线城域网是连接数个无线局域网的无线网络型式。

无线城域网的推出是为了满足日益增长的宽带无线接入(BWA)市场需求。虽然多年来 802.11x 技术一直与许多其他专有技术一起被用于 BWA,并获得很大成功,但是 WLAN 的总体设计及其提供的特点并不能很好地适用于室外的 BWA 应用。当其用于室外时,在带宽和用户数方面将受到限制,同时还存在着通信距离等其他一些问题。基于上述情况,IEEE 决定制定一种新的、更复杂的全球标准,这个标准应能同时解决物理层环境(室外射频传输)和 QoS 两方面的问题,以满足 BWA 和"最后一英里"接入市场的需要。符合 802.16 标准的设备可以在"最后一英里"宽带接入领域替代 Cable Modem、DSL 和 T1/E1,也可以为 802.11 热点提供回传。

在 1999 年,IEEE 设立了 IEEE 802.16 工作组,其主要工作是建立和推进全球统一的无线城域网技术标准。为了使 IEEE 802.16 系列技术得到推广,在 2001 年成立了 WiMAX 论坛组织,因而相关无线城域网技术在市场上又被称为"WiMAX 技术"。WiMAX 技术的物理层和媒质访问控制层(MAC)技术基于 IEEE 802.16 标准,可以在 5.86 Hz、3.56 Hz 和 2.56 Hz 这三个频段上运行。WiMAX 利用无线发射塔或天线,能提供面向互联网的高速连接。其接入速率最高达 75 Mb/s,胜过有线 DSL 技术,最大距离可达 50 km,覆盖半径达 1.6 km,它可以替代现有的有线和 DSL 连接方式,来提供最后 1 km 的无线宽带接入。

2) 无线广域网

无线广域网(WWAN)是指覆盖全国或全球范围内的无线网络,提供更大范围内的无线接入,与无线个域网、无线局域网和无线城域网相比,它更加强调的是快速移动性。

WWAN 连接地理范围较大,常常是一个国家或是一个洲。其目的是为了让分布较远的各局域网互联,它的结构分为末端系统(两端的用户集合)和通信系统(中间链路)两部分。

专门从事无线广域网移动宽带无线接入技术标准制定的工作组是 IEEE 802.20,IEEE802.20 技术即移动宽带无线接入(mobile broadband wireless access,MBWA)也被称之为 Mobile-Fi。IEEE802.20 为了实现高速移动环境下的高速率数据传输,以弥补 IEEE802.1x 协议族在移动性上的劣势。802.20 技术可以有效解决移动性与传输速率相互矛盾的问题,它是一种适用于高速移动环境下的宽带无线接入系统空中接口规范。

IEEE802.20 标准在物理层技术上,以正交频分复用技术(OFDM)和多输入/多输出技术(MIMO)为核心,充分挖掘时域、频域和空间域的资源,大大提高了系统的频谱效率。

7.1.2　无线局域网常用术语

无线接入点 AP(ACCESS POINT):无线接入点 AP 是将无线设备或客户机连接到网络的基站,是移动计算机用户进入网络的接入点。同时 AP 设备常用于和有线以太网进行连接,进行无线信号的发射。终端设备可以通过无线网卡和 AP 进行通信等数据交换操作。

无线热点:通过无线接入点为移动用户提供联网或互联网服务的区域。

CSMA/CA 协议:有线以太网在 MAC 层的标准协议是 CSMA/CD,即载波侦听多点接入/冲突检测。但由于无线网的适配器不易检测信道是否存在冲突,因此无线网络采用了一种新的协议,即载波侦听多点接入/冲突避免(CSMA/CA)。一方面,载波侦听查看介质是否空闲;另一方面,通过随机的时间等待,使信号冲突发生的概率减到最小,当介质被侦听到空闲时,则优先发送。

有线等效保密(Wired Equivalent Privacy,WEP):有线等效保密协议是对在两台设备间无线传输的数据进行加密的方式,从而保证 WLAN 环境中数据传输的安全性和完整性。

漫游支持:当用户在楼房或公司部门之间移动时,允许在访问点之间进行无缝连接。IEEE802.11 无线网络标准允许无线网络用户可以在不同的无线网桥网段中使用相同的信道或在不同的信道之间互相漫游。

传输功率控制(Transmit Power Control):传输功率控制,允许无线局域网用户在数据传输同其他用户发生冲突时可以使用传输数据信号所允许的最小发送功率。

负载均衡:当 AP 变得负载过大或信号减弱时,NIC 能更改与之连接的访问点 AP,自动转换到最佳可用的 AP,以提高性能。

扩谱技术:一种调制技术,在无线电频率的宽频带上发送传输信号。包括跳频扩谱(FHSS)和直接顺序扩谱(DSSS)两种。跳频扩谱被限制在 2 Mb/s 数据传输率,并建议用在特定的应用中。对于其他所有的无线局域网服务,直接顺序扩谱是一个更好的选择。

信号强度:信号强度是无线适配器接收到的信号的强度,以 decibel-milliwatts(DBm)计量。

链路质量:链路质量是在通信过程中对数据包丢失的衡量情况。

7.1.3　无线局域网常用标准

无线技术包括了无线局域网技术和以 GPRS/3G 为代表的无线上网技术,这些标准和技术发展到今天,已经出现了包括 IEEE802.11、蓝牙技术和 HomeRF 等在内的多项标准和规范,以 IEEE(电气和电子工程师协会)为代表的多个研究机构针对不同的应用场合,制定了一系列协议标准,推动了无线局域网的实用化。这些协议由 Wi-Fi 组织制定和进行认证。下面列出了一些主要无线局域网标准。

1) IEEE802.11 系列协议

在 1997 年,经过了 7 年的工作以后,IEEE 发布了 802.11 协议,这也是在无线局域网领域内的第一个国际上被认可的协议。在 1999 年 9 月,他们又提出了 802.11b"High Rate"协议,用来对 802.11 协议进行补充,802.11b 在 802.11 的 1 Mb/s 和 2 Mb/s 速率下又增加了 5.5 Mb/s 和 11 Mb/s 两种网络吞吐速率。802.11 协议主要工作在物理层和链路层两层上,并在物理层上进行了一些改动,加入了无线数字传输的特性和连接的稳定性。

1999 年 9 月,IEEE802.11b 被正式批准,该标准规定 WLAN 工作频段在 2.4～2.4835 GHz,数据传输速率达到 11 Mb/s,传输距离控制在 15.24～45.72 m。该标准是对 IEEE802.11 的一个补充,采用补偿编码键控调制方式,采用点对点模式和基本模式两运作模式,在数据传输速率方面可以根据实际情况在 11 Mb/s、5.5 Mb/s、2 Mb/s、1 Mb/s 的不同速率间自动切换,它改变了 WLAN 设计状况,扩大了 WLAN 的应用领域。同年,IEEE802.11a 标准制定完成,该标准规定 WLAN 工作频段在 5.15～5.825 GHz,数据传输速率达到 54 Mb/s/72 Mb/s(Turbo),传输距离控制在 10～100 米。该标准也是 IEEE802.11 的一个补充,扩充了标准的物理层,采用正交频分复用(OFDM)的独特扩频技术,采用 QFSK 调制方式,可提供 25 Mb/s 的无线 ATM 接口和 10 Mb/s 的以太网无线帧结构接口,支持多种业务如话音、数据和图像等,一个扇区可以接入多个用户,每个用户可带多个用户终端。IEEE802.11a 标准是 IEEE802.11b 的后续标准,工作于 2.4 GHz 频带是不需要执照的,该频段属于工业、教育、医疗等专用频段,是公开的,工作于 5.15～8.825 GHz 频带。

之后 IEEE 推出新版本 IEEE802.11g 认证标准,该标准提出拥有 IEEE802.11a 的传输速率,安全性较 IEEE802.11b 好,采用两种调制方式,含 802.11a 中采用的 OFDM 与 IEEE802.11b 中采用的 CCK,做到与 802.11a 和 802.11b 兼容。

IEEE802.11i 标准是结合 IEEE802.1x 中的用户端口身份验证和设备验证,对 WLAN MAC 层进行修改与整合,定义了严格的加密格式和鉴权机制,以改善 WLAN 的安全性。IEEE802.11i 新修订标准主要包括两项内容:"Wi-Fi 保护访问"(Wi-Fi Protected Access,WPA)技术和"强健安全网络"(RSN)。Wi-Fi 联盟计划采用 802.11i 标准作为 WPA 的第二个版本,并于 2004 年初开始实行。IEEE802.11i 标准在 WLAN 网络建设中的是相当重要的,数据的安全性是 WLAN 部署时应该首先考虑的工作。

IEEE802.11e 标准对 WLANMAC 层协议提出改进,以支持多媒体传输,以支持所有 WLAN 无线广播接口的服务质量保证 QOS 机制。IEEE802.11f,定义访问节点之间的通信,支持 IEEE802.11 的接入点互操作协议(IAPP)。IEEE802.11h 用于 802.11a 的频谱管理技术。

2) 蓝牙技术

蓝牙技术将成为全球通用的无线技术,它工作在 2.4 GHz 波段,采用的是跳频展频(FHSS)技术,数据速率为 1 Mb/s,距离为 10 m。任一蓝牙技术设备一旦搜寻到另一个蓝牙技术设备,马上就可以建立联系,而无需用户进行任何设置。在无线电环境非常嘈杂情况下,其优势更加明显。蓝牙技术的主要优点是成本低、耗电量低以及支持数据/语音传输。

3) HomeRF

HomeRF 是专门为家庭用户设计的,它工作在 2.4 GHz,利用 50 跳/秒的跳频扩谱方式,通过家庭中的一台主机在移动设备之间实现通信,既可以通过时分复用支持语音通信;又能通过载波监听多重访问/冲突避免协议提供数据通信服务。同时,HomeRF 提供了与TCP/IP 良好的集成,支持广播、多播和 48 位 IP 地址。HomeRF 最显著的优点是支持高质量的语音及数据通信,它把共享无线连接协议(SWAP)作为未来家庭内联网的几项技术指标,使用 IEEE802.11 无线以太网作为数据传输标准。

4) HyperLAN/HyperLAN2

HyperLAN 是 ETSI 制定的标准,分别应用在 2.4 GHz 和 5 GHz 不同的波段中。与IEEE802.11 最大的不同,在于 HyperLAN 不使用调变的技术而使用 CSMA(Carrier Sense Multiple Access)的技术。HyperLAN2 采用 Wireless ATM 的技术,因此也可以将 Hyper-LAN2 视为无线网络的 ATM,采用 5 GHz 射频频率,传输速率为 54 Mb/s。

7.2　无线网络面临的安全威胁

无线网络一般受到的攻击可分为两类:一类是关于网络访问控制、数据机密性保护和数据完整性保护而进行的攻击;另一类是基于无线通信网络设计、部署和维护的独特方式而进行的攻击。对于第一类攻击在有线网络的环境下也会发生。可见无线网络的安全性是在传统有线网络的基础上增加了新的安全性威胁。

7.2.1　无线网络面临的攻击

1) 有线等价保密机制的弱点

电气与电子工程师学会(Institute of Electrical and Electronics Engineers,IEEE)制定的 802.11 标准中引入 WEP 机制,目的是提供与有线网络中功能等效的安全措施,防止出现无线网络用户偶然窃听的情况出现。然而 WEP 最终还是被发现存在许多的弱点。

(1) 加密算法过于简单。WEP 初始化向量(Initialization Vector,IV)中的由于位数太短和初始化复位设计,常常出现重复使用现象,易被他人破解密钥。而对用于进行流加密的RC4 算法,在其头 256 个字节数据中的密钥存在弱点,容易被黑客攻破。此外用于对明文进行完整性校验的循环冗余校验(Cyclic Redundancy Check,CRC)只能确保数据正确传输,并不能保证其是否被修改,因而也不是安全的校验码。

(2) 密钥管理复杂。802.11 标准指出,WEP 使用的密钥需要接受一个外部密钥管理系统的控制。网络的部署者可以通过外部管理系统控制方式减少 IV 的冲突数量,使无线网络难以被攻破。但由于这种方式的过程非常复杂,且需要手工进行操作,所以很多网络的部署者为了方便,使用缺省的 WEP 密钥,从而使黑客对破解密钥的难度大大减少。

(3) 用户安全意识不强。许多用户安全意识淡薄,没有改变缺省的配置选项,而缺省的加密设置都是比较简单或脆弱的,经不起黑客的攻击。

2）进行搜索攻击

进行搜索也是攻击无线网络的一种方法。现在有很多针对无线网络识别与攻击的技术和软件。NetStumbler 软件是第一个被广泛用来发现无线网络的软件。很多无线网络是不使用加密功能的，或即使加密功能是处于活动状态，如果没有关闭 AP 广播信息功能，AP 广播信息中仍然包括许多可以用来推断出 WEP 密钥的明文信息，如网络名称、安全集标识符（Secure Set Identifier,SSID）等可给黑客提供入侵的条件。

3）信息泄露威胁

泄露威胁包括窃听、截取和监听。窃听是指偷听流经网络的计算机通信的电子形式，它是以被动和无法觉察的方式入侵检测设备的。即使网络不对外广播网络信息，只要能够发现任何明文信息，攻击者仍然可以使用一些网络工具，如 AiroPeek 和 TCPDump 来监听和分析通信量，从而识别出可以破解的信息。

4）无线网络身份验证欺骗

欺骗这种攻击手段是通过骗过网络设备，使得它们错误地认为来自它们的连接是网络中一个合法的和经过同意的机器发出的。达到欺骗的目的，最简单的方法是重新定义无线网络或网卡的 MAC 地址。

由于传输控制协议/网际协议（Transmission Control Protocol/Internet Protocol,TCP/IP）的设计原因，几乎无法防止 MAC/IP 地址欺骗。只有通过静态定义 MAC 地址表才能防止这种类型的攻击。但是因为巨大的管理负担，这种方案很少被采用。只有通过智能事件记录和监控日志才可以对付已经出现过的欺骗。当试图连接到网络上的时候，简单地通过让另外一个节点重新向 AP 提交身份验证请求就可以很容易地欺骗无线网身份验证。

5）网络接管与篡改

同样因为 TCP/IP 设计的原因，某些欺骗技术可供攻击者接管为无线网上其他资源建立的网络连接。如果攻击者接管了某个 AP，那么所有来自无线网的通信量都会传到攻击者的机器上，包括其他用户试图访问合法网络主机时需要使用的密码和其他信息。欺诈 AP 可以让攻击者从有线网或无线网进行远程访问，而且这种攻击通常不会引起用户的怀疑。用户通常是在毫无防范的情况下输入自己的身份验证信息，甚至在接到许多 SSL 错误或其他密钥错误的通知之后，仍像是看待自己机器上的错误一样看待它们，这让攻击者可以继续接管连接而不容易被别人发现。

6）拒绝服务攻击

无线信号传输的特性和专门使用扩频技术，使得无线网络特别容易受到 DoS 攻击的威胁。拒绝服务是指攻击者恶意占用主机或网络几乎所有的资源，使得合法用户无法获得这些资源。黑客要造成这类的攻击，① 通过让不同的设备使用相同的频率，从而造成无线频谱内出现冲突；② 攻击者发送大量非法（或合法）的身份验证请求；③ 如果攻击者接管 AP，并且不把通信量传递到恰当的目的地，那么所有的网络用户都将无法使用网络。无线攻击者可以利用高性能的方向性天线，从很远的地方攻击无线网。已经获得有线网访问权的攻击者，可以通过发送多达无线 AP 无法处理的通信量进行攻击。

7）用户设备安全威胁

由于 IEEE802.11 标准规定 WEP 加密给用户分配是一个静态密钥，因此只要得到了一块无线网网卡,攻击者就可以拥有一个无线网使用的合法 MAC 地址。也就是说,如果终端用户的移动式计算机被盗或丢失,其丢失的不仅仅是计算机本身,还包括设备上的身份验证信息如网络的 SSID 及密钥。

7.2.2　无线网络攻击案例

1) 针对无线网络的信息帧测工具介绍以及对于攻击目标的踩点

要针对目标进行入侵的话,首先必须要捕抓到目标的 AP 覆盖区以及信号的频道,而且这些得到的信息,是取决于我们所使用的软件是否能够很好地帮助我们,而我们可以利用 NetStumbler、Apsniff、AiroPeer 等软件进行测量,根据软件所返回的信息去判断我们所攻击目标的类别。有一点要注意的是每款软件的使用都不同,而且对于无线网卡的支持也有分别,所以下面会介绍 NetStumbler 的使用,而对于 Apsniff 以及 AiroPeek 就粗略介绍一下。

ApSniff 是一款绿色的软件,下载之后就可以直接使用了,拥有 NetStumbler 大部分的功能,有一点突出的是 Apsniff 支持 14 个频道(Channel),而 NetStumbler 只是支持 12 个。Apsniff 对于国内来说会比较好,但是因为它只能够显示无线 AP 的 MAC 地址、SSID、Channel 以及是否加密而已,所以对于我们来说这个可能并不完全合适,当然如果只是希望知道 AP 的部分资料,这个软件已经绰绰有余,如图 7-1 所示。

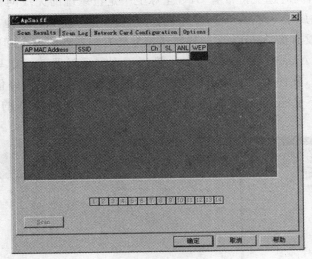

图 7-1　ApSniff

AiroPeek 是国外 Wildpacket 公司所开发的无线网络分析器,见图 7-2,而 AiroPeek 是现有最全面的 WLAN 分析工具,而且它的功能是没有任何一种工具可以相比的,对于多网卡的实时分析,应用程序响应时间分析,802.11 协议解码,接入点的信号强弱显示,警报,触发器监控和报告等,这些是 NetStumbler 都没有办法实现的功能。但是该软件售价太高,而且软件本身有很多的限制,特别对于使用者本身的网卡要求很高,就是说不是所有的网卡都可以使用,且该软件支持 Intel 芯片组。

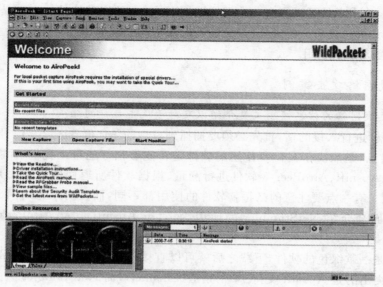

图 7-2　AiroPeek

NetStumbler 是最知名的免费寻找无线接入点工具之一，其界面如图 7-3 所示，它支持 PCMCIA 无线网卡，同时还支持带有 GPS 全球卫星定位系统的无线网卡功能，但只限制在 windows 下运行，是属于 Free Sofeware 系列。与 AiroPeek 不一样的地方是，该软件是只针对 Scan 部分的，并没有像 AiroPeek 一样对于信号等有一系列的报告，但是该软件是免费软件，所以很受欢迎。Apsniff 和 Netstumbler 是属于不需要设置就可以马上进行 Scan 的软件，当启动软件之后，软件会自动根据无线网卡的种类去搜索无线网络信号，如果没有无线网卡的话，软件是不会进行任何操作的。而且软件支持任何系列的无线网卡芯片，与 AiroPeek不一样。

图 7-3　NetStumbler

· 124 ·

如果使用 Linux 系统,可以试用 kismet。

2) 对于攻击目标的踩点

启动 NetStumbler 之后,程序会自动根据本地主机所使用的无线网卡进行搜索,如果本地主机没有无线网卡的话,程序会在下方提示"No Wireless Adapter Found",如果无线网卡有 GPS 功能的话,记得在"View"—"Options"—"General"设置"Auto adjust using GPS",如图 7-4 所示。

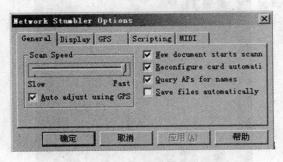

图 7-4 自动搜索无线网卡

而"Scan Speed"是设置程序对于 AP 的扫描速度,扫描速度总共分为 5 种。每 1.50 s 对于 AP 进行扫描,这是属于慢速的,而最快的就是每 0.50 s 扫描一次。剩下的 3 种就是相对的递增或者递减,以下就是 Scan Speed 的速度表 7-1,它包括开放了 GPS 模式的。

表 7-1 Scan Speed

Scan interval/s	Slow	---	---	---	Fast
Without GPS speed	1.50	1.25	1.00	0.75	0.50
GPS,Stationary	3.00	2.50	2.00	1.50	1.00
GPS,25 mph/40 km/h	2.74	2.07	1.48	0.98	0.57
GPS,50 mph/80 km/h	2.31	1.63	0.96	0.46	0.25
GPS,75 mph/120 km/h	1.55	1.20	0.50	0.38	0.25
GPS,100 mph/160 km/h	1.16	0.76	0.50	0.38	0.25

设置完毕之后,就可以开始针对目标进行扫描了,程序会自动确认客户端所在的 AP 覆盖区内,并且通过 AP 信号的参数进行数据搜集。

通过图 7-5 的标明部分内容确定目标的 SSID 为 802.11b 类型设备,Encryption 属性为"已加密",根据刚刚前面的介绍,我们可以确定目标的加密算法是 WEP。

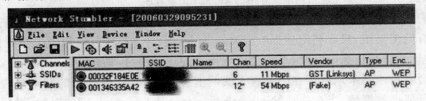

图 7-5 发现 AP 信号

注意：NetStumbler 对使用加密算法的 STA(802.11 无线站点)都会在 Encryption 上标识为 WEP 加密模式。

因为 NetStumbler 是可以针对无线接入点的信号强弱进行搜索的，只要双击所搜索到的接入点名称就会看到相关的信号强弱了，如图 7-6 所示。

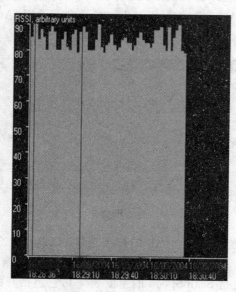

图 7-6　无线信号覆盖强弱

按照信号的强弱，我们就可以知道目标的信号覆盖区大概是在那个位置，根据信号的强弱我们可以覆盖信号区从而架设虚假 AP 作为攻击之用。

3) 针对目标进行嗅探以及 Winaircrack 的使用介绍

当我们得知目标的有关信息之后，就可以利用特定的软件去进行破解工作了。当初 WEP 被传出有缺陷的时候，国外就开始利用 Winaircrack 进行 WEP 以及 WPA 的破解了。而 Winaircrack 其实是一组多功能的破解程序组，不光是可以破解相关的密码算法，而且还可以利用自身的功能去捕抓数据帧。以下就是关于这个工具组的软件功能介绍。

```
aircrack.exe   Win32 下使用的主程序
airdecap.exe   WEP/WPA 解码程序
airodump.exe   数据帧捕捉程序
Updater.exe   WIN32 下升级程序
WinAircrack.exe   WIN32 下的图形前端
wzcook.exe   本地无线网卡缓存中的 WEPKEY 记录程序
```

而我们就是利用通过捕捉当前 AP 传输的数据帧进行 IV 暴力破解，所以我们不必要完全使用所有的工具组，只要利用捕捉数据帧(airodump)与主程序就可以了。当我们利用 airodump 进行数据帧捕抓的时候，界面会出现很多的选择项目，如图 7-7 所示。

程序会自动检测本地所存在的所有无线网卡型号，按照所检测到的网卡列表选择适当的网卡进行捕捉数据帧，当在选择"Network Interface index number"的时候，必须要清楚自身使用的无线网卡驱动编号，避免导致无法正常使用。然后"Network interface type"(选择

```
Known  network  adapters:

16    D-Link AirPlus G DWL-G122 Wireless USB Adapter<rev.B>
26    BUFFALO WLI-PCH-L11/GP Wireless LAN Adapter

Network interface index number   -> 26 ─────── 根据上面提示选择正确的信号捕捉无线网卡接口编号

Interface types:    'o' =Hernesl/Realtek
                    'a' =Aironet/Atheros
Network interface type <o/a>   -> 0 ─────── 根据上面提示选择正确无线网卡芯片类型
Channel<s>:  1 to 14, 0 = all  -> 6 ─────── 选择要捕捉的信号所处的频道

<note: if you specify the same output prefix, airodump will resume
the capture session by appending data to the existing capture file>

Output filename prefix       -> last ─────── 输入捕捉数据帧所存放的文件名

<note: to save space and only store the captured WEP IUs, press y.
The resulting capture file will only be useful for WEP cracking>

Only write WEP IVs <y/n>    -> n ─────── 问是否只记录IV数据,在这里选择 '否/n'
```

图 7-7　airodump 捕抓界面

当前所选择的无线网卡的类型),目前大多国际通用芯片都是使用"HermesI/Realtek"子集的。因为程序有所限制,所以并非完全所有的无线网卡类型都可以驱动本程序。我们通常所使用的 Intel 无线网卡也只有 8 种型号可以破解 WEP。然后"Channel<s>"输入要捕捉的信号所处的频道,根据之前用工具捕捉的 AP 所处的频道信息填入。而"Output filename prefix"(捕抓数据帧后所保存的文件名)就按照自身的需要而填写,但不写绝对路径的话,文件将会保存在 winaircrack 的安装目录下以 .cap 结尾。而最后的项目"Only write WEP IVs"(是否只写入 IV 初始化向量到 cap 文件当中),可以按照个人的需要而进行选择。

捕抓数据帧的过程很费时,如图 7-8 所示,等待程序所有显示的 Packets 总数为 300000 时,就可以去破解 WEP Key 了。根据实践经验,最好找个很多人使用 Wi-Fi 的热点,然后进行 WEP Key 的破解测试,因为如果只是针对单一个 AP 或者只是单一用户进行连接的话,起码要等上几个或者十几个小时,方可使得所捕抓的数据帧满足破解条件。当我们完成捕抓的过程之后,程序会在程序的目录留下后缀为 cap 以及 txt 的两个文件。而 cap 文件为通用嗅探器数据包记录文件格式,是可以使用 ethereal 程序打开查看相关信息的。另 txt 后缀文件就是当前任务的最后统计数据。

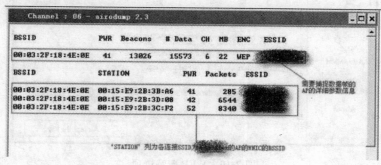

图 7-8　捕抓结果

4）使用 Winaircrack 进行数据帧捕抓文件进行 WEP Key 破解

完成了捕抓数据帧的步骤之后，接下来就是破解所捕抓到的数据帧了。利用主程序把刚刚在 dump 捕抓到的数据 Cap 文件导入。单击图 7-9 标示部分的按钮，选择刚刚捕抓到的 Cap 文件，然后通过点击右方的"Wep"按钮切换主界面至 WEP 破解选项界面，如图 7-10 所示。

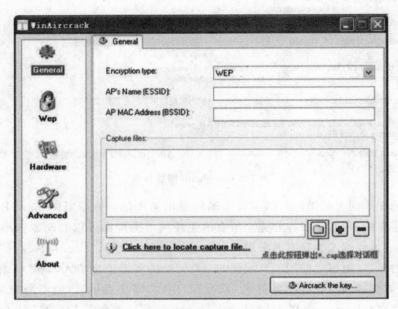

图 7-9　WinAircrack 界面

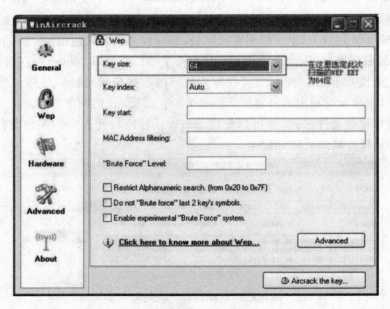

图 7-10　WEP 破解选项

记住要选择"Key Size"为 64 位加密。因为没有办法估计是否是以 64 位数加密的,所以如果不是 64 位数的话,就要重新选择下选择项。最后单击主界面右下方的"Aircrack the key…"按钮,这个时候程序会弹出一个内嵌在 cmd.exe 下运行的进程对话框,整个破解过程就会开始进行了。因为所捕抓的数据帧数量足够,所以不到 1 min,所需要破解的 WEP Key 就已经成功破解完毕了,如图 7-11 所示。

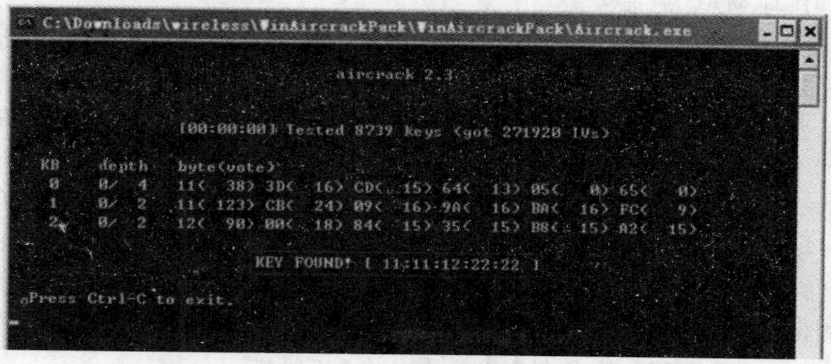

图 7-11 破解成功

利用刚刚破解成功的 WEP Key,在无线网卡的连接参数设置参数为:SSID:******;频道:6;WEP Key:1111122222(64 位)。这样就可以利用该 AP 进行无线网络的使用了,可以在主机架设非法 AP 或者是利用嗅探器嗅探同网段主机的信息。

7.3 无线网络安全解决方案

无线局域网的通常采用的一些安全措施有以下几项。

1) 采用无线加密协议防止未授权用户

保护无线网络安全的最基本手段是加密,通过简单的设置 AP 和无线网卡等设备,就可以启用 WEP 加密。无线加密协议(WEP)是对无线网络上的流量进行加密的一种标准方法。许多无线设备商为了方便安装产品,交付设备时关闭了 WEP 功能。但一旦采用这种做法,黑客就能利用无线嗅探器直接读取数据。建议经常对 WEP 密钥进行更换,有条件的情况下启用独立的认证服务为 WEP 自动分配密钥。另外一个必须注意问题就是用于标识每个无线网络的服务者身份(SSID),在部署无线网络的时候一定要将出厂时的缺省 SSID 更换为自定义的 SSID。现在的 AP 大部分都支持屏蔽 SSID 广播,除非有特殊理由,否则应该禁用 SSID 广播,这样可以减少无线网络被发现的可能。

但是目前 IEEE 802.11 标准中的 WEP 安全解决方案,已被广泛证实不安全。所以如果采用支持 128 位的 WEP,破解 128 位的 WEP 的是相当困难的,同时也要定期的更改 WEP,保证无线局域网的安全。如果设备提供了动态 WEP 功能,最好应用动态 WEP,Windows本身就提供了这种支持,您可以选中 WEP 选项"自动为我提供这个密钥"。同时,应该使用 IPSec、VPN、SSH 或其他 WEP 的替代方法。不要仅使用 WEP 来保护数据。

2) 改变服务集标识符并且禁止 SSID 广播

SSID 是无线接入的身份标识符,用户用它来建立与接入点之间的连接。这个身份标识符是由通信设备制造商设置的，并且每个厂商都用自己的缺省值。例如，3COM 的设备都用"101"。因此，知道这些标识符的黑客可以很容易不经过授权就享受你的无线服务。你需要给你的每个无线接入点设置一个唯一并且难以推测的 SSID。如果可能的话。还应该禁止你的 SSID 向外广播。这样，你的无线网络就不能够通过广播的方式来吸纳更多用户，它不会出现在可使用网络的名单中。

3）静态 IP 与 MAC 地址绑定

无线路由器或 AP 在分配 IP 地址时，通常是默认使用 DHCP 即动态 IP 地址分配，这对无线网络来说是有安全隐患的，"不法"分子只要找到了无线网络，就可以很容易通过DHCP而得到一个合法的 IP 地址，由此就进入了局域网络中。因此，建议关闭 DHCP 服务，为家里的每台计算机分配固定的静态 IP 地址，然后再把这个 IP 地址与该计算机网卡的 MAC 地址进行绑定，这样就能大大提升网络的安全性。"不法"分子不易得到合法的 IP 地址，即使得到了，因为还要验证绑定的 MAC 地址，相当于两重关卡。设置方法如下：首先，在无线路由器或 AP 的设置中关闭"DHCP 服务器"。然后激活"固定 DHCP"功能，把各计算机的"名称"，以后要固定使用的 IP 地址，其网卡的 MAC 地址都如实填写好，最后点"执行"就可以了。

4）虚拟专用网络（VPN）技术在无线网络中的应用

对于高安全要求或大型的无线网络，虚拟专用网络（VPN）方案是一个更好的选择。因为在大型无线网络中维护工作站和 AP 的 WEP 加密密钥、AP 的 MAC 地址列表都是非常艰巨的管理任务。

对于无线商用网络，基于 VPN 的解决方案是当今 WEP 机制和 MAC 地址过滤机制的最佳替代者。VPN 方案已经广泛应用于 Internet 远程用户的安全接入。在远程用户接入的应用中，VPN 在不可信的网络（Internet）上提供一条安全、专用的通道或者隧道。各种隧道协议，包括点对点的隧道协议和第二层隧道协议都可以与标准的、集中的认证协议一起使用。同样，VPN 技术可以应用在无线的安全接入上，在这个应用中，不可信的网络是无线网络。AP 可以被定义成无 WEP 机制的开放式接入（各 AP 仍应定义成采用 SSID 机制把无线网络分割成多个无线服务子网），但是无线接入网络 VLAN（AP 和 VPN 服务器之间的线路）从局域网已经被 VPN 服务器和内部网络隔离出来。VPN 服务器提供网络的认证和加密，并允当局域网网络内部。与 WEP 机制和 MAC 地址过滤接入不同，VPN 方案具有较强的扩充、升级性能，可应用于大规模的无线网络。

5）无线入侵检测系统

无线入侵检测系统同传统的入侵检测系统类似，但无线入侵检测系统增加了无线局域网的检测和对破坏系统反应的特性。侵入窃密检测软件对于阻拦双面恶魔攻击来说，是必须采取的一种措施。如今入侵检测系统已用于无线局域网。来监视分析用户的活动，判断入侵事件的类型，检测非法的网络行为，对异常的网络流量进行报警。无线入侵检测系统不但能找出入侵者，还能加强策略。通过使用强有力的策略，会使无线局域网更安全。无线入侵检测系统还能检测到 MAC 地址欺骗，可通过一种顺序分析，找出那些伪装 WAP 的无线上网用户。无线入侵检测系统可以通过提供商来购买，为了发挥无线入侵检测系统的优良的性能，他们同时还提供无线入侵检测系统的解决方案。

6）采用身份验证和授权

当攻击者了解网络的 SSID、网络的 MAC 地址或甚至 WEP 密钥等信息时，他们可以尝试建立与 AP 关联。目前,有 3 种方法在用户建立与无线网络的关联前对他们进行身份验证。开放身份验证通常意味着只需要向 AP 提供 SSID 或使用正确的 WEP 密钥。开放身份验证的问题在于,如果没有其他的保护或身份验证机制,那么无线网络将是完全开放的,就像其名称所表示的。共享机密身份验证机制类似于"口令-响应"身份验证系统。在 STA 与 AP 共享同一个 WEP 密钥时使用这一机制。STA 向 AP 发送申请,然后 AP 发回口令。接着,STA 利用口令和加密的响应进行回复。这种方法的漏洞在于口令是通过明文传输给 STA 的,因此如果有人能够同时截取口令和响应,那么他们就可能找到用于加密的密钥。采用其他的身份验证/授权机制,如 802.1x、VPN 或证书对无线网络用户进行身份验证和授权,使用客户端证书可以使攻击者几乎无法获得访问权限。

7.3.1　无线局域网的安全性

无线局域网必须考虑的安全因素有信息保密、身份验证和访问控制。为了保障无线局域网的安全,主要有以下几种技术。

1) 物理地址(MAC)过滤

每个无线工作站的无线网卡都有唯一的物理地址,类似以太网物理地址。可以在 AP 中建立允许访问的 MAC 地址列表,如果 AP 数量太多,还可以实现所有 AP 统一的无线网卡 MAC 地址列表,现在的 AP 也支持无线网卡 MAC 地址的集中 Radius 认证。这种方法要求 MAC 地址列表必须随时更新,可扩展性差。

2) 服务集标识符(SSID)匹配

对 AP 设置不同的 SSID,无线工作站必须出示正确的 SSID 才能访问 AP,这样就可以允许不同的用户群组接入,并区别限制对资源的访问。

3) 有线等效保密(WEP)

WEP 协议是由 802.11 标准定义的,用于在无线局域网中保护链路层数据。WEP 使用 40 位钥匙,采用 RSA 开发的 RC4 对称加密算法,在链路层加密数据。WEP 加密采用静态的保密密钥,各无线工作站使用相同的密钥访问无线网络。WEP 也提供认证功能,当加密机制功能启用,客户端要尝试连接上 AP 时,AP 会发出一个 Challenge Packet 给客户端,客户端再利用共享密钥将此值加密后送回存取点以进行认证比对,如果正确无误,才能获准存取网络的资源。所有通过 Wi-Fi 组织认证的产品都可以实现 WEP 互操作。

4) 虚拟专用网络(VPN)

VPN 是指在一个公共的 IP 网络平台上通过隧道以及加密技术保证专用数据的网络安全性,主要采用 DES、3DES 以及 AES 等技术来保障数据传输的安全。

5) Wi-Fi 保护访问(WPA)

WPA 技术是在 2003 年正式提出并推行的一项无线局域网安全技术,将代替 WEP 的无线技术。WPA 是 IEEE 802.11i 的一个子集,其核心就是 IEEE 802.1x 和 TKIP(temporal key integrity protocol)。新一代的加密技术 TKIP 与 WEP 一样基于 RC4 加密算法,且对现有的 WEP 进行了改进,在现有的 WEP 加密引擎中增加了密钥细分(每发一个包重新生成一个新的密钥)、消息完整性检查(MIC)、具有序列功能的初始向量、密钥生成和定期更新功能等 4 种算法,极大地提高了加密安全强度。另外 WPA 增加了为无线客户端和无线 AP

提供认证的 IEEE 802.1x 的 RADIUS 机制。

7.3.2　无线局域网的其他安全措施

除了以上所述的安全措施手段以外我们还可以采取一些其他的技术,例如,设置附加的第三方数据加密方案,即使信号被盗听也难以理解其中的内容以及加强网络内部管理等方法来加强 WLAN 的安全性。

7.3.3　无线城域网的安全性

无线城域网主要面临如下几方面的安全威胁。

1) 网络窃听

不论是有线网络,还是无线网络,在网络窃听等威胁面前都是很脆弱的。有线网络虽然实现了物理隔离,但仍然可以通过搭线进行窃听。LTE 和 WiMAX 由于传输介质是共享的,因此其上收发的数据更容易被窃听。体积小、成本低的 eNB(evolved Node B)部署在不安全的地点(如室内的公共场所),与核心网连接所使用的传输链路不安全(如常规的办公室用以太网线)是导致这种威胁的根本原因。这种威胁包括攻击者窃取数据包中的机密数据(内容机密性)或窃取机密的上下文信息,如标识、路由信息和用户的通信行为。

2) 未经授权使用服务

LTE 和 WiMAX 可以同时提供数据、语音和视频等多种服务,每种服务都意味着耗费一定的网络资源,因此只有对某些服务进行定购的用户才有资格使用这些服务。如果往宽带无线通信系统演进中的安全技术方案及发展趋势网络采用开放式访问,任何用户都可以不经授权地享受这些服务,将会大量耗费系统资源,使运营商无法为用户提供满意的服务质量,严重影响系统的运营,同时会引起运营商收入的大量流失。

3) 非法 BS(基站)

非法接入设备也是无线网络中经常出现的情况,这对于用户而言是非常危险的,它可以轻易地对用户发起中间人攻击。所谓"中间人攻击",是指攻击者占据通信双方 A 和 B 的通信中间节点,冒充 B 与 A 建立连接,同时冒充 A 与 B 建立连接,将 A 发送来的数据转发给 B,将 B 发送来的数据转发给 A,而 A 和 B 感觉不到攻击者的存在。这样,攻击者在转发 A 和 B 的数据的过程中,可以完成对数据的窃听和篡改。在 WiMAX 网络中,攻击者使用一定的设备作为 BS 接入节点(既可以通过合法 BS 接入,也可以通过本地网接入),使其在一定范围内冒充合法 BS 对用户站(SS)提供接入服务,这样攻击者可以在通信双方毫不知觉的情况下发起中间人攻击。

4) DoS 攻击

DoS 攻击的目的是使计算机或网络无法提供正常的服务。最常见的 DoS 攻击有网络带宽攻击和连通性攻击。带宽攻击指以极大的通信流量冲击网络,使得所有可用网络资源都被消耗殆尽,最后导致合法的用户请求无法通过。连通性攻击指用大量的连接请求冲击计算机,使得所有可用的操作系统资源都被消耗殆尽,最终计算机无法处理合法用户的请求。如果攻击者将多台设备联合起来作为攻击平台,对被攻击者发起分布式 DoS 攻击,将成倍地提高攻击的威力。在 LTE 系统中,在启动安全模式之前从网络收到的信息和从网络发出的点对多点信息没有受到保护。这可能面临 DoS 威胁,即 UE 将被欺骗到假的 eNB 或者从网络中被剥离等,攻击者可能强制 LTEUE 切换到安全性较弱的传统网络,进而拒绝服务。攻击者能劫持网络节点向 eNB 发送有选择的数据包,从而发起逻辑 DoS 攻击。攻击者还能伪装成 UE,向 eNB 发送有选择的数据包,使得 eNB 拒绝向其他 UE 服务。攻击者也可利用来自 RAN(radio access network)的信令,例如在初始的接入认证中,向移动性管理实体(mobility management entity,MME)发起 DoS 攻击。

5) 非法篡改数据

非法篡改数据也是网络经常面临的问题之一,攻击者通过该方法构造虚假消息对被攻击者进行欺骗。在 LTE 中,系统信息广播在 UMTS 中没有采取保护措施,攻击者能够向 UE 发送错误的系统信息参数或预配置信息。在 WiMAX 中,攻击者对数据的篡改存在以下几种可能:对业务数据进行篡改,以达到欺骗被攻击者的目的;伪造或篡改网络管理控制消息,造成系统或设备无法正常工作。

6) 隐私

观测或分析移动管理业务可能导致侵犯隐私问题,如泄露用户所处的位置。另外,通过截获 IMSI(国际移动用户身份识别码)攻击,攻击者可以自动追踪用户,攻击者能通过用户的临时标识、切换信令消息等多种方式跟踪 UE。当攻击者将用户的临时标识和用户名关联起来,就能够根据记录推断出用户的历史活动。

7.3.4　无线广域网的安全性

无线广域网的安全性主要包括以下方面:传输内容安全,移动用户认证和用户位置保密。

1) 传输内容安全

众所周知,由于无线传输的广播性质,通过无线接口传送的信息更容易受到窃听的威胁。只要拥有合适的接收设备,任何人都可以侦听本地区的所有无线传输,而且这种侦听极难被发现。这其中最受人关注的即是无线接口的安全问题。一般的要求是,无线接口起码应该提供与传统有线网络可比的安全性能。在移动通信系统中,确实有一些安全保护的特性,使得在大范围内实施无线监听在实际操作时不是那么可能。

由于数字蜂窝移动通信系统传输的是数字化语音,可以实施更加复杂的语音编码方法与调制方法。另一方面,数据加密方法也日益被普遍采用。以下将分别讨论这两种技术。

(1) 传输方案。

第二代数字移动通信系统都使用时分多址(TDMA)或码分多址(CDMA)技术来进行信道划分。这两种技术都采用数字化语音,因此利用相同的频谱可以同时传送更多的谈话,从而更加有效地使用频谱。在 TDMA 传输方案中,一方面频谱还是像在 FDMA 中一样被划分成信道,但是每个信道又被进一步划分成时隙,由多个用户共享。要传送的谈话内容也相应地基于一定的时分方案分割成段。CDMA 传输方案与 TDMA 不同,它是以扩频理论为基础的。相对于 TDMA 中一个用户使用某个信道的一个时隙,CDMA 中每个用户在通信期间占有所有的频率和时间,但不同用户具有不同的正交码形,用以区分不同用户的信息,避免互相之间干扰。

　　显然,通过在无线接口使用 TDMA 或 CDMA 技术都使得传输内容更难受到窃听攻击。尤其是在 CDMA 系统中,侦听传输将比在 TDMA 系统中的难度更大,从而可以提供更好的安全性能。尽管如此,由于不论是 TDMA 还是 CDMA 的技术标准都是公开的,它们还是有受到攻击的潜在可能。随着数字扫描器与解码器成本的降低,仅仅通过在无线接口上采用诸如 TDMA 或 CDMA 之类的复杂传输方案,不足以保证传输内容安全。因此,通信行业更加倾向于使用密码技术以获得足够的安全性能。

　　(2) 数据加密技术。

　　数据加密技术在通信网络中广泛使用。整个加密过程通常包括在信号被传输之前进行某种加密变换,并且在接收端进行逆变换。如果整个加密过程是秘密的,则侦听者将无法从截收到的信号中恢复出原来的谈话内容,从而保证了传输内容的安全。

　　为了获得更高的安全性能,出现了不少基于公钥体制(如 RSA)的新算法。但加/解密操作的速度以及由此而增加的时延,常常限制使用无限复杂的算法。因此必须有所取舍。随着信号处理硬件速度的提高和软件算法的改进,将有可能采用更加复杂的算法,并因此获得更好的安全性,但算法攻击者的能力无疑也将随着提高。

　　2) 移动用户认证

　　无线传输技术的广泛采用还引起了另一个问题。移动用户则经常从一个地方漫游到另一个地方,并在不同时刻从不同的点接入网络。这种用户与某一特定物理设施之间联系的缺乏,或用户的移动性,给网络认证用户带来了难度,从而使整个系统很容易受到欺骗威胁。

　　现有的通信网络通常都是采用提问-响应认证协议。网络给移动用户发送一个提问,并要求用户作出相应响应。虽然任何人都可以轻而易举地截收到网络的提问,但计算相应的响应需要用到与特定用户相关的秘密信息,并且该秘密信息只有合法用户知道,因此,只有合法用户知道正确地响应。其中使用的认证算法可以采用密码学杂凑函数设计成,即使网络的提问与相应的响应都被截收,截收者也很难计算出与合法用户相关的秘密信息。

　　3) 用户位置保密

　　除了移动用户的认证,无线通信中存在的另一个问题是用户个人信息(尤其是用户位置信息)的保密。对某些用户而言,这一位置信息可能与通信内容一样重要,因此同样需要保密。但是,为了使交换设备能成功连接移动用户,用户位置信息又是必需的。确切地讲,只要电话一打开,即使并没有使用,也必须在位置更新过程中定期向网络汇报自己的位置。这使得移动用户的位置极易被跟踪。移动用户的身份信息除了在无线接口上可能被截收,另外,由于网络端的数据库中也存储着所有移动用户的位置信息,同样有被截收的可能,因此也必须加以保护。许多运营商都在试图利用这些位置信息来提供新的业务,如车辆定位系统。有些业务要求系统收集移动用户的大量数据,从而可能引起对用户隐私权的严重破坏。

习　题　7

　　1. 当前的无线网络面临着哪些安全威胁?
　　2. 使用哪些技术能更好提高无线网络的安全性?
　　3. 针对当前日益严峻的手机移动网络的安全形势,你有什么想法?

第8章　VPN 技术

8.1　VPN 技术

8.1.1　VPN 的概念

　　虚拟专用网络(Virtual Private Network,VPN),是一门网络新技术,为我们提供了一种通过公用网络安全地对企业内部专用网络进行远程访问的连接方式。我们知道一个网络连接通常由客户机、传输介质和服务器组成。VPN 同样也由这三部分组成,不同的是 VPN 连接使用隧道作为传输通道,这个隧道是建立在公共网络或专用网络基础之上的,如 Internet 或 Intranet。

　　要实现 VPN 连接,企业内部网络中必须配置有一台基于 Windows NT 或 Windows2000 Server 的 VPN 服务器,VPN 服务器一方面连接企业内部专用网络,另一方面要连接到 Internet,也就是说 VPN 服务器必须拥有一个公用的 IP 地址。当客户机通过 VPN 连接与专用网络中的计算机进行通信时,先由 Internet 服务提供商(ISP)将所有的数据传送到 VPN 服务器,然后再由 VPN 服务器负责将所有的数据传送到目标计算机。VPN 使用三个方面的技术保证了通信的安全性:隧道协议、身份验证和数据加密。客户机向 VPN 服务器发出请求,VPN 服务器响应请求并向客户机发出身份质询,客户机将加密的响应信息发送到 VPN 服务器,VPN 服务器根据用户数据库检查该响应,如果账户有效,VPN 服务器将检查该用户是否具有远程访问权限,如果该用户拥有远程访问的权限,VPN 服务器接受此连接。在身份验证过程中产生的客户机和服务器公有密钥将用来对数据进行加密。

　　VPN 可分为①企业各部门与远程分支之间的 Intranet VPN;②企业网与远程(移动)雇员之间的远程访问(Remote Access)VPN;③企业与合作伙伴、客户、供应商之间的 Extranet VPN。

8.1.2　VPN 的要求

　　1) 安全性

　　VPN 提供用户一种私人专用的感觉,因此建立在不安全、不可信任的公共数据网的首要任务是解决安全性问题。VPN 的安全性可通过隧道技术、加密和认证技术得到解决。在 Intranet VPN 中,要有高强度的加密技术来保护敏感信息;在远程访问 VPN 中要有对远程用户可靠的认证机制。

　　2) 性能

　　VPN 要发展其性能至少不应该低于传统方法。尽管网络速度不断提高,但在 Internet 时代,随着电子商务活动的激增,网络拥塞经常发生,这给 VPN 性能的稳定带来极大的影响。因此 VPN 解决方案应能够让管理员进行通信控制来确保其性能。通过 VPN 平台,管理员定义管理政策来激活基于重要性的出入口带宽分配。这样既能确保对数据丢失有严格要求和高优先级应用的性能,又不会"饿死"低优先级的应用。

3) 管理问题

由于网络设施、应用不断增加,网络用户所需的 IP 地址数量持续增长,对越来越复杂的网络管理,网络安全处理能力的大小是 VPN 解决方案好坏的至关紧要的区分。VPN 是公司对外的延伸,因此 VPN 要有一个固定管理方案以减轻管理、报告等方面负担。管理平台要有一个定义安全政策的简单方法,将安全政策进行分布,并管理大量设备。

4) 互操作

在 Extranet VPN 中,企业要与不同的客户及供应商建立联系,VPN 解决方案也会不同。因此,企业的 VPN 产品应该能够同其他厂家的产品进行互操作。这就要求所选择的 VPN 方案应该是基于工业标准和协议的。这些协议有 IPSec、点到点隧道协议(Point to Point Tunneling Protocol,PPTP)、第二层隧道协议(Layer 2 Tunneling Protocol,L2TP)等。

8.1.3　VPN 的实现技术

隧道技术简单说就是原始报文在 A 地进行封装,到达 B 地后把封装去掉还原成原始报文,这样就形成了一条由 A 到 B 的通信隧道。目前实现隧道技术的有一般路由封装(Generic Routing Encapsulation,GRE)、L2TP 和 PPTP。

VPN 使用两种隧道协议:点到点隧道协议(PPTP)和第二层隧道协议(L2TP)。

1) GRE

GRE 主要用于源路由和终路由之间所形成的隧道。例如,将通过隧道的报文用一个新的报文头(GRE 报文头)进行封装然后带着隧道终点地址放入隧道中。当报文到达隧道终点时,GRE 报文头被剥掉,继续原始报文的目标地址进行寻址。GRE 隧道通常是点到点的,即隧道只有一个源地址和一个终地址。然而也有一些实现允许点到多点,即一个源地址对多个终地址。这时候就要和下一条路由协议(Next-Hop Routing Protocol,NHRP)结合使用。NHRP 主要是为了在路由之间建立捷径。

GRE 隧道用来建立 VPN 有很大的吸引力。从体系结构的观点来看,VPN 就像是通过普通主机网络的隧道集合。普通主机网络的每个点都可利用其地址以及路由所形成的物理连接,配置成一个或多个隧道。在 GRE 隧道技术中入口地址用的是普通主机网络的地址空间,而在隧道中流动的原始报文用的是 VPN 的地址空间,这样反过来就要求隧道的终点应该配置成 VPN 与普通主机网络之间的交界点。这种方法的好处是使 VPN 的路由信息从普通主机网络的路由信息中隔离出来,多个 VPN 可以重复利用同一个地址空间而没有冲突,这使得 VPN 从主机网络中独立出来。从而满足了 VPN 的关键要求:可以不使用全局唯一的地址空间。隧道也能封装数量众多的协议簇,减少实现 VPN 功能函数的数量。还有,对许多 VPN 所支持的体系结构来说,用同一种格式来支持多种协议同时又保留协议的功能,这是非常重要的。IP 路由过滤的主机网络不能提供这种服务,而只有隧道技术才能把 VPN 私有协议从主机网络中隔离开来。基于隧道技术的 VPN 实现的另一特点是对主机网络环境和 VPN 路由环境进行隔离。对 VPN 而言主机网络可看成点到点的电路集合，VPN 能够用其路由协议穿过符合 VPN 管理要求的虚拟网。同样，主机网络用符合网络要求的路由设计方案，而不必受 VPN 用户网络的路由协议限制。

虽然 GRE 隧道技术有很多优点，但用其技术作为 VPN 机制也有缺点，例如管理费用高、隧道的规模数量大等。因为 GRE 是由手工配置的，所以配置和维护隧道所需的费用和隧道的数量是直接相关的——每次隧道的终点改变，隧道要重新配置。隧道也可自动配置，但有缺点，如不能考虑相关路由信息、性能问题以及容易形成回路问题。一旦形成回路，会极大恶化路由的效率。除此之外，通信分类机制是通过一个好的优先级别来识别通信类型。如果通信分类过程是通过识别报文（进入隧道前的）进行的话，就会影响路由发送速率的能力及服务性能。

GRE 隧道技术是用在路由器中的，可以满足 Extranet VPN 以及 Intranet VPN 的需求。但是在远程访问 VPN 中，多数用户是采用拨号上网。这时可以通过 L2TP 和 PPTP 来加以解决。

2）L2TP 和 PPTP

L2TP 是 L2F（Layer 2 Forwarding）和 PPTP 的结合。但是由于 PC 机的桌面操作系统包含着 PPTP，因此 PPTP 仍比较流行。隧道的建立有两种方式，即用户初始化隧道和 NAS（Network Access Server）初始化隧道。前者一般指"主动"隧道，后者指"强制"隧道。"主动"隧道是用户为某种特定目的的请求建立的，而"强制"隧道则是在没有任何来自用户的动作以及选择的情况下建立的。

L2TP 作为"强制"隧道模型是让拨号用户与网络中的另一点建立连接的重要机制。建立过程如下：① 用户通过 Modem 与 NAS 建立连接；② 用户通过 NAS 的 L2TP 接入服务器身份认证；③ 在政策配置文件或 NAS 与政策服务器进行协商的基础上，NAS 和 L2TP 接入服务器动态地建立一条 L2TP 隧道；④ 用户与 L2TP 接入服务器之间建立一条点到点协议（Point to Point Protocol，PPP）访问服务隧道；⑤ 用户通过该隧道获得 VPN 服务。

L2TP 是一个工业标准的 Internet 隧道协议，它和 PPTP 的功能大致相同。L2TP 也会压缩 PPP 的帧，从而压缩 IP、IPX 或 NetBEUI 协议，同样允许用户远程运行依赖特定网络协议的应用程序。与 PPTP 不同的是，L2TP 使用新的网际协议安全（IPSec）机制来进行身份验证和数据加密。目前 L2TP 只支持通过 IP 网络建立隧道，不支持通过 X.25、帧中继或 ATM 网络的本地隧道。

PPTP 作为"主动"隧道模型允许终端系统进行配置，与任意位置的 PPTP 服务器建立一条不连续的、点到点的隧道。并且，PPTP 协商和隧道建立过程都没有中间媒介 NAS 的参与。NAS 的作用只是提供网络服务。PPTP 建立过程如下：① 用户通过串口以拨号 IP 访问的方式与 NAS 建立连接取得网络服务；② 用户通过路由信息定位 PPTP 接入服务器；③ 用户形成一个 PPTP 虚拟接口；④ 用户通过该接口与 PPTP 接入服务器协商、认证建立一条 PPP 访问服务隧道；⑤ 用户通过该隧道获得 VPN 服务。

PPTP 是 PPP 的扩展，它增加了一个新的安全等级，并且可以通过 Internet 进行多协议通信，它支持通过公共网络（如 Internet）建立按需的、多协议的、虚拟专用网络。PPTP 可以建立隧道或将 IP、IPX 或 NetBEUI 协议封装在 PPP 数据包内，因此允许用户远程运行依赖特定网络协议的应用程序。PPTP 在基于 TCP/IP 协议的数据网络上创建 VPN 连接，实现从远程计算机到专用服务器的安全数据传输。VPN 服务器执行所有的安全检查和验证,并启用数据加密,使得在不安全的网络上发送信息变得更加安全。尤其是使用 EAP 后,通过启用 PPTP 的 VPN 传输数据就像在企业的一个局域网内那样安全。另外还可以使用 PPTP 建立专用 LAN 到 LAN 的网络。

在 L2TP 中,用户感觉不到 NAS 的存在,仿佛与 PPTP 接入服务器直接建立连接。而在 PPTP 中,PPTP 隧道对 NAS 是透明的;NAS 不需要知道 PPTP 接入服务器的存在,只是简单地把 PPTP 流量作为普通 IP 流量处理。

采用 L2TP 还是 PPTP 实现 VPN 取决于要把控制权放在 NAS 还是用户手中。L2TP 比 PPTP 更安全,因为 L2TP 接入服务器能够确定用户从哪里来的。

L2TP 主要用于比较集中的、固定的 VPN 用户,而 PPTP 比较适合移动的用户。

8.1.4　VPN 的身份验证方法

下面介绍一下 VPN 进行身份验证的几种方法。

CHAP:CHAP 通过使用 MD5(一种工业标准的散列方案)来协商一种加密身份验证的安全形式。CHAP 在响应时使用质询-响应机制和单向 MD5 散列。用这种方法,可以向服务器证明客户机知道密码,但不必实际地将密码发送到网络上。

MS-CHAP:同 CHAP 相似,微软开发 MS-CHAP 是为了对远程 Windows 工作站进行身份验证,它在响应时使用质询-响应机制和单向加密。而且 MS-CHAP 不要求使用原文或可逆加密密码。

MS-CHAP v2:MS-CHAP v2 是微软开发的第二版的质询握手身份验证协议,它提供了相互身份验证和更强大的初始数据密钥,而且发送和接收分别使用不同的密钥。如果将 VPN 连接配置为用 MS-CHAP v2 作为唯一的身份验证方法,那么客户端和服务器端都要证明其身份,如果所连接的服务器不提供对自己身份的验证,则连接将被断开。

EAP:EAP 的开发是为了适应对使用其他安全设备的远程访问用户进行身份验证的日益增长的需求。通过使用 EAP,可以增加对许多身份验证方案的支持,其中包括令牌卡、一次性密码、使用智能卡的公钥身份验证、证书及其他身份验证。对于 VPN 来说,使用 EAP 可以防止暴力或词典攻击及密码猜测,提供比其他身份验证方法(例如 CHAP)更高的安全性。

在 Windows 系统中,对于采用智能卡进行身份验证,将采用 EAP 验证方法;对于通过密码进行身份验证,将采用 CHAP、MS-CHAP 或 MS-CHAP v2 验证方法。

8.1.5　VPN 的加密技术

数据加密的基本思想是通过变换信息的表示形式来伪装需要保护的敏感信息,使非受权者不能了解被保护信息的内容。加密算法有用 Windows95 的 RC4、用于 IPSec 的 DES 和 3DES。RC4 虽然强度比较弱,但是保护免于非专业人士的攻击已经足够了;DES 和 3DES 强度比较高,可用于敏感的商业信息。

加密技术可以在协议栈的任意层进行;可以对数据或报文头进行加密。在网络层中的加密标准是 IPSec。网络层加密实现的最安全方法是在主机的端到端进行。另一个选择是"隧道模式":加密只在路由器中进行,而终端与第一跳路由之间不加密。这种方法不太安

全,因为数据从终端系统到第一条路由时可能被截取而危及数据安全。终端到终端的加密
方案中,VPN 安全粒度达到个人终端系统的标准;而"隧道模式"方案,VPN 安全粒度只达
到子网标准。在链路层中,目前还没有统一的加密标准,因此所有链路层加密方案基本上是
生产厂家自己设计的,需要特别的加密硬件。

VPN 采用何种加密技术依赖于 VPN 服务器的类型,因此可以分为以下两种情况。

(1)对于 PPTP 服务器,将采用 MPPE 加密技术。MPPE 可以支持 40 位密钥的标准加
密方案和 128 位密钥的增强加密方案。只有在 MS-CHAP、MS-CHAP v2 或 EAP/TLS 身
份验证被协商之后,数据才由 MPPE 进行加密,MPPE 需要这些类型的身份验证生成的公
用客户和服务器密钥。

(2)对于 L2TP 服务器,将使用 IPSec 机制对数据进行加密。IPSec 是基于密码学的保
护服务和安全协议的套件。IPSec 对使用 L2TP 协议的 VPN 连接提供机器级身份验证和
数据加密。在保护密码和数据的 L2TP 连接建立之前,IPSec 在计算机及其远程 VPN 服务器
之间进行协商。IPSec 可用的加密包括 56 位密钥的数据加密标准 DES 和 56 位密钥的 3DES。

8.1.6　VPN 建立的步骤

(1)VPN 设备接收到需要 VPN 传输的数据。

(2)VPN 设备发起向对方的连接请求,双方交换"密钥",并通过加密验证确认对方的
身份,这是 IKE1 阶段。

(3)如果 IKE1 阶段完成,则双方交换"密钥"并协商数据加密算法,这是 IKE2 阶段。

(4)如果 IKE2 阶段完成,则 VPN 隧道建立,数据可以加密传输。

(5)根据指令关闭 VPN 隧道,释放连接。

VPN 有两层加密验证,一次是在建立二层隧道时,双方需要交换"密钥",一次是在商定
加解密算法时,双方需要交换"密钥",以协商使用何种加密算法。

通过以上步骤我们看出,VPN 能否成功建立,关键在于 IKE1 和 IKE2 这两个阶段。

所谓 IKE,就是"Internet Key Exchange"即"密钥"交换的意思。

在 IKE2 阶段,还附带有安全协商(Security Association,SA),它可以帮助双方确认加
密的算法等信息。

当移动用户或远程用户通过拨号方式远程访问公司或企业内部专用网络的时候,采用
传统的远程访问方式不但通信费用比较高,而且在与内部专用网络中的计算机进行数据传
输时,不能保证通信的安全性。为了避免以上的问题,通过拨号与企业内部专用网络建立
VPN 连接是一个理想的选择。

8.1.7　VPN 带来的好处

(1)降低费用:首先远程用户可以通过向当地的 ISP 申请账户登录到 Internet,以 In-
ternet 作为隧道与企业内部专用网络相连,通信费用大幅度降低;其次企业可以节省购买和
维护通信设备的费用。

(2)增强的安全性:VPN 通过使用点到点协议(PPP)用户级身份验证的方法进行验
证,这些验证方法包括:密码身份验证协议(PAP)、质询握手身份验证协议(CHAP)、Shiva
密码身份验证协议(SPAP)、Microsoft 质询握手身份验证协议(MS-CHAP)和可选的可扩

展身份验证协议（EAP）；并且采用微软点对点加密算法（MPPE）和网际协议安全（IPSec）机制对数据进行加密。以上的身份验证和加密手段由远程 VPN 服务器强制执行。对于敏感的数据，可以使用 VPN 连接通过 VPN 服务器将高度敏感的数据服务器物理地进行分隔，只有企业 Intranet 上拥有适当权限的用户才能通过远程访问建立与 VPN 服务器的 VPN 连接，并且可以访问敏感部门网络中受到保护的资源。

（3）网络协议支持：VPN 支持最常用的网络协议，基于 IP、IPX 和 NetBEUI 协议网络中的客户机都可以很容易地使用 VPN。这意味着通过 VPN 连接可以远程运行依赖于特殊网络协议的应用程序。

（4）IP 地址安全：因为 VPN 是加密的，VPN 数据包在 Internet 中传输时，Internet 上的用户只看到公用的 IP 地址，看不到数据包内包含的专有网络地址。因此远程专用网络上指定的地址是受到保护的。

8.2 Windows 2003 下 VPN 服务器配置

（1）打开【管理工具】→【路由和远程访问】，如图 8-1 所示。

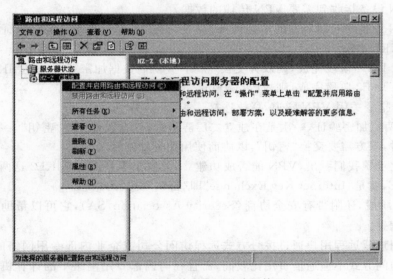

图 8-1 打开路由和远程访问管理

（2）如果服务器启用了 Windows 防火墙则会提示关闭防火墙，如图 8-2 所示。

图 8-2 提示关闭防火墙

（3）【关闭防火墙】→【管理工具】→服务-Windows Firewall/Internet Connection Sha-ring(ICS)将启动类型设置为"禁用"并停止服务，如图 8-3 所示。

（4）重试第一步。

（5）打开路由和远程访问服务器安装向导，选择【自定义配置】，如图 8-4 所示。

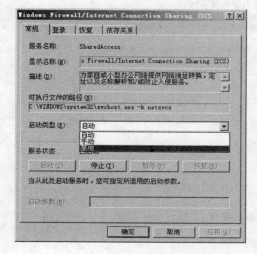
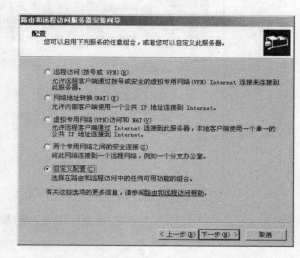

图 8-3　关闭 ICS　　　　　图 8-4　打开路由和远程访问服务器安装向导

（6）选择【VPN 访问】（若需要其他服务可量身定制），然后下一步，如图 8-5 所示。

（7）正在启用 VPN 服务，如图 8-6 所示。

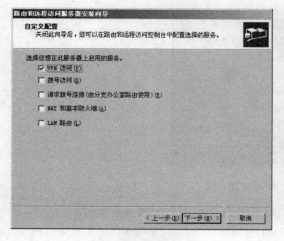

图 8-5　选择 VPN 访问　　　　　图 8-6　启用 VPN 服务

（8）在 VPN 服务启用后，要进行一系列的配置，【开始】→选择【路由服务】→右键，选择【属性】，如图 8-7 所示。

（9）打开属性窗口，配置地址池选择【IP】标签→【静态地址池】→添加一段地址池，如图 8-8 所示。

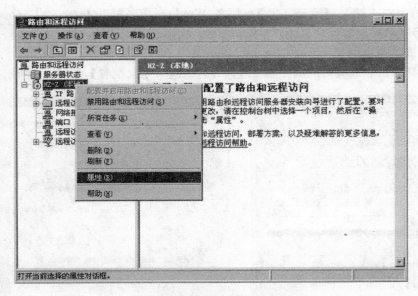

图 8-7　打开 VPN 服务的属性

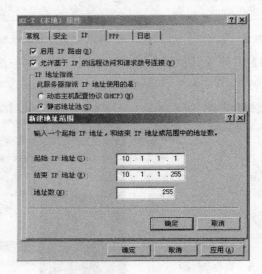

图 8-8　建立 IP 地址池

　　(10) 配置完地址池后,在【静态路由】中选择【新建静态路由】,如图 8-9 所示。

　　选择用来做 VPN 的网卡,如图 8-10 所示。目标"0.0.0.0",网络掩码"0.0.0.0",网关输入网卡上 TCP/IP 协议里的即可。

　　(11) 删除 DHCP 中继代理程序中的"内部",如图 8-11 所示。

　　(12) 在 DHCP 中继代理程序中【新增接口】,如图 8-12 所示。

　　在打开的新增接口页面,选择要配置 VPN 的那块网卡,如图 8-13 所示。

　　(13) VPN 配置已经完成,现在添加一个 NAT 防火墙,如图 8-14 所示,选择【常规】→【新增路由协议】。

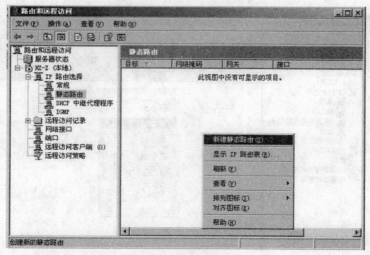

图 8-9　新建静态路由

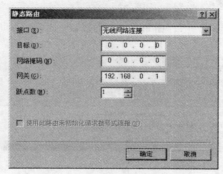

图 8-10　选择做 VPN 的网卡

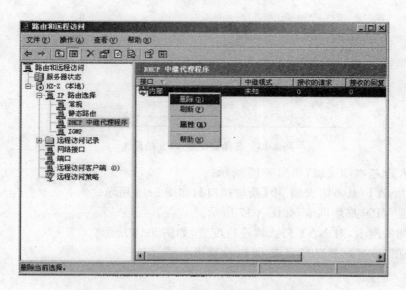

图 8-11　删除 DHCP 中继代理程序中的内部服务

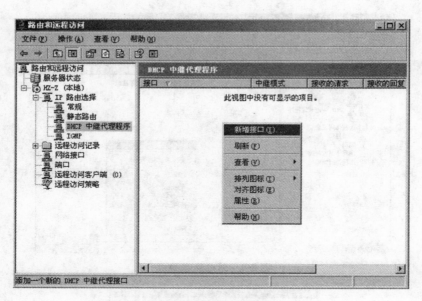

图 8-12 新增接口

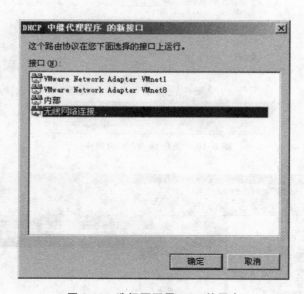

图 8-13 选择要配置 VPN 的网卡

选择 NAT/基本防火墙,如图 8-15 所示。

(14)在"NAT/基本防火墙"中【新增接口】,如图 8-16 所示。

选中配置 VPN 那块网卡,如图 8-17 所示。

双击添加的网卡,对 NAT 防火墙进行配置,如图 8-18 所示。

(15)现在 VPN 配置已经完成,可以设置接入了。

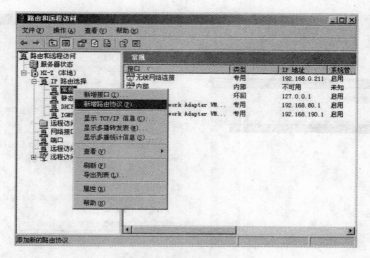

图 8-14　新增路由协议

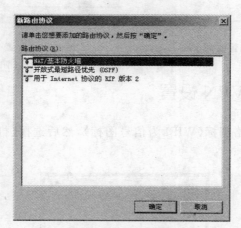

图 8-15　选择 NAT/基本防火墙

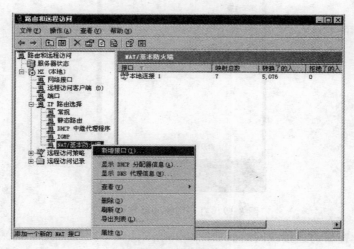

图 8-16　新增接口

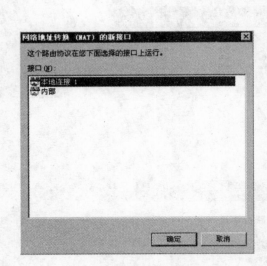

图 8-17　选中要配置的网卡

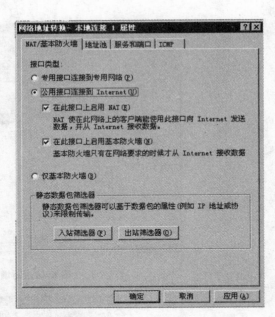

图 8-18　配置 NAT/基本防火墙

8.3　WIN7 登录 VPN 设置

（1）点击右下角的网络图标（WIFI 为信号图标），然后选择【打开网络和共享中心】，如图 8-19 所示。

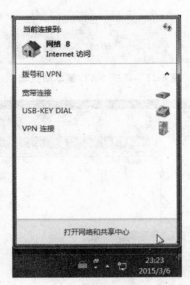

图 8-19　打开网络和共享中心

（2）选择【设置新的连接或网络】，如图 8-20 所示。

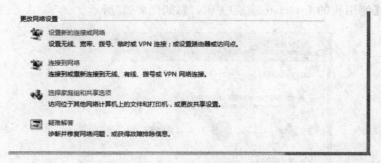

图 8-20　更改网络设置

（3）选择【连接到工作区】，单击【下一步】，如图 8-21 所示。

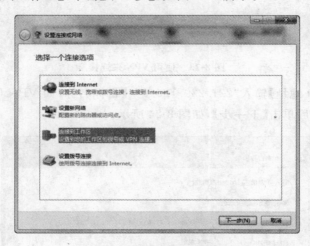

图 8-21　选择连接到工作区

（4）如果出现此步骤，请选择【否，创建新连接】，然后点击【下一步】，如无此步骤，请略过，如图 8-22 所示。

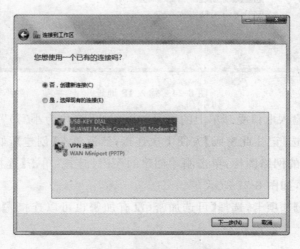

图 8-22　创建一个新的连接

（5）选择【使用我的 Internet 连接（VPN）】，如图 8-23 所示。

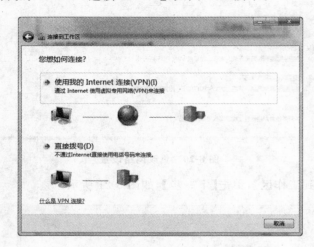

图 8-23 使用 VPN 来连接

（6）在【Internet 地址】输入"221.239.126.9"、【目标名称（如 VPN 可以自定义）】，选择【现在不连接…】，然后单击【下一步】，如图 8-24 所示。

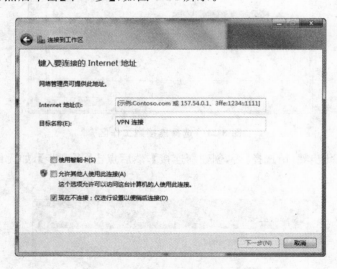

图 8-24 输入 IP 地址

（7）在【用户名】输入电信受理单上的账号加"@L2TP（均为小写）"、在【密码】中输入初始密码为 123456，勾选【记住此密码】方便下次连接；然后单击【创建】，如图 8-25 所示。

（8）点击右下角的网络图标，单击刚才创建的 VPN 连接，单击【连接】，如图 8-26 所示。

（9）单击【属性】，如图 8-27 所示。

（10）点击【安全】选项卡，选择【可选加密（没有加密也可以连接）】。点击【确定】，如图 8-28 所示。

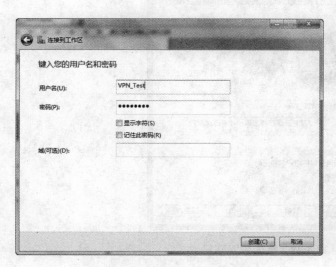

图 8-25　输入用户名和密码

图 8-26　连接

图 8-27　VPN 连接的属性

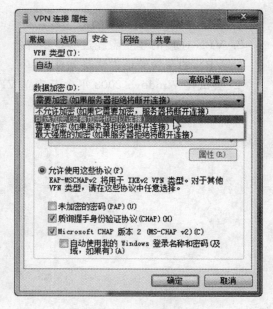

图 8-28　安全选项

（11）单击【连接】，连接成功后就可以使用电信网络，如图 8-29 所示。

图 8-29   连接 VPN 连接

习   题   8

1. 简要介绍 VPN 技术的概念与意义。
2. VPN 连接的建立需经过哪些步骤?
3. VPN 的身份验证方法是怎样的?
4. 尝试在 Windows 2003 平台下建立 VPN 服务器,在 Win7 平台下登录 VPN 服务器。

第 9 章　日常上网的安全防范

9.1　电子邮件安全防范

　　电子邮件通常称为 E-mail,是一种用电子手段提供信息交换的通信方式,也是 Internet 上使用最为频繁和广泛的服务。通过网络的电子邮件系统,用户可以用非常低廉的价格(不管发送到哪里,都只需负担网费即可),以非常快速的方式(几秒钟之内可以发送到世界上任何你指定的目的地),与世界上任何一个角落的网络用户联系。这些电子邮件可以包含文字、图像、声音等各种方式。同时,用户可以得到大量免费的新闻、专题邮件,并实现轻松的信息搜索。正是由于电子邮件的使用简易,投递迅速,收费低廉,易于保存,全球畅通无阻,使得电子邮件被广泛地应用。相对普通邮件而言,电子邮件有着许多明显的优越之处。即使跨越洲际的电子邮件,其速度也可以与电话或者传真相当,比普通邮件要快得多,但费用仅仅相当于普通邮件,远低于电话或者传真,而且电子邮件还具有许多普通邮件所不具有的特点,比如邮件的多复本投递等。

　　正是因为电子邮件使用广泛,因此,邮件的安全一直受到网络管理人员的重视。特别是 1988 年发生在美国的 Internet 蠕虫(worm)事件,是涉及安全问题的典型例子。在蠕虫爆发后的一至两天内,使用 BSDUNIX 及变种 SUNOS 操作系统的主机受其影响的数目达到几千台。许多网络主机的管理员发现他们的机器中出现大量的命令解释器(shell)进程,甚至管理员也无法启动其他进程以清除它们,只好关闭电源以求恢复正常。但一旦机器重新启动,很快便重新充满大量的异常进程,使得用户原有的工作不能完成。蠕虫侵入系统的方法大致有三种,其中一种就是利用 BSDUNIX 电子邮件程序中的一个调试后门以及一个关于串处理函数的错误首先侵入系统,然后将蠕虫的主要代码引导进入系统。这次蠕虫事件一般被认为是计算机病毒开始受到广泛研究的标志,影响及其深远。尽管很快发布了修改这些后门和错误的邮件程序,但是人们仍然对有关电子邮件引起的安全问题充满警惕。一方面,仍旧有一些含有这些错误的程序在不同的系统中运行。另外一个方面,许多计算机"黑客"在不断地"发掘"各种可能存在的侵入系统的方法。

　　随着 Internet 在中国的迅速拓展,特别是中国教育和科研计算机网(CERNET)以及商业性的 ChinaNet 和 COMNet 的发展,电子邮件同样成为许多网络用户使用的工具,互联的校园网络在促进学校科研教育发展的同时,也非常容易成为网络攻击的对象,特别是在网络建设的初期,网络安全意识和网络防范能力都较为薄弱。

　　因此,电子邮件在给人们带来便利的同时,亦带来令人担忧的邮件安全问题。邮件被泄露、篡改和假冒的事件时有发生,给社会、单位和个人都造成了不同程度的损失。用户应防患于未然,采取有效的安全防范措施。

案例：

1996 年 7 月 9 日,北京市海淀区法院审理国内第一起电子邮件侵权案。此案的原、被告均系北京大学心理学系 93 级女研究生。4 月 9 日,原告薛燕戈收到美国密执安大学发给她的电子邮件,内容是该校将给她提供 1.8 万美元奖学金的就学机会,此后久等不到正式通知,4 月 27 日查到密执安大学在 4 月 12 日收到一封署名薛燕戈的电子邮件,表示拒绝该校的邀请。因此密执安大学已将奖学金机会转给他人。经过调查,证实以薛名义发电子邮件的是其同学张某。

9.1.1 入侵 E-mail 信箱

1) 电子邮件的安全隐患

对电子邮件的入侵大致分为两种:一种是直接对电子邮件的攻击,如窃取电子邮件密码,截获发送邮件内容,发送邮件炸弹;另一种是间接对电子邮件的攻击,如通过邮件传输密码病毒。产生电子邮件安全隐患主要有以下几个方面。

(1) 电子邮件传送协议自身的先天安全隐患。众所周知,电子邮件传输采用的是 SMTP 协议,即简单邮件传输协议,它传输的数据没有经过任何加密,而电子邮件极易被截获,只要攻击者在其传输途中把它截获即可知道内容。到目前为止,市面上提供的邮件服务器软件、邮件客户端以及 Web Mail 服务器都存在过安全漏洞。入侵者在控制存在这些漏洞的计算机后,可以轻易获取 E-mail 地址以及相对应的用户名与密码,如果存在 E-mail 通讯录,还可以获取与其联系的其他人的 E-mail 地址信息等。还有一些邮件客户端漏洞,入侵者可以通过构造特殊格式邮件,在邮件中植入木马程序,只要没有打补丁,用户一打开邮件,就会执行木马程序,风险极高。

(2) 由邮件接收端软件的设计缺陷导致的安全隐患。如微软的 Outlook 曾存在的安全隐患可以使攻击者编制一定代码让木马或者病毒自动运行。

(3) 电子邮件木马隐患。一封正常的邮件,无论用户怎么操作,都是安全的;而安全风险往往来自非正常邮件,目前邮件攻击结合社会工程学方法,发送的邮件在表面上跟正常邮件没有多大区别,不容易甄别。这些邮件常常采用以下方式:

① 网页木马,邮件格式为网页文件,查看邮件只能以 html 格式打开,这些网页主要利用 IE 等漏洞,当打开这些邮件时,会到指定地址下载木马程序并在后台执行。② 应用软件安全漏洞木马,这些邮件往往包含一个附件,附件可能是.exe 文件类型,也可能是.doc、.pdf、.xls、.ppt 等文件类型,入侵者通过构造特殊的格式,将木马软件捆绑在文件或者软件中,当用户打开这些文件时,就会直接执行木马程序。还有一种更加隐蔽,将木马软件替换为下载者,下载者就是一个到指定站点下载木马软件,其本身不是病毒软件;用户查看文件时,首先执行下载者,下载者然后再去下载木马软件并执行,杀毒软件将视下载者为正常软件,不会进行查杀。这种方式隐蔽性好,木马存活率,安全风险极高。

(4) 用户个人原因导致的安全隐患。如:邮箱密码过于简单;用户在注册 BBS 论坛、Blog 以及一些公司的相关服务中,将个人信息如电子邮箱泄露出去都将会带来安全隐患。

(5) 系统安全隐患。系统安全隐患的范围比较大,系统在安装过程、配置以及后期使用过程中由于使用不当,都有可能造成安全隐患。下载并执行未经安全检查的软件,系统存在未公开的漏洞等,这些情况安全隐患风险极高,且不容易防止,往往只能通过规范培训,加强制度管理等来降低风险。

黑客通常会利用电子邮件的附件来传播病毒或木马,因此不要轻易打开陌生人的邮件附件,如果发现邮件中无内容,无附件,邮件自身的大小有几万比特或者更大,那么此邮件中极有可能包含有病毒;如果附件为可执行文件(.exe、.com)或 word 文档时,要选择用杀毒软件扫描查毒;如果发现收到的对方邮件地址非常陌生,不像正常邮箱,那就很有可能是收到病毒了;如果附件是双后缀那么极有可能是病毒,因为邮件病毒会选择隐藏在附件中,直接删除即可。

2) 电子邮件的安全技术

电子邮件的安全需求:机密、完整、认证和不可否认。

(1) 端到端的安全电子邮件技术。

端到端的安全电子邮件技术保证邮件从发出到被接收的整个过程中,内容无法被修改,并且不可否认。PGP 和 S/MIME 是目前两种成熟的端到端安全电子邮件标准。

PGP 是一个基于 RSA 公钥加密体系的邮件加密。我们可以用它对邮件进行加密以防止非授权者阅读,还可以用它对用户的邮件加上数字签名,从而使收信人可以确认发信人的身份。PGP 通过单向散列算法对邮件内容进行签名,以保证信件内容无法被修改,使用公钥和私钥技术保证邮件内容保密且不可否认。发信人与收信人的公钥都保存在公开的地方,公钥的权威性则可由第三方进行签名认证。

S/MIME(Secure/Multipurpose Internet Mail Extensions)与 PGP 一样,利用单向散列算法、公钥与私钥的加密体系。但是,S/MIME 也有两方面与 PGP 不同:议事 S/MIME 的认证机制依赖于层次结构的证书认证机构,所有下一级的组织和个人的证书由上一级的组织负责认证,而最上一级的组织(根证书)之间相互认证;二是 S/MIME 将信件内容加密签名后作为特殊的附件传送。

(2) 传输层的安全电子邮件技术。

电子邮件包括信头和信体。端到端安全电子邮件技术一般只对信体进行加密和签名,信头则由于邮件传输中寻址和路由的需要,必须保证不变。目前,主要有两种方式能够实现电子邮件在传输中的安全:一种是利用 SSL SMTP 和 SSL POP,另一种是利用 VPN 或者其他 IP 通道技术。

(3) 电子邮件加密。

加密时一种限制对网络上传输数据的访问权的技术,加密的基本功能包括:
① 防止不速之客查看机密的数据文件;② 防止机密数据被泄露或篡改;③ 防止特权用户(如系统管理员)查看私人数据文件;④ 使入侵者不能轻易地查找一个数据文件。

9.1.2　E-mail 炸弹

1) E-mail 炸弹简介

E-mail 炸弹指的是邮件发送者利用特殊的电子邮件软件,用伪造的 IP 地址或电子邮件地址,在很短的时间内连续不断地将邮件邮寄给同一个收信人,在这些数以千万计的大量邮件面前,收件箱不堪重负而最终"爆炸"。

邮件炸弹的原理比较简单,在一定时间内给某一个用户或某一邮件服务器发送大量的邮件,邮件的长度可能较大,从而使得用户的邮箱被炸掉,从而降低邮件服务器的效率,最终使得邮件服务器瘫痪。因此,邮件炸弹可以分为两类:一类是仅炸邮件服务器上的某个用户的邮箱,使得该用户的邮箱被关闭;另一类是炸邮件服务器,由于服务器在短时间内不能处理大量的邮件,轻则导致服务器的性能下降,并可能产生轻度的拒绝服务,重则导致死机或关机。因此,邮件炸弹本质上是一种拒绝服务攻击,拒绝服务的原因有以下几种:

(1) 网络连接过载;

(2) 系统资源耗尽;

(3) 大量邮件和系统日志造成磁盘空间耗尽。

2) 电子邮件攻击方式

电子邮件攻击主要有两种方式:一是电子邮件轰炸和电子邮件"滚雪球",也就是通常所说的邮件炸弹,指的是用伪造的 IP 地址和电子邮件地址向同一信箱发送数以万计甚至无穷多次的内容相同的垃圾邮件,致使受害人信箱被撑爆,严重者可能会给电子邮件服务器操作系统带来危险,甚至瘫痪;二是电子邮件欺骗,攻击者佯称自己为系统管理员(邮件地址和系统管理员地址完全相同),给用户发送邮件要求用户修改口令(口令可能为指定字符串)或在貌似正常的附件中加载病毒或其他木马程序。

3) 邮件炸弹的危害

E-mail 炸弹是网络中较流行的一种恶作剧,而用来制作恶作剧的特殊程序也称为 E-mail Bomber。这种攻击手段不仅会干扰用户的电子邮件系统的正常使用,甚至还能影响到邮件系统所在的邮件服务器系统的安全,造成整个网络系统的全部瘫痪,所以邮件炸弹具有很大的危害性。

邮件炸弹会大量消耗网络资源,常常导致网络塞车,使大量的用户不能正常工作。通常,网络用户的信箱容量是有限的,那么经过邮件炸弹轰炸后,电子邮件的总容量很容易就把用户有限的资源耗尽。这样用户的邮箱中没有多余的空间接纳新的邮件,那么新邮件将会丢失或者被退回,这时用户的信箱已经失去了作用;另外,这些邮件炸弹所携带的大容量信息不断在网络上来回传输,很容易占用并不富裕的传输信道,这样会加重服务器的负担,减缓了处理其他用户的电子邮件的速度,从而导致了整个过程的延迟。

4) 邮件炸弹的防御

(1) 立即向 ISP 求援。

一旦发现自己的信箱被轰炸了,自己又没有好的办法来对付它,这时应该向 ISP 服务商求援,他们会采取办法帮助清除 E-mail 炸弹。在求援时最好不要发电子邮件,因为这可能需要等很长时间,在等待的这段时间中,上网的速度或多或少会受到这些"炸弹"余波的冲击。

(2) 不要"招惹是非"。

在网上,无论在聊天室同人聊天,还是在论坛上与人争鸣,都要注意言辞不可过激,更不能进行人身攻击。否则,一旦对方知道你的信箱地址,很有可能会因此而炸你的邮箱。另外,也不要轻易在网上到处乱贴你的网页地址或者产品广告之类的帖子,或者直接向陌生人的信箱里发送这种有可能被对方认为是垃圾邮件的东西,因为这样做极有可能引起别人的反感,甚至招致对方的"炸弹"报复。

(3) 采用过滤功能。

在电子邮件中安装一个过滤器(比如说 E-mail notify)可以说是一种最有效的防范措施。在接收任何电子邮件之前预先检查发件人的资料,如果觉得有可疑之处,可以将之删除,不让它进入你的电子邮件系统。但这种做法有时会误删除一些有用的电子邮件。如果担心有人恶意破坏你的信箱,给你发来一个"重磅炸弹",你可以在邮件软件中起用过滤功能,把你的邮件服务器设置为:超过你信箱容量的大邮件时,自动进行删除,从而保证了你的信箱安全。

(4) 使用转信功能。

有些邮件服务器为了提高服务质量往往设有"自动转信"功能,利用该功能可以在一定程度上能够解决容量特大邮件的攻击。假设你申请了一个转信信箱,利用该信箱的转信功能和过滤功能,可以将那些不愿意看到的邮件统统过滤掉,删除在邮件服务器中,或者将垃圾邮件转移到自己其他免费的信箱中,或者干脆放弃使用被轰炸的邮箱,另外重新申请一个新的信箱。

(5) 谨慎使用自动回信功能。

所谓"自动回信"就是指对方给你发来一封信而你没有及时收取的话,邮件系统会按照你事先的设定自动给发信人回复一封确认收到的信件。这个功能本来给大家带来了方便,但也有可能制造成邮件炸弹——如果给你发信的人使用的邮件账号系统也开启了自动回信功能,那么当你收到他发来的信而没有及时收取时,你的系统就会给他自动发送一封确认信。恰巧他在这段时间也没有及时收取信件,那么他的系统又会自动给你发送一封确认收到的信。如此一来,这种自动发送的确认信便会在你们双方的系统中不断重复发送,直到把你们双方的信箱都撑爆为止。现在有些邮件系统虽然采取了措施能够防止这种情况的发生,但是为了慎重起见,尽量要小心使用"自动回信"功能。

(6) 用专用工具来对付。

如果邮箱不幸"中弹",而且还想继续使用这个信箱名的话,可以用一些邮件工具软件如PoP-It 来清除这些垃圾信息。这些清除软件可以登录到邮件服务器上,使用其中的命令来删除不需要的邮件,保留有用的信件。

9.1.3　反垃圾邮件

1) 垃圾邮件简介

随着电子邮件成为网络交流沟通的重要途径,随之而来的垃圾邮件给互联网以及广大的用户带来了很大的影响,烦恼着大多数人,用户需要花费时间来处理垃圾邮件、占用系统资源等,同时也带来了很多的安全问题,比如用于网页仿冒欺诈垃圾邮件中,会窃取账户的信息和金钱。垃圾邮件占用了大量网络资源,一些邮件服务器因为安全性差,被作为垃圾邮件转发站为被警告、封 IP 等事件时有发生,大量消耗的网络资源使得正常的业务运作变得缓慢。

在 2000 年初,垃圾邮件就已成为了一个主要的问题,他对电子邮件的效用造成了严重影响。2002 年,美国联邦交易委员会开始对欺骗性的垃圾邮件进行整治,但是由于各国家之间的法律存在巨大差异,使得法律措施很难在类似 Internet 的全球系统中执行。垃圾邮件不但让人感到愤怒,而且还通常用于窃取信息和金钱。垃圾邮件是一种很廉价的广告(或攻击)方法,即使点击率很低,影响也很大。Radicati Group, Inc. 曾估计 2006 年每天将平均发送超过 1000 亿封垃圾邮件,占电子邮件通信的三分之二。据 Ferris Research 研究报导指出,垃圾电子邮件每年让美国及欧洲企业分别损失高达 89 亿美元和 25 亿美元。其中 40 亿美元是因员工删除垃圾邮件而造成工作效率降低,平均删除 1 封垃圾邮件得花 4.4 s;37 亿美元的花费,是为了应对超大量的资料流量,企业因而添购带宽及性能更佳的服务器,其余的损失则是公司为降低员工因垃圾邮件产生的困扰,为员工提供支持的费用。

若广泛定义垃圾邮件,只要是收信者认为所收到的 E-mail 并非其想阅读的内容,或收信太频繁,都可称为垃圾邮件。若以信件内容及发送行为来定义垃圾邮件,泛指与内容无关、传送给多个收件者的邮件,且收件者并没有明确要求接收该邮件。国际上比较一致认为,所谓垃圾邮件指未经用户许可,但却被强行塞入用户的电子邮件,垃圾邮件简称 UCE(未经请求的商业广告邮件)或 UBE(未经请求的大量寄送邮件),但是使用最广泛的则是SPAM,引申指无价值的东西。

目前,常见的一些垃圾邮件有以下几种内容。

(1) 商业广告。很多公司为了宣传新的产品、新的活动等通过电子邮件的方式进行宣传。

(2) 政治言论。目前会收到不少来自其他国家或者反动组织发送的这类电子邮件,这就跟垃圾的商业广告一样,销售和贩卖他们的所谓言论。

(3) 病毒邮件。越来越多的病毒通过电子邮件来迅速传播,这也的确是一条迅速而且有效的传播途径。

(4) 恶意邮件,恐吓、欺骗性邮件。如网络钓鱼(phishing),这是一种假冒网页的电子邮件,完全是一种诡计,来蒙骗用户的个人信息、账号甚至信用卡。

普通个人的电子邮箱也经常成为了垃圾邮件的目标,造成这样的结果有很多原因,比如在网站、论坛等地方注册了邮件地址,病毒等在朋友的邮箱中找到了你的电子邮箱,对邮件提供商进行的用户枚举,等等。通常情况下,越少暴露电子邮件地址越少接收到垃圾邮件,使用时间越短越少接收到垃圾邮件。一些无奈的用户就选择了放弃自己的邮箱而更换新的电子邮箱。

2) 垃圾邮件的危害

(1) 大量占用网络带宽资源;

(2) 浪费了服务器的处理资源;

(3) 增加用户对邮件的处理时间;

(4) 大量反动政治和色情邮件给社会带来了极大的负面影响。

3) 垃圾邮件的特点

(1) 发件 IP 不固定;

(2) 发件人地址不固定;

(3) 收件人地址不固定,邮件包含多个相似的收件人地址,并按照一定顺序排序;

(4) 具有群发软件特有特征的邮件;

（5）主题、内容、附件均有相对的随机性和固定性；

（6）发送时间不集中；

（7）邮件内容包含敏感的关键字。

4）垃圾邮件的防范

垃圾邮件大多利用群发器发送，这是非常危险的，往往其中掺杂着许多阴谋。一些用户喜欢到一些不知名的网站申请免费邮箱，然而，大量的垃圾邮件便随之而来。目前大多数的知名网站的邮箱，都具有垃圾邮件过滤的功能，例如 Yahoo、163 等。

许多垃圾邮件包含网页链接或者地址，并且引导用户通过这些链接来把自己从垃圾邮件发送者的邮件列表中移除。其实，在许多情况下，这些网页链接并不导航至地址移除页面，而是带来更多的垃圾邮件，因此用户要避免去点击垃圾邮件中的网页链接，更不要回复垃圾邮件。

对垃圾邮件的防范，需要采用多种防御措施，让这些措施构成对付网络威胁的铜墙铁壁。

（1）客户端的安全设置：事实上，所有主要的邮件客户端都提供了安全设置特性、反垃圾邮件、防钓鱼等功能。用户应当在其产生危害之前，通过这些功能阻止相关的威胁。

（2）防火墙：许多企业级防火墙不但可以阻止网络攻击，还可以通过过滤附件中的恶意代码而保障邮件系统的安全性。当然这需要企业预先设置相关的规则。

（3）加密：不但需要防止恶意的邮件到达用户桌面，还要保护向外发出的邮件。最简单的方法就是采用加密，即将外发的消息变为一种非授权的人员不可阅读的形式。在发送电子邮件的过程中，用户还可以采用加密的传输通道。如在 Outlook Express 中，可以作如下设置，单击【工具】→【选项】→【安全】，这里用户需要设置数字标识等方面。

（4）合理运用反病毒工具：目前，许多反病毒工具都可以嵌入到 Outlook Express 等邮件客户端，并可以查找和清除邮件中的病毒、蠕虫、特洛伊木马等。如金山毒霸等软件都具有此功能。

（5）垃圾邮件过滤器：一个优秀的垃圾邮件过滤器能够区分合法邮件和垃圾邮件，并可以使用户的收件箱免受垃圾邮件之苦。不过，使用这种组件需要一定的技巧并正确操作，否则，就有可能将大量的合法邮件从用户的收件箱中删除，却又让一些垃圾邮件通过检查。但现在垃圾邮件的识别技术已经有了极大的改进，这可以使垃圾邮件过滤器更加准确。

抵御垃圾邮件的技术源于一些很简单的想法，如删除包含禁止词语的电子邮件。现如今，这些想法发展成了多种垃圾邮件检测和减少垃圾邮件的技术。当前的解决方案仍包括字词阻止程序和复杂的垃圾邮件检测工具，像 Microsoft SmartScreen™ 技术。在 Internet 上快速搜索会找到很多销售抵御垃圾邮件技术的公司，同时又有很多人帮助他人避开反垃圾邮件检测程序。遗憾的是，在反垃圾邮件检测技术不断提高的同时，避开反垃圾邮件检测的尝试也在不断改进。反垃圾邮件检测软件，就像防病毒软件相同，也需要定期更新才能始终保持有效。

反垃圾邮件技术通过正确识别垃圾邮件、邮件病毒或者邮件攻击程序，试图来减少垃圾邮件问题和处理安全需求。当前的反垃圾邮件技术可以分为 4 大类：过滤、验证查询、挑战和密码术。

（1）过滤（Filter）。

过滤是一种相对来说最简单却很直接的处理垃圾邮件技术。这种技术主要用于接收系统（MUA，如 Outlook Express）或者 MTA（如 sendmail）来辨别和处理垃圾邮件。从应用情况来看，这种技术也是使用最广泛的，比如很多邮件服务器上的反垃圾邮件插件、反垃圾邮件网关、客户端上的反垃圾邮件功能等，都是采用的过滤技术。

（2）验证查询。

垃圾邮件一般都是使用的伪造的发送者地址，极少数的垃圾邮件才会用真实地址。因此，如果我们能够采用类似黑白名单一样，能够更智能地识别哪些是伪造的邮件，哪些是合法的邮件，那么就能从很大程度上解决垃圾邮件问题，验证查询技术正是基于这样的出发点而产生的。

（3）挑战。

垃圾邮件发送者使用一些自动邮件发送软件每天可以产生数百万的邮件。挑战的技术通过延缓邮件处理过程，将可以阻碍大量邮件发送者。那些只发送少量邮件的正常用户不会受到明显的影响。但是，挑战的技术只在很少人使用的情况下获得了成功。如果在更普及的情况下，可能人们更关心的是是否会影响到邮件传递而不是会阻碍垃圾邮件。

（4）密码术。

就是采用密码技术来验证邮件发送者的方案。从本质上来说，这些系统方案采用证书方式来提供证明。没有适当的证书，伪造的邮件就很容易被识别出来。

当然，现在很多反垃圾邮件方案所采用的都不会只是一种技术，而是多种多类技术的综合体。

9.2 网络浏览安全防范

9.2.1 IE 恶意修改和恢复

当用户在浏览网页时，由于防范意识较差，安全防护较弱，被一些恶意代码所利用或者被一些恶意的木马程序或者蠕虫病毒攻击，就会发现自己的 IE 标题栏换成了其他网站的名字、系统被改得乱七八糟，甚至还有让系统禁止使用、格式化硬盘等。

1）篡改 IE 标题栏

在系统默认状态下，由应用程序本身来提供标题栏的信息。但是，有些网络"流氓"为了达到广告宣传的目的，将串值"Windows Title"下的键值改为其网站名或更多的广告信息，从而达到改变 IE 标题栏的目的。

解决办法：展开注册表到 HKEY_LOCAL_MACHINE\Software\Microsoft\Internet Explorer\Main 下，在右半部分窗口找到串值"Windows Title"，将该串值删除。重新启动计算机。

2）篡改 IE 主页

IE 主页被篡改为不明恶意网站的网址，可以通过以下方法来恢复。

（1）修改 IE 属性。

在正常情况下，IE 主页可以通过 IE 属性中的【常规】选项卡来设置。用户在"可更改主页"的地址栏中输入自己经常使用的网址然后再点击下面的"使用当前页"按钮就可以将其设为自己的 IE 主页了；如果是点击了"使用默认页"则一般会使 IE 主页调整为微软中国公司的主页；至于"使用空白页"选项则是让 IE 首页显示为"blank"字样的空白页，便于用户输入网址。

（2）修改注册表。

很多情况下，由于受了恶意程序的控制，更改主页的地址栏变成了灰色，无法再进行调整；有时候，即使你把网址改回来了，再开启 IE 浏览器，那个恶意网址又出现了。这种情况下通常的办法是找到相应的注册表文件，把它改回来。

运行"regedit"，打开注册表编辑器，IE 主页的注册表文件是放在 HKEY_CURRENT_USER\Software\Microsoft\Internet Explorer\Main\Start Page 下的，而这个子键的键值就是 IE 主页的网址，改为自己常用的网址，或是改为"about：blank"，即空白页。这样，重启 IE 就可以了。

如果这种方法也不能奏效，那就是因为一些病毒或是流氓软件在电脑里面安装了一个自运行程序，就算通过修改注册表恢复了 IE 主页，但是一旦重新启动电脑，这个程序就会自动运行再次篡改。这时候，需要对注册表文件进行更多修改，打开注册表编辑器，然后依次展开 HKEY_LOCAL_MACHINE\Software\Microsoft\Windows\Current Version\Run 主键，然后将其下的 registry.exe 子键删除，然后删除自运行程序 C:\Program Files\registry.exe，最后从 IE 选项中重新设置主页就好了。

除了上面的情况外，有些 IE 被改了主页后，即使设置了"使用默认页"仍然无效，这是因为 IE 主页的默认页也被篡改啦。对于这种情况，我们同样可以通过修改注册表来解决，打开注册表编辑器，展开 HKEY_LOCAL_MACHINE\Software\Microsoft\Internet Explorer\Main\Default_Page_URL 子键，然后把该子键的键值中的那些篡改网站的网址改掉就好了。

（3）使用 IE 修复软件。

虽然修改注册表的方法十分有效，但是操作复杂。因此，还可以借助一些专门的 IE 修复工具和木马清除软件来解决。常用的工具有 IE 修复专家、360 安全卫士、Windows 优化大师、超级兔子等。这些软件大多捆绑在商业软件或是工具软件中，有些还需要付费才能够使用。

3）篡改 IE 工具栏

对工具栏按钮点右键选【自定义】，在【当前工具栏按钮】下拉框中选定不需要的按钮后点击【删除】即可。

要去掉多余的地址列表：［HKEY_CURRENT_USER\Software\Wicrosoft\Internet Explorer\Type\URLs］主键，将右部窗口中"url1"、"url2"等键值名全部删除即可。

4）IE 不能打开新窗口

若出现 IE 不能打开新窗口，解决的方法是：

（1）点击【开始】→【运行】，在弹出的对话框中输入"regsvr32 actxprxy.dll"，然后点击

【确定】按钮,接着会出现一个信息对话框"DllRegisterServer in actxprxy. dll succeeded",在该对话框中点【确定】按钮;

(2)再次点击【开始】→【运行】,输入"regsvr32 shdocvw. dll",然后点击【确定】按钮,出现信息对话框"DllRegisterServer in shdocvw. dll succeeded",在该对话框中点【确定】按钮;

(3)重新启动计算机。

5)IE 窗口定时弹出

点击【开始】→【运行】,输入"msconfig",选择【启动】,把里面后缀为. hta 的启动项都禁用,重启。

9.2.2　网页炸弹攻击与预防

1)网页炸弹简介

很多人在上网浏览网页的时候都会碰到这种情况:如果一不小心进入恶意网站,IE 浏览器就会不断地打开新窗口直至死机,这其实就是网页炸弹。我们通常把制造网页恶意代码攻击称作网页炸弹。网页炸弹危害性很大,轻则死机,重则使硬盘被格式化。

网页文件为了具备一些超文本文件所不能完成的功能,从而插入 JavaScript 脚本语言编写简单程序语句,另外在网页上还可以插入 Java 等功能强大的语言来进行编程,而一些居心不良的人也会借此编写一些具有破坏性的网页,而这些网页就成为了"炸弹"。

2)网页炸弹的预防

网页炸弹的预防措施如下。

(1)留意微软和各大安全网站发布的安全公告,及时了解最新安全动态,封堵住漏洞,如果没有条件随时关注,至少要及时更新浏览器,使用最新的、打过各种安全补丁的浏览器。

(2)安装防火墙和杀毒软件,并及时更新。

(3)事先备份注册表,如果发现注册表被修改则可以恢复备份。

(4)牢记不要浏览那些并不了解的网站,也不要点击聊天室里其他网友贴出的超级链接,这样可以避免遭到恶作剧者的攻击。

(5)增强 IE"免疫"能力,将系统的网络连接的安全级别设置为"高",它可以在一定程度上预防某些有害的 JAVA 程序或者某些 ActiveX 组件对计算机的侵害。

9.2.3　网络钓鱼及其防范

1)网络钓鱼简介

"网络钓鱼"是近年来开始的一种新型网络诈骗。攻击者利用欺骗性的电子邮件和伪造的 Web 站点来进行诈骗活动,受骗者往往会泄露自己的财务数据,如信用卡号、账号、用户名、口令等内容。

诈骗者通常会将自己伪装成知名银行、在线零售商和信用卡公司等可信品牌。目前国内主要有以下几类仿冒方式:仿冒 QQ 网站及客户端,弹出模仿 QQ 消息的提醒窗口,骗取用户的 QQ 账号和密码;仿冒邮箱登录页面;仿冒银行网站;仿冒支付宝、财付通等第三方支付工具;假冒淘宝等购物网站;仿冒医疗、药品网站等。

2）网络钓鱼的主要手法

（1）发送电子邮件，以虚假信息引诱用户中圈套。

诈骗分子以垃圾邮件的形式大量发送欺诈性邮件，这些邮件多以中奖、顾问、对账等内容引诱用户在邮件中填入金融账号和密码，或是以各种紧迫的理由要求收件人登录某网页提交用户名、密码、身份证号、信用卡号等信息，继而盗窃用户资金。

如美邦银行（Smith Barney）用户的账号和密码的"网络钓鱼"电子邮件，该邮件利用了 IE 的图片映射地址欺骗漏洞，并精心设计脚本程序，用一个显示假地址的弹出窗口遮挡住了 IE 浏览器的地址栏，使用户无法看到此网站的真实地址。当用户使用未打补丁的 Outlook 打开此邮件时，状态栏显示的链接是虚假的。用户点击链接时，实际连接的是钓鱼网站。该网站页面酷似 Smith Barney 银行网站的登录界面，而用户一旦输入了自己的账号、密码，这些信息就会被黑客窃取。

（2）建立假冒网上银行、网上证券网站，骗取用户账号密码实施盗窃。

犯罪分子建立起域名和网页内容都与真正网上银行系统、网上证券交易平台极为相似的网站，引诱用户输入账号密码等信息，进而通过真正的网上银行、网上证券系统或者伪造银行储蓄卡、证券交易卡盗窃资金；还有的利用跨站脚本，即利用合法网站服务器程序上的漏洞，在站点的某些网页中插入恶意 Html 代码，屏蔽住一些可以用来辨别网站真假的重要信息，利用 cookies 窃取用户信息。

如曾出现过的某假冒银行网站，网址为 http://www.1cbc.com.cn，而真正银行网站是 http://www.icbc.com.cn，犯罪分子利用数字 1 和字母 i 非常相近的特点企图蒙蔽粗心的用户。

又如 2004 年 7 月发现的某假冒网站，网址为 http://www.1enovo.com，而真正网站为 http://www.lenovo.com，诈骗者利用了小写字母 l 和数字 1 很相近的障眼法。诈骗者通过 QQ 散布"XX 集团和 XX 公司联合赠送 QQ 币"的虚假消息，引诱用户访问。一旦访问该网站，首先生成一个弹出窗口，上面显示"免费赠送 QQ 币"的虚假消息。而就在该弹出窗口出现的同时，恶意网站主页面在后台即通过多种 IE 漏洞下载病毒程序 lenovo.exe（Trojan-Downloader.Rlay），并在 2 s 后自动转向到真正网站主页，用户在毫无觉察中就感染了病毒。病毒程序执行后，将下载该网站上的另一个病毒程序 bbs5.exe，用来窃取用户的游戏账号、密码和游戏装备。当用户通过 QQ 聊天时，还会自动发送包含恶意网址的消息。

（3）利用虚假的电子商务进行诈骗。

此类犯罪活动往往是建立电子商务网站，或是在比较知名、大型的电子商务网站上发布虚假的商品销售信息，犯罪分子在收到受害人的购物汇款后就销声匿迹。如 2003 年，罪犯佘某建立"奇特器材网"网站，发布出售间谍器材、黑客工具等虚假信息，诱骗顾客将购货款汇入其用虚假身份在多个银行开立的账户，然后转移钱款。

除少数不法分子自己建立电子商务网站外，大部分人采用在知名电子商务网站上，如易趣、淘宝、阿里巴巴等，发布虚假信息，以所谓"超低价"、"免税"、"走私货"、"慈善义卖"的名义出售各种产品，或以次充好，以走私货冒充行货，很多人在低价的诱惑下上当受骗。网上交易多是异地交易，通常需要汇款。不法分子一般要求消费者先付部分款，再以各种理由诱骗消费者付余款或者其他各种名目的款项，得到钱款或被识破时，就立即切断与消费者的联系。

(4) 利用木马和黑客技术等手段窃取用户信息后实施盗窃活动。

木马制作者通过发送邮件或在网站中隐藏木马等方式大肆传播木马程序,当感染木马的用户进行网上交易时,木马程序即以键盘记录的方式获取用户账号和密码,并发送给指定邮箱,用户资金将受到严重威胁。

如2004年3月陈某盗窃银行储户资金一案,陈通过其个人网页向访问者的计算机种植木马,进而窃取访问者的银行账户和密码,再通过电子银行转账实施盗窃行为。

(5) 利用用户弱口令等漏洞破解、猜测用户账号和密码。

不法分子利用部分用户贪图方便设置弱口令的漏洞,对银行卡密码进行破解。如2004年10月,三名犯罪分子从网上搜寻某银行储蓄卡卡号,然后登录该银行网上银行网站,尝试破解弱口令,并屡屡得手。

实际上,不法分子在实施网络诈骗的犯罪活动过程中,经常采取以上几种手法交织、配合进行,还有的通过手机短信、msn、QQ、微信等进行各种各样的"网络钓鱼"不法活动。

3) 网络钓鱼的防范

(1) 针对电子邮件欺诈,如果收到不明电子邮件时就要提高警惕,不要轻易打开和听信。比如问候语或开场白往往模仿被假冒单位的口吻和语气;或是邮件内容多为传递紧迫的信息,如以账号状态将影响到正常使用或宣称正在通过网站更新账号资料信息,要求重新输入账号信息,否则将停掉账号等;或是索取个人信息,要求用户提供密码、账号等信息。

(2) 针对假冒网上银行、网上证券网站的情况,广大网上电子金融、电子商务用户在进行网上交易时要注意做到以下几点:一是核对网址,看是否与真正网址一致;二是妥善选择和保管好密码,不要选诸如身份证号码、出生日期、电话号码等作为密码,建议用字母、数字混合密码,尽量避免在不同系统使用同一密码;三是做好交易记录,对网上银行、网上证券等平台办理的转账和支付等业务做好记录,定期查看"历史交易明细"和打印业务对账单,如发现异常交易或差错,立即与有关单位联系;四是管好数字证书,避免在公用的计算机上使用网上交易系统;五是对异常动态提高警惕,如不小心在陌生的网址上输入了账户和密码,并遇到类似"系统维护"之类提示时,应立即拨打有关客服热线进行确认,万一资料被盗,应立即修改相关交易密码或进行银行卡、证券交易卡挂失;六是通过正确的程序登录支付网关,通过正式公布的网站进入,不要通过搜索引擎找到的网址或其他不明网站的链接进入。

(3) 针对虚假电子商务信息的情况,广大网民应掌握以下诈骗信息特点,不要上当:一是虚假购物、拍卖网站看上去都比较"正规",有公司名称、地址、联系电话、联系人、电子邮箱等,有的还留有互联网信息服务备案编号和信用资质等;二是交易方式单一,消费者只能通过银行汇款的方式购买,且收款人均为个人,而非公司,订货方法一律采用先付款后发货的方式;三是诈取消费者款项的手法如出一辙,当消费者汇出第一笔款后,骗子会来电以各种理由要求汇款人再汇余款、风险金、押金或税款之类的费用,否则不会发货,也不退款,一些消费者迫于第一笔款已汇出,抱着侥幸心理继续汇款;四是在进行网络交易前,要对交易网站和交易对方的资质进行全面了解。

(4) 不要登录不熟悉的网站,多数合法网站的网址相对较短,仿冒网站的地址通常较长。不要随便点击陌生的网页链接,特别是即时通信工具上传来的消息,很有可能是病毒发出的。

（5）不要运行可疑软件；不要立即执行从网上下载后未经杀毒处理的软件；不要打开 msn 或者 QQ 上传送过来的不明文件等。

（6）提高自我保护意识，注意妥善保管自己的私人信息，如本人证件号码、账号、密码等，不向他人透露。

（7）安装杀毒软件并及时升级病毒知识库和操作系统补丁，打开个人防火墙。

9.2.4　浏览器安全

浏览器是我们上网必备的工具，而在我们使用浏览器的过程中有可能因为操作失误造成一些安全隐患，所以如何保证浏览器的安全就非常重要了。下面以 IE8 浏览器为例来对浏览器进行安全管理。

（1）清理上网痕迹。

浏览器在上网的过程中会在系统盘内自动把浏览过的图片、动画、文本等临时文件以及网页文件、Cookie 保存起来，其默认保存路径为 C：\Documents and Settings\Administrator \Local Settings\Temporary Internet Files。为了安全起见，防止泄露自己的一些信息，应该定期清理上网痕迹：打开 Internet 属性对话框，在【常规】选项卡的【浏览历史记录】中点击【删除】按钮，选择要清除的临时文件、历史记录、Cookie、表单数据和密码等，如图 9-1 所示。在【浏览历史记录】中点击【设置】按钮，可根据个人喜好输入数字来设定【网页保存在历史记录中的天数】，也可以修改临时文件的默认保存路径，选择【移动文件夹】的命令按钮并设定 C 盘以外的路径，然后再依据自己硬盘空间的大小来设定临时文件夹的容量大小。

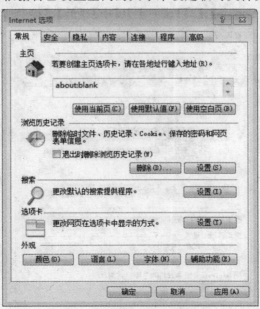

图 9-1　Internet 选项

（2）安全级别设置。

在 Internet 属性对话框的【安全】选项卡中可以设置可信站点和受限站点，点击【自定义级别】，可以进行相关的安全级别设置，如给【ActiveX 控件和插件】、【Java】、【脚本】、

【下载】、【用户验证】等安全选项进行【启用】、【禁用】或【提示】等选择性设置,如图 9-2 所示。

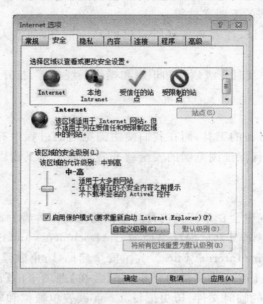

图 9-2 安全级别设置

(3) 隐私设置。

在 Internet 属性对话框的【隐私】选项卡中可以通过滑杆来设置 Cookie 的隐私设置,从高到低划分为【阻止所有 Cookie】、【高】、【中上】、【中】、【低】、【接受所有 Cookie】6 个级别(默认级别为【中】),如图 9-3 所示。

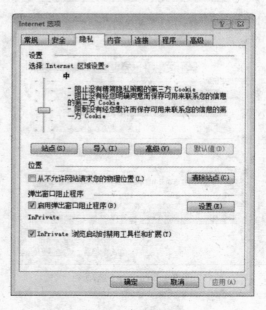

图 9-3 隐私设置

一些弹窗会占用网络带宽,减慢浏览速度。在【隐私】选项卡中可以设置弹出窗口阻止程序,设置允许访问的站点以及弹窗的阻止级别。

(4) 内容审查和自动完成。

在 Internet 属性对话框的【内容】选项卡中,可以启用内容审查程序来对常用站点分级。也可以设置【自动完成】功能,在这可设置自动完成的功能范围:【地址栏】、【表单】、【表单上的用户名和密码】,还可删除自动完成保留下的密码和相关权限,如图 9-4 所示。

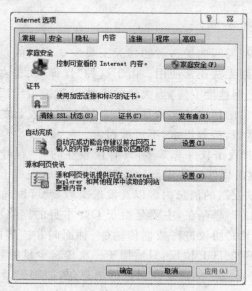

图 9-4　内容审查

(5) 禁用多余插件。

选择工具栏【管理加载项】,查看已经安装的插件。如果确认某个插件不再需要,可以点击它选择【禁用】选项。如果不需要其中的一些工具,可以选择【禁用】或【删除】。选择【管理加载项】窗口左侧的搜索提供程序,移除不想使用的搜索引擎。

9.3　网络聊天安全防范

9.3.1　网络通信软件密码盗取

随着互联网的发展,目前在国内出现了很多网络聊天工具,常见的有 QQ,MSN、飞信、阿里旺旺、微信等。而很多用户都有过聊天工具被盗的经历。用户在上网聊天的过程中,会收到很多的垃圾信息,这样的信息里大多就带有"木马"病毒,一旦点击打开,计算机很有可能就会在不知不觉中感染上"木马"病毒,自己的个人信息、账号、密码就会被发送"木马"的人盗取,并从中查阅你的个人信息,获取非法利益。也有些黑客通过在计算机上使用聊天工具后的一些残留信息获得登录密码,实现盗号,或者直接通过对一些聊天工具的代理服务器扫描后,盗取密码。

要防范聊天工具软件密码被盗,应该采取以下一些措施:

(1) 设置比较复杂的密码,使用特殊字符掺杂进密码中,可以增加其复杂程度;

(2) 聊天时不要随意打开陌生的链接;

(3) 若使用代理形式上网,选择的代理服务器应尽量使用官方提供的,网络上一些来历不明的代理服务器最好不要使用;

(4) 申请密码保护,如果出现密码无法登录,第一时间通过密码保护找回密码。

9.3.2 网络通信软件消息炸弹

消息炸弹是指攻击者在瞬间向受害者的聊天工具发送大量的垃圾信息,开启无数个消息窗口,让人应接不暇,从而无法正常使用。由于这种"炸弹"大量占用有限的网络带宽,阻塞网络,所以会导致用户上网速度变慢,当大量的系统资源被占用后,还有可能造成计算机死机。这种消息炸弹所发出的消息其实和我们正常聊天时所发出的消息一样,只不过它的内容无意义,发送速度非常短,势如洪水,不可抵挡。

例如,QQ 消息炸弹,其攻击软件非常多,具有代表性的有"飘叶千夫指",QQsend 以及早期的 QQjoke 等,这些攻击软件的使用都比较简单,运行后先填上受害者的计算机 IP 地址和端口号,然后再填上欲发送的消息内容以及发送次数,就可以向对方的 QQ 发送垃圾消息了。QQ 消息炸弹之所以普遍存在,主要是由于 QQ 本身的网络协议以及软件的设计存在着漏洞,QQ 主要采用 UDP 协议进行数据传输(一种面向非连接的协议),虽然它的通信效果比较好,但可靠性却不如 TCP 协议,只适用于一次传输少量的数据,或对数据可靠性要求不高的环境。QQ 聊天时,发送的都是点对点的消息包,即聊天消息都是直接发送到 QQ 好友的(只有当好友不在线,或者对方网络不通时,聊天消息才保存在腾讯的服务器上)。UDP 协议的不可靠性,使得伪造 UDP 数据包并不是一件困难的事,再加上点对点的传输方式让普通用户的真实 IP 地址很容易暴露在攻击者的面前,所以消息炸弹就能通过伪造的消息包,轻松地针对 IP 地址进行攻击。

防范消息炸弹最简单的办法是使用代理服务器来登录聊天工具,以达到隐藏自己计算机真实 IP 地址的目的。当聊天工具正在遭受"炸弹"攻击时,可以把攻击者从好友拖到黑名单里,并设置拒绝接受陌生人消息。另外,要及时更新聊天工具的版本,令部分攻击软件失效。

9.3.3 偷窃网络通信软件记录

聊天记录包含了很多个人信息,一旦被用来进行网络诈骗,后果不堪设想。所以千万不要认为聊天记录不重要而忽视了它。

聊天记录被盗主要是源于一个可以绕过密码在本地登录的漏洞。当用户在系统登录聊天工具以后,就会在聊天工具的安装目录生成一个该号码的文件夹,里面保存了该号码所有的配置信息、聊天记录等。例如,QQ 的默认安装目录(C:\Program Files\Tencent\QQ)中保存着账号等私人信息,只要进入该目录,双击其中的任意一个账号,就可以看到 config 文件,这是该账号的配置文件,而聊天记录一般存放在文件名带"msg"的数据库文件中。通过这个漏洞黑客可以绕过远程系统的密码验证,突破聊天工具程序本身的限制,从而获取到记录在本地的信息内容。

要防范聊天记录被盗,可以采取以下措施:

(1)首先要加强系统的安全防护能力,避免系统遭到恶意程序的入侵。另外也不要让陌生人使用你的个人电脑,因为他可能会在系统中安装某些恶意程序。

(2)对聊天记录进行加密。

(3)如果是公用设备的话,既可以登录窗口选择"网吧模式",也可以设置退出时自动清除聊天记录。

9.4 网络购物安全防范

9.4.1 预防网络购物诈骗

据调查显示,我国互联网普及率已近四成,三分之一网民有过网购经历,其中每十人就有超过三人有过被骗经历。例如,曾有一位网民通过淘宝购物时由于接受卖家传来的病毒文件,从而导致计算机中毒累计被诈骗 5.46 万元。

网络购物已经成为最流行的购物方式,面对成千上万的购物网站,如何预防被诈骗,是每个网民都应该具备的基本知识。

(1)选择知名度高的正规平台购物,比如京东、天猫、苏宁易购、国美在线等。选择好的购物平台,是避免受骗的最关键的一步。

(2)要注意选择信誉度高的卖家。可以从网店卖家的客户评价、成交记录等方面来了解,以防上当受骗。

(3)要注意查看卖家是否有实物图片。尤其是食品,应确认其生产日期、生产厂家等要素,防止买到过期或即将过期的食品。

(4)要注意货比三家。和实体店购物一样,要多看多选多比较。同时对明显低于成本价的商品,小心"优惠"陷阱。

(5)要注意保证交易安全。通过支付宝、财付通等第三方支付平台进行交易,在没有收到商品前,不要确认收货。

(6)要注意索要相关凭证,以便发生纠纷时维权。消费凭证是维权的基本前提,下单时索要凭证,发生纠纷,作为维权依据。

9.4.2 防止 Cookie 泄露个人信息

Cookie 是一种能让网站服务器把少量数据储存到客户端的硬盘或内存,或是从客户端的硬盘读取数据的一种技术。它可以用来判定注册用户是否已登录网站,从而免去用户再次登录网站重复输入的繁琐,提供了上网的便利性以及个性化服务。但是 Cookie 也会泄露我们的个人隐私,让一些不法分子知道我们平时喜欢上什么网站、银行里有多少钱,QQ 密码及聊天记录等都会泄露。

当然 Cookie 本身是安全的,如果你没有输入过姓名等信息,网站是不知道的。并且 Cookie 只允许创建它的网站访问其内容,但是许多网站的广告内容是由第三方提供的,而这些插入到正规网站的广告,即被当成该网站的内容,如果这个第三方别有居心,私下收集该网站的 Cookie,就会导致用户信息的泄露。

很多人都喜欢选择网络购物,而不少不法分子也看中网购这一市场,消费者因为网购泄露个人信息,导致财产受损的情况屡屡发生,那么该如何才能防止因为 Cookie 而泄露个人信息?

(1) 在 IE 选项的【常规】选项卡中勾选【退出前清除浏览记录】,然后再点【删除】按钮,在出现的选项中勾选【Cookie】,点击【删除】。

(2) 在 IE 属性对话框的【隐私】选项卡中可以通过滑杆来设置 Cookie 的隐私设置(默认级别为【中】)。点击【高级】按钮,选择【替代自动 Cookie 处理】,把第一方和第三方的 Cookie 都阻止。

(3) 安装最新的杀毒软件及安全防护软件,定时升级,打好系统补丁。

习 题 9

1. 产生电子邮件安全隐患主要有哪些?
2. 怎样预防网页炸弹?
3. 什么是消息炸弹? 它有什么危害?

第 10 章　大数据安全

10.1　关于大数据

1) 什么是大数据

1980 年,著名未来学家阿尔文·托夫勒便在《第三次浪潮》一书中,将大数据热情地赞颂为"第三次浪潮的华彩乐章"。从 2009 年开始,"大数据"成为互联网信息技术行业的流行词汇。

大数据,或称巨量数据、海量数据,是由数量巨大、结构复杂、类型众多数据构成的数据集合,是基于云计算的数据处理与应用模式,通过数据的集成共享、交叉复用形成的智力资源和知识服务能力。

有研究机构如此定义"大数据":"大数据"是需要新处理模式才能具有更强的决策力、洞察发现力和流程优化能力的海量、高增长率和多样化的信息资产。从某种程度上说,大数据是数据分析的前沿技术。简言之,从各种类型的数据中,快速获得有价值信息的能力,就是大数据技术。

2) 大数据从何而来

美国互联网数据中心指出,互联网上的数据每年将增长 50%,每两年便将翻一番,目前世界上 90% 以上的数据是最近几年才产生的。此外,全世界的工业设备、汽车、电表上有着无数的数码传感器,随时测量和传递着有关位置、运动、震动、温度、湿度乃至空气中化学物质的变化,也产生了海量的数据信息。物联网、云计算、移动互联网、车联网、手机、平板电脑、PC 以及各种各样的传感器,无一不是数据来源或者承载的方式。

3) 大数据有多大

仅以互联网为例,一天之中,互联网产生的全部内容可以刻满 1.68 亿张 DVD;发出的邮件有 2940 亿封之多;发出的社区帖子达 200 万个,相当于《时代》杂志 770 年的文字量……

截至 2012 年,数据量已经从 TB(1024 GB＝1 TB)级别跃升到 PB(1024TB＝1 PB)、EB(1024 PB＝1 EB)乃至 ZB(1024 EB＝1 ZB)级别。国际数据公司(IDC)的研究结果表明,2008 年全球产生的数据量高达 1.82 ZB,相当于全球每人产生 200GB 以上的数据。而到 2012 年为止,人类生产的所有印刷材料的数据量是 200 PB,全人类历史上说过的所有话的数据量大约是 5 EB。IBM 的研究称,整个人类文明所获得的全部数据中,有 90% 是过去两年内产生的。而到了 2020 年,全世界所产生的数据规模将达到今天的 44 倍。

4) 大数据的 4 个"V"

大数据的 4 个"V"指的是大数据的 4 个特点:第一,数据体量巨大,从 TB 级别,跃升到

PB 级别;第二,数据类型繁多,数据来源于各种各样的渠道;第三,价值密度低,商业价值高,以视频为例,连续不间断监控过程中,可能有用的数据仅仅有一两秒;第四,处理速度快,一般要在秒级时间范围内给出分析结果,时间太长就失去价值了。这个速度要求是大数据处理技术和传统的数据挖掘技术最大的区别。

由此,业界将大数据的特点归纳为 4 个"V",分别为 Volume(大量)、Velocity(高速)、Variety(多样)、Veracity(精确)。

5) 大数据与云计算

从技术上看,大数据与云计算的关系就像一枚硬币的正反面一样密不可分。大数据必然无法用单台的计算机进行处理,必须采用分布式计算架构。它的特色在于对海量数据的挖掘(SaaS),但它必须依托云计算的分布式处理、分布式数据库(PaaS)、云存储和虚拟化技术(IaaS),如图 10-1 所示。

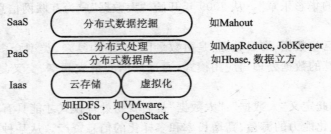

图 10-1 大数据与云计算

10.2 云数据安全

10.2.1 云计算

云计算是一种新的计算模式,是分布式处理、并行处理和网格计算、网络存储、虚拟化、负载均衡等传统计算机技术和网络技术发展融合的产物。云计算将计算资源分布在由大量计算机构成的资源池上,而非本地计算机或远程服务器中,用户根据需求通过网络访问计算机和存储系统。在远程的数据中心里,成千上万台计算机和服务器连接成一片计算机云。利用这些"云",用户通过终端接入数据中心,按自己的需求进行运算。

目前,云计算有三种服务模式:软件服务(software as a service,saas),平台服务(platform as a service,paas),基础设施服务(infrastructure as a service,iaas)。云通过网络把多个计算机整合成一个具有强大计算能力的完美系统,并借助 SaaS、PaaS、IaaS 等先进的商业模式把这强大的计算能力分布到终端用户手中。云计算的核心理念就是通过不断提高"云"的处理能力,进而减少用户终端的处理负担,最终使用户终端简化成一个单纯的输入输出设备,并能按需享受"云"的强大计算处理能力。

10.2.2 云计算的优点

(1) 采用虚拟化技术,管理方便,使用灵活。云计算把将计算资源连接起来,由软件自动管理,人们可以在任何时候任何地点登录云。用户通过虚拟的平台使用资源,而不用关心资源究竟在哪里,只需要将自己的需求提交给云,云返回用户所要的结果就可以了,用户只需用一个终端就可以随时获得想要的资源和服务,使用起来非常方便,而且对计算机硬件要求不高,降低了用户的成本。在云计算的大趋势下,整个 IT 信息服务业将进行大的调整,人们依据云实现虚拟化,让用户脱离技术上的复杂性而直接获得应用。毕竟,绝大多数人只想和应用打交道,而不想和技术打交道。

(2) 较低的成本获得较高的处理能力。云存储通过集群应用、网格技术、分布式处理等功能将网络中的设备调用起来协调工作,云将终端与庞大的数据中心相连,用户可以通过统一的标准的应用接口登录云,获取云资源。人们因此得以突破资源的限制,在近乎无限量的资源上以近乎无限快的速度获得信息,可以使得用户在极低的成本下获得极高的运算处理能力,从而实现将计算作为一种公用设施来提供的梦想。

10.2.3　云计算的安全问题分析

云计算的优势是明显的,它的发展也非常迅速,但是仍然有人对云计算的前景担忧,主要出于对安全问题的忧虑。安全是每个用户要面临的重要问题。云计算是建立在通信网络的基础上的,网络本身就有很多不安全因素。当我们把数据放在云上时,云是一个虚拟的环境,我们并不知道数据究竟在哪里,谁在使用云,谁在控制云,应用环境和数据脱离了用户可控范围,这些都是云的不安全因素。云安全可以从两个角度来看。对客户来说,云安全意味着企业要面临不确定的因素和风险,不管是对公有云和私有云来讲,数据在虚拟机和共享资源中流动时都会暴露在外,这些数据会不会被恶意窃取,毕竟并不是每个社会成员都是友善的。对于云厂商来讲,云安全可以想象为一个超大规模的扩展架构,需要在无休止的威胁当中不断地加强安全防护技术。另外,当我们把数据放在共享的存储设备上时,还要考虑到的一个问题就是:数据会不会丢失。

10.2.4　云环境下安全对策的探讨

1) 不要把一切交给云

不应该完全信赖云,云服务提供商说他们的服务是安全的,但是如何验证呢,IT 系统本来就有很多缺陷和漏洞。重要的数据不要放在云上,或者是加密后在放到云中,将安全性的主动权控制在自己手中。同时,用户可以建立自己的私有云,私有云只面向自己的客户或者是内部的用户,它是一种更安全稳定的云环境,用户必须要确定究竟那些数据可以放到云上,同时要做好保护措施,并决定哪些应用适合公有云,哪些应用适合私有云。

2) 加强访问控制和身份认证

云本身是虚拟的,云里的数据是共享的,云的安全性很大程度上已经超出了云用户的控制,云服务提供商必须要考虑的一个问题就是如何为企业的数据中心、服务器群组以及端点提供强制的安全防御支持。这里最基本的就是要和网络安全防御技术相结合,以及使用密码技术来保证机密数据的安全。同时还要做一个统一的全局域的身份认证技术,实现统一的用户身份管理,统一身份认证以及单点登录,统一授权管理,统一访问管理,以增强安全性。

3）审计措施和相关的监控措施

当用户打算把数据提交给云时，一定要采取必要的验证和审计措施，必须要把可信度扩大到专业的第三方认证。这个第三方认证应该能够评估有一套完整的科学的评价体系来审计云服务提供商，并对云中的服务器、软件配置、负荷管理、补丁管理、运行时配置管理等等进行实时监控和安全测试，一旦出现问题立即报警。如果一家云提供商对安全非常重视，它肯定应该这么做。在云计算快速发展的今天，已经不仅仅是技术问题，一定要提前规划好安全体系。

10.3 云防御与云加密

在云计算中，数据注定是要以密文的形式存放在云中，这样是最基本也是最重要的一个安全手段。当然，也是让广大用户最放心安全手段。但是，如果数据完全是以密文形式存储在云端的话，那么云也就相当于一个巨大的硬盘，其他服务由于密文的限制很难得到使用。而我们知道，云存储只是云计算的其中一个服务，它主要提供的服务，SaaS、PaaS，就会受到影响。举些例子，如果你写了一个程序，要在云端进行编译，而你上传上去的是密文，那么编译器就无法处理了。如果你要在云端进行图片或视频的格式转换，你上传上去的还是密文，那么云端的软件也无法处理。

在文中，我们的策略是设置一个隐私管理者（Privacy Manager），它的功能之一就是 obfuscation——以密文形式发送到云端，云端就以密文形式对数据进行处理，返回结果首先要传给隐私管理者，再通过隐私管理者以明文的形式返回处理结果给用户。在这里，用户要有一个密钥，这个密钥隐私管理者是知道的，但是云计算服务提供商无法知道。隐私管理者的实现形式有多种，最简单的就是一个安装在本地的软件。

很显然，这里要使用同态加密（Homomorphic Cryptograph）技术。为了让云端可以对数据进行各种操作，必须使用全同态（Full homomorphic）加密技术。图 10-2 给出了同态加密在云计算中的简单实现框图。

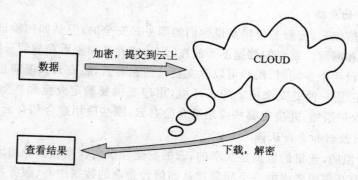

图 10-2 同态加密在云计算中的简单实现框图

全同态加密是在同态加密的基础上提出的。同态加密是由 Rivest 等于 1978 年提出的，也称为秘密同态（Private Homomorphic）。记加密操作为 E，明文为 m，加密得 e，解密操作为 D，即 e＝E(m)，m＝D(e)。已知针对明文有操作 f，针对 E 可构造 F，使得 F(e)＝E(f(m))，这样 E 就是一个针对 f 的同态加密算法。也就是说，可以在不知道明文的情况下，对密文直接进行操作，效果就如同先对明文进行操作，然后加密得到的结果一样。同态加密包括两种基本的同态类型，即乘同态和加同态，加密算法分别对乘法和加法具备同态特性。比如，原始的 RSA 算法就是乘同态的。

2009 年，该领域取得了突破性的进展。IBM 公司的克雷格·金特里（Craig Gentry）发表了一篇文章，公布了一项关于密码学的全新发现。他利用基于理想格（Ideal Lattice）的方法成功构造了一种称为全同态（Full homomorphic）的加密方案。之所以称为全同态，是因为该方案对所有运算都是同态的。他构造的同态公钥加密方案包括密钥生成算法、加密算法、解密算法和额外的评估算法。

利用全同态加密对数据进行加密，可以保证云计算的数据安全。即将数据加密后存储在云端，从而提高了数据的安全性，即使这些数据被窃取，没有相应的密钥也无法还原，而密钥只有用户才知道，云端不知道该密钥。同时，由于同态加密的特性，云端可以对密文进行操作，从而避免了对传统的加密数据进行操作时的效率问题。因为普通的加密方案如需对其进行操作，须将加密数据回传，解密操作后再加密回传到云端。

1. 加密算法

加密参数：随机数 r，$r \in 2^n$，随机数 q，$q \in 2^{n^5}$，即 q 远大于 r；

密钥：奇数 p，$p \in 2^{n^2}$；

加密：对明文（bit）m，计算 $c = pq + 2r + m$，即为相应的密文。

解密：$m = (c \bmod p) \bmod 2$

正确性验证：由于 pq 远大于 $2r + m$，则 $(c \bmod p) = 2r + m$，故 $(c \bmod p) \bmod 2 = (2r + m) \bmod 2 = m$。

下面验证同态性，以加法和乘法为例：

两个密文 $c_1 = q_1 p + 2r_1 + m_1$，$c_2 = q_2 p + 2r_2 + m_2$，则有 $c_1 + c_2 = (q_1 + q_2)p + 2(r_1 + r_2) + m_1 + m_2$，这样，只需要满足条件 $2(r_1 + r_2) + m_1 + m_2$ 远小于 p，则有 $(c_1 + c_2) \bmod p = 2(r_1 + r_2) + m_1 + m_2$。即该加密满足加同态条件。

$c_1 \times c_2 = [q_1 \times q_2 p + (2r_1 + m_1) + (2r_2 + m_2)] + 2(r_1 r_2 + r_1 m_2 + r_2 m_1) + m_1 m_2$，因此，只需满足 $2(2r_1 r_2 + r_1 m_2 + r_2 m_1)$ 远小于 p，就有 $(c_1 \times c_2) \bmod p = 2(2r_1 r_2 + r_1 m_2 + r_2 m_1) + m_1 m_2$，即该加密满足乘同态条件。

2. 实现方案

具体的操作步骤和方案如下。

（1）用户访问云端，产生密钥。用户使用其公钥加密该密钥并将加密后的数据保存在云端。

（2）用户利用该密钥加密数据，并上传加密的数据到云端并存储。

（3）用户需要访问数据时，利用密钥对数据进行操作，比如查询等操作。此时，客户端发送加密的请求到云端，云端对加密数据执行相应的操作，并回送结果到客户端。

该方案在客户端使用硬件（如智能卡）生成密钥，并可将该密钥与该硬件（即与一对公私钥）绑定，从而间接实现用户与密钥的绑定。使用客户的公钥加密该密钥并保存云端。这样,只有该用户才能解密该密钥,保证了客户的数据安全性。客户端利用该密钥将数据加密后传输到云端存储。同时,利用数字签名技术,可保证数据的完整性和不可抵赖性。同样,在客户端需要云端提供数据相关服务(如搜索)时,也将相关内容加密后才传送给云端;利用同态加密的特性,由云端对密文直接执行相关的运算,再将结果回传给终端用户。这样,无论是在传输通道还是在存储介质上,传输或操作的都是加密数据,即使被窃取,也无法从中得到原始数据或其他有用信息。另外,该加密算法系对称加密算法,相对计算量较小,容易实现,能有效地减低客户端的负担,能适应多种云终端环境,如瘦客户端。方案的缺点主要是数据的体积将变大,增加了网络传输和存储的开销。

10.4 Hadoop 平台及其安全机制

作为云计算技术中的佼佼者,Hadoop 以其低成本和高效率的特性赢得了市场的认可。

10.4.1 Hadoop 简介

Hadoop 是一个由 Apache 基金会所开发的分布式系统基础架构。用户可以在不了解分布式底层细节的情况下开发分布式程序,充分利用集群的威力进行高速运算和存储。

Hadoop 由 Apache Software Foundation 公司于 2005 年秋天作为 Lucene 的子项目 Nutch 的一部分正式引入。它最先受到由 Google Lab 开发的 Map/Reduce 和 Google File System(GFS)的启发。

2006 年 3 月,Map/Reduce 和 Nutch Distributed File System(NDFS)分别被纳入称为 Hadoop 的项目中。

Hadoop 设计之初的目标就定位于高可靠性、高可拓展性、高容错性和高效性,正是这些设计上与生俱来的优点,才使得 Hadoop 一出现就受到众多大公司的青睐,同时也引起了研究界的普遍关注。到目前为止,Hadoop 技术在互联网领域已经得到了广泛运用,例如,Yahoo 使用 4000 个节点的 Hadoop 集群来支持广告系统和 Web 搜索的研究;Facebook 使用 1000 个节点的集群运行 Hadoop,存储日志数据,支持其上的数据分析和机器学习;百度用 Hadoop 处理每周 200TB 的数据,从而进行搜索日志分析和网页数据挖掘工作;中国移动研究院基于 Hadoop 开发了"大云"(Big Cloud)系统,不但用于相关数据分析,还对外提供服务;淘宝的 Hadoop 系统用于存储并处理电子商务交易的相关数据。国内的高校和科研院所基于 Hadoop 在数据存储、资源管理、作业调度、性能优化、系统高可用性和安全性方面进行研究,相关研究成果多以开源形式贡献给 Hadoop 社区。

除了上述大型企业将 Hadoop 技术运用在自身的服务中外,一些提供 Hadoop 解决方案的商业型公司也纷纷跟进,利用自身技术对 Hadoop 进行优化、改进、二次开发等,然后以公司自有产品形式对外提供 Hadoop 的商业服务。比较知名的有创办于 2008 年的 Cloudera 公司,它是一家专业从事基于 Apache Hadoop 的数据管理软件销售和服务的公司,它希望充当大数据领域中类似 RedHat 在 Linux 世界中的角色。该公司基于 Apache Hadoop 发行了相应的商业版本 Cloudera Enterprise,它还提供 Hadoop 相关的支持、咨询、培训等服务。在 2009 年,Cloudera 聘请了 Doug Cutting(Hadoop 的创始人)担任公司的首席架构师,从而进一步加强了 Cloudera 公司在 Hadoop 生态系统中的影响和地位。最近，Oracle 也表示已经将 Cloudera 的 Hadoop 发行版和 Cloudera Manager 整合到 Oracle Big Data Appliance 中。同样，Intel 也基于 Hadoop 发行了自己的版本 IDH。从这些可以看出，越来越多的企业将 Hadoop 技术作为进入大数据领域的必备技术。

10.4.2　Hadoop 的核心架构

Hadoop 由许多元素构成。其最底部是 Hadoop Distributed File System（HDFS），它存储 Hadoop 集群中所有存储节点上的文件。HDFS（对于本文）的上一层是 MapReduce 引擎，该引擎由 JobTrackers 和 TaskTrackers 组成。通过对 Hadoop 分布式计算平台最核心的分布式文件系统 HDFS、MapReduce 处理过程，以及数据仓库工具 Hive 和分布式数据库 Hbase 的介绍，基本涵盖了 Hadoop 分布式平台的所有技术核心。

1) HDFS

对外部客户机而言，HDFS 就像一个传统的分级文件系统。可以创建、删除、移动或重命名文件，等等。但是 HDFS 的架构是基于一组特定的节点构建的，这是由它自身的特点决定的。这些节点包括 NameNode（仅一个），它在 HDFS 内部提供元数据服务；DataNode，它为 HDFS 提供存储块。由于仅存在一个 NameNode，因此这是 HDFS 的一个缺点（单点失败）。

存储在 HDFS 中的文件被分成块，然后将这些块复制到多个计算机中（DataNode）。这与传统的 RAID 架构大不相同。块的大小（通常为 64MB）和复制的块数量在创建文件时由客户机决定。NameNode 可以控制所有文件操作。HDFS 内部的所有通信都基于标准的 TCP/IP 协议。

2) NameNode

NameNode 是一个通常在 HDFS 实例中的单独机器上运行的软件。它负责管理文件系统名称空间和控制外部客户机的访问。NameNode 决定是否将文件映射到 DataNode 的复制块上。对于最常见的三个复制块，第一个复制块存储在同一机架的不同节点上，最后一个复制块存储在不同机架的某个节点上。

实际的 I/O 事务并没有经过 NameNode，只有表示 DataNode 和块的文件映射的元数据经过 NameNode。当外部客户机发送请求要求创建文件时，NameNode 会以块标识和该块的第一个副本的 DataNode IP 地址作为响应。这个 NameNode 还会通知其他将要接收该块的副本的 DataNode。

NameNode 在一个称为 FsImage 的文件中存储所有关于文件系统名称空间的信息。这个文件和一个包含所有事务的记录文件（这里是 EditLog）将存储在 NameNode 的本地文件系统上。FsImage 和 EditLog 文件也需要复制副本，以防文件损坏或 NameNode 系统丢失。

NameNode 本身不可避免地具有 SPOF（Single Point Of Failure）单点失效的风险，主备模式并不能解决这个问题，通过 Hadoop Non-stop namenode 才能实现 100% uptime 可用时间。

3) DataNode

DataNode 也是一个通常在 HDFS 实例中的单独机器上运行的软件。Hadoop 集群包含一个 NameNode 和大量 DataNode。DataNode 通常以机架的形式组织，机架通过一个交换机将所有系统连接起来。Hadoop 的一个假设是：机架内部节点之间的传输速度快于机架间节点的传输速度。

DataNode 响应来自 HDFS 客户机的读/写请求。它们还响应来自 NameNode 的创建、删除和复制块的命令。NameNode 依赖来自每个 DataNode 的定期心跳（heartbeat）消息。每条消息都包含一个块报告，NameNode 可以根据这个报告验证块映射和其他文件系统元数据。如果 DataNode 不能发送心跳消息，NameNode 将采取修复措施，重新复制在该节点上丢失的块。

4) 文件操作

HDFS 并不是一个万能的文件系统。它的主要目的是支持以流的形式访问写入的大型文件。

如果客户机想将文件写到 HDFS 上，首先需要将该文件缓存到本地的临时存储。如果缓存的数据大于所需的 HDFS 块大小，则创建文件的请求将发送给 NameNode。NameNode 将以 DataNode 标识和目标块响应客户机。

同时也将保存文件块副本的 DataNode。当客户机开始将临时文件发送给第一个 DataNode 时，立即通过管道方式将块内容转发给副本 DataNode。客户机也负责创建保存在相同 HDFS 名称空间中的校验和（checksum）文件。

在最后的文件块发送之后，NameNode 将文件创建提交到它的持久化元数据存储（在 EditLog 和 FsImage 文件）。

5) Linux 集群

Hadoop 框架可在单一的 Linux 平台上使用（开发和调试时），官方提供 MiniCluster 作为单元测试使用，但使用存放在机架上的商业服务器才能发挥它的力量。这些机架组成一个 Hadoop 集群。它通过集群拓扑知识决定如何在整个集群中分配作业和文件。Hadoop 假定节点可能失败，因此采用本机方法处理单个计算机甚至所有机架的失败。

10.4.3 Hadoop 和高性能计算、网格计算的区别

在 Hadoop 出现之前，高性能计算和网格计算一直是处理大数据问题主要的使用方法和工具，它们主要采用消息传递接口（Message Passing Interface，MPI）提供的 API 来处理大数据。高性能计算的思想是将计算作业分散到集群机器上，集群计算节点访问存储区域网络 SAN 构成的共享文件系统获取数据，这种设计比较适合计算密集型作业。当需要访问像 PB 级别数据的时候，由于存储设备网络带宽的限制，很多集群计算节点只能空闲等待数据。而 Hadoop 却不存在这种问题，由于 Hadoop 使用专门为分布式计算设计的文件系统 HDFS，计算的时候只需要将计算代码推送到存储节点上，即可在存储节点上完成数据本地化计算，Hadoop 中的集群存储节点也是计算节点。在分布式编程方面，MPI 是属于比较底层的开发库，它赋予了程序员极大的控制能力，但是却要程序员自己控制程序的执行流

程、容错功能,甚至底层的套接字通信、数据分析算法等底层细节都需要自己编程实现。这种要求无疑对开发分布式程序的程序员提出了较高的要求。相反,Hadoop 的 MapReduce 却是一种高度抽象的并行编程模型,它将分布式并行编程抽象为两个原语操作,即 map 操作和 reduce 操作,开发人员只需要简单地实现相应的接口即可,完全不用考虑底层数据流、容错、程序的并行执行等细节。这种设计无疑大大降低了开发分布式并行程序的难度。

网格计算通常是指通过现有的互联网,利用大量来自不同地域、资源异构的计算机空闲的 CPU 和磁盘来进行分布式存储和计算。这些参与计算的计算机具有分处不同地域、资源异构(基于不同平台,使用不同的硬件体系结构等)等特征,从而使网格计算和 Hadoop 这种基于集群的计算相区别开。Hadoop 集群一般构建在通过高速网络连接的单一数据中心内,集群计算机都具有体系结构、平台一致的特点,而网格计算需要在互联网接入环境下使用,网络带宽等都没有保证。

需要说明的是,Hadoop 技术虽然已经被广泛应用,但是该技术无论在功能方面还是在稳定性等方面还有待进一步完善,所以还在不断开发和不断升级维护的过程中,新的功能也在不断地被添加和引入,读者可以关注 Apache Hadoop 的官方网站了解最新的信息。得益于如此多厂商和开源社区的大力支持,相信在不久的将来,Hadoop 也会像当年的 Linux 一样被广泛应用于越来越多的领域,从而风靡全球。

10.4.4 Hadoop 安全机制

1) 共享 Hadoop 集群

当前大一点的公司都采用了共享 Hadoop 集群的模式,这种模式可以减小维护成本,且避免数据过度冗余,增加硬件成本。共享 Hadoop 指:① 管理员把研发人员分成若干个队列,每个队列分配一定量的资源,每个用户或者用户组只能使用某个队列中的资源;② HDFS上保存有各种数据,有公用的、机密的,不同的用户可以访问不同的数据。

共享集群类似于云计算或者云存储,面临的一个最大问题是安全。

2) 几个概念

安全认证:确保某个用户是自己声称的那个用户。

安全授权:确保某个用户只能做他允许的那些操作。

User:Hadoop 用户,可以提交作业,查看自己的作业状态,查看 HDFS 上的文件。

Service:Hadoop 中的服务组件,包括 namenode、jobtracker、tasktracker、datanode。

3) Hadoop 安全机制现状

Hadoop 一直缺乏安全机制,主要表现在以下几个方面。

(1) User to Service。

① Namenode 或者 jobtracker 缺乏安全认证机制。Client 的用户名和用户组名由自己指定。如果不指定用户名和用户组,Hadoop 会调用 linux 命令"whoami"获取当前 linux 用户名和用户组,并添加到作业的 user. name 和 group. name 两个属性中,这样,作业被提交到 JobTracker 后,JobTracker 直接读取这两个属性(不经过验证),将该作业提交到对应队列(用户名/用户组与队列的对应关系由专门一个配置文件配置,详细可参考 fair scheduler

或者 capacity scheduler 相关文档)中。如果可以控制你提交作业的那台 client 机器,则可以以任何身份提交作业,进而偷偷使用原本属于别人的资源。

比如,在程序中使用以下代码,

```
conf.set("user.name",root);
conf.ser("group.name",root);
```

便可以以 root 身份提交作业。

② DataNode 缺乏安全授权机制。用户只要知道某个 block 的 blockID,便可以绕过 namenode 直接从 datanode 上读取该 block;用户可以向任意 datanode 上写 block。

③ JobTracker 缺乏安全授权机制。用户可以修改或者杀掉任意其他用户的作业;用户可以修改 JobTracker 的持久化状态。

(2) Service to service 安全认证。Datanode 与 TaskTracker 缺乏安全授权机制,这使得用户可以随意启动假的 datanode 和 tasktracker,如可以直接到已经启动的某个 Task-Tracker 上启动另外一个 tasktracker:

```
./hadoop-daemon.sh start datanode
```

(3) 磁盘或者通信连接没有经过加密。

4) Hadoop 安全机制

为了增强 Hadoop 的安全机制,从 2009 年起,Apache 专门抽出一个团队,为 Hadoop 增加安全认证和授权机制。

Apache Hadoop 1.0.0 版本和 Cloudera CDH3 之后的版本添加了安全机制,如果你将 Hadoop 升级到这两个版本,可能会导致 Hadoop 的一些应用不可用。

Hadoop 提供了两种安全机制:Simple 和 Kerberos。Simple 机制(默认情况下,Hadoop 采用该机制)采用了 SAAS 协议。也就是说,用户提交作业时,声称是某人(在 JobConf 的 user. name 中说明),则在 JobTracker 端要进行核实,包括两部分核实:一是你到底是不是这个人,即通过检查执行当前代码的人与 user. name 中的用户是否一致;二是检查 ACL (Access Control List)配置文件(由管理员配置),看你是否有提交作业的权限。一旦通过验证,会获取 HDFS 或者 mapreduce 授予的 delegation token(不同模块由不同的 delegation token 访问)之后的任何操作,比如访问文件,均要检查该 token 是否存在,且使用者与之前注册使用该 token 的人是否一致。

5) Kerberos 工作原理介绍

(1) 基本概念。

Princal(安全个体):被认证的个体,有一个名字和口令。

KDC(key distribution center):一种网络服务,提供 ticket 和临时会话密钥。

Ticket:一个记录,客户用它来向服务器证明自己的身份,包括客户标识、会话密钥、时间戳。

AS(Authentication Server):认证服务器。

TSG(Ticket Granting Server):许可证服务器。

(2) Kerberos 协议可以分为两个部分,如图 10-3 所示。

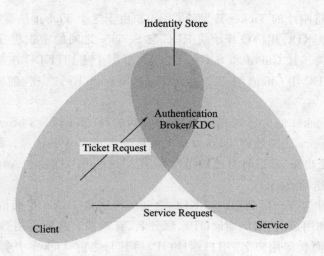

图 10-3　Kerberos 协议

Client 向 KDC 发送自己的身份信息,KDC 从 Ticket Granting Service 得到 TGT(ticket-granting ticket),并用协议开始前 Client 与 KDC 之间的密钥将 TGT 加密回复给 Client。此时只有真正的 Client 才能利用它与 KDC 之间的密钥将加密后的 TGT 解密,从而获得 TGT(此过程避免了 Client 直接向 KDC 发送密码,以求通过验证的不安全方式)。

Client 利用之前获得的 TGT 向 KDC 请求其他 Service 的 Ticket,从而通过其他 Service 的身份鉴别。

(3) Kerberos 认证过程,如图 10-4 所示。

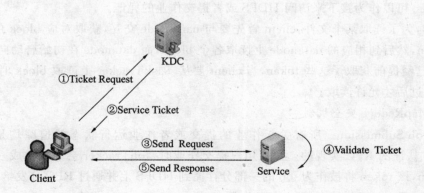

图 10-4　Kerberos 认证过程

① Client 将之前获得 TGT 和要请求的服务信息(服务名等)发送给 KDC,KDC 中的 Ticket Granting Service 将为 Client 和 Service 之间生成一个 Session Key 用于 Service 对 Client 的身份鉴别。然后 KDC 将这个 Session Key 和用户名、用户地址(IP)、服务名、有效期、时间戳一起包装成一个 Ticket(这些信息最终用于 Service 对 Client 的身份鉴别)发送给 Service,不过 Kerberos 协议并没有直接将 Ticket 发送给 Service,而是通过 Client 转发给 Service,所以有了第②步。

② 此时 KDC 将刚才的 Ticket 转发给 Client。由于这个 Ticket 是要给 Service 的，不能让 Client 看到，所以 KDC 用协议开始前 KDC 与 Service 之间的密钥将 Ticket 加密后再发送给 Client。同时为了让 Client 和 Service 之间共享那个密钥（KDC 在第①步为它们创建的 Session Key），KDC 用 Client 与它之间的密钥将 Session Key 加密，随加密的 Ticket 一起返回给 Client。

③ 为了完成 Ticket 的传递，Client 将刚才收到的 Ticket 转发到 Service。由于 Client 不知道 KDC 与 Service 之间的密钥，所以它无法篡改 Ticket 中的信息。同时 Client 将收到的 Session Key 解密出来，然后将自己的用户名、用户地址（IP）打包成 Authenticator 用 Session Key 加密也发送给 Service。

④ Service 收到 Ticket 后利用它与 KDC 之间的密钥将 Ticket 中的信息解密出来，从而获得 Session Key 和用户名、用户地址（IP）、服务名、有效期。然后再用 Session Key 将 Authenticator 解密从而获得用户名、用户地址（IP）将其与之前 Ticket 中解密出来的用户名、用户地址（IP）做比较从而验证 Client 的身份。

⑤ 如果 Service 有返回结果，将其返回给 Client。

6）RPC 安全机制

在 Hadoop RP 中添加了权限认证授权机制。当用户调用 RPC 时，用户的 login name 会通过 RPC 头部传递给 RPC，之后 RPC 使用 Simple Authentication and Security Layer（SASL）确定一个权限协议（支持 Kerberos 和 DIGEST-MD5 两种），完成 RPC 授权。

7）HDFS 安全机制

Client 获取 namenode 初始访问认证（使用 kerberos）后，会获取一个 delegation token，这个 token 可以作为接下来访问 HDFS 或者提交作业的凭证。

同样，为了读取某个文件，client 首先要与 namenode 交互，获取对应 block 的 block access token，然后到相应的 datanode 上读取各个 block，而 datanode 在初始启动向 namenode 注册时，已经提前获取了这些 token，当 client 要从 TaskTracker 上读取 block 时，首先验证 token，通过后才允许读取。

8）MapReduce 安全机制

（1）Job Submission。所有关于作业的提交或者作业运行状态的追踪均是采用带有 Kerberos 认证的 RPC 实现的。授权用户提交作业时，JobTracker 会为之生成一个 delegation token，该 token 将被作为 job 的一部分存储到 HDFS 上并通过 RPC 分发给各个 TaskTracker，一旦 job 运行结束，该 token 失效。

（2）Task。用户提交作业的每个 task 均是以用户身份启动的，这样，一个用户的 task 便不可以向 TaskTracker 或者其他用户的 task 发送操作系统信号，以免对其他用户造成干扰。这要求为每个用户在所有 TaskTracker 上建一个账号。

（3）shuffle。当一个 map task 运行结束时，它要将计算结果告诉管理它的 TaskTracker，之后每个 reduce task 会通过 HTTP 向该 TaskTracker 请求自己要处理的那块数据，Hadoop 应该确保其他用户不可以获取 map task 的中间结果，其做法是：reduce task 对"请求 URL"和"当前时间"计算 HMAC-SHA1 值，并将该值作为请求的一部分发送给 Task-

Tracker,TaskTracker 收到后会验证该值的正确性。

9）WebUI 安全机制

该机制需要针对每个用户单独配置。

10）高层服务的安全机制

你可能会在 Hadoop 之上使用 Oozie、HBase、Cassandra 等开源软件,为此,需要在这几个软件的配置文件和 Hadoop 配置文件中添加权限。

11）总结

下面对 Hadoop 在安全方面的改动进行汇总。

（1）HDFS。命令行不变,WEB UI 添加了权限管理。

（2）MapReduce 添加了 ACL。包括:管理员可在配置文件中配置允许访问的 user 和 group 列表。

用户提交作业时,可知道哪些用户或者用户组可以查看作业状态,使用参数-D mapreduce.job.acl-view-job。

用户提交作业时,可知道哪些用户或者用户组可以修改或者杀掉 job,使用参数:-D mapreduce.job.acl-modify-job。

（3）MapReduce 系统目录（即 mapred.system.dir,用户在客户端提交作业时,JobClient 会将作业的 job.jar,job.xml 和 job.split 等信息复制到该目录下）访问权限改为 700。

（4）所有 task 以作业拥有者身份运行,而不是启动 TaskTracker 的那个角色,这使用了 setuid 程序（C 语言实现）运行 task。如果你以 hadoop 用户启动了 Hadoop 集群,则 TaskTracker 上所有 task 均以 hadoop 用户身份运行,这很容易使 task 之间相互干扰,而加了安全机制后,所有 task 以提交用户的身份运行,如用户 user1 提交了作业,则它的所有 task 均以 user1 身份运行。

（5）Task 对应的临时目录访问权限改为 700。

（6）DistributedCache 是安全的。DistribuedCache 分别两种,一种是 shared,可以被所有作业共享,而 private 的只能被该用户的作业共享。

10.5　移动支付安全

伴随着网上银行的兴起,人们使用的支付方式早已不局限于现金本身,而扩大到银行卡、网上银行、电话银行等多种方式。随着移动电子商务的快速发展和移动终端的不断改进,手机易携带的特性被挖掘,手机支付开始走进人们的生活,而且一发不可收拾。据易观国际观测,如图 10-5 所示,2014 年,第三方移动支付交易规模达 77660 亿元,继 2013 年环比增长率达到 800％的爆发式增长后,再度迎来近 500％的环比增长,继续保持高速发展,通过产业链的大力协同以及部分厂商的持续投入,用户的使用习惯已被培养成形。

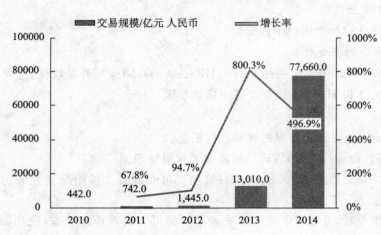

2010—2014年中国第三方支付市场移动支付交易规模

来源：EnfoDesk易观智库　　　　　　　　www.enfodesk.com

图 10-5　2010—2014 国内移动支付市场交易规模

由此可见，移动支付正处于快速增长阶段，然而也正因如此，它才会被一些不法分子盯上，导致其安全问题凸显。

据《2011 年上半年中国手机安全报告》显示，上半年国内新增手机木马和恶意软件 2559 个，感染手机用户数高达 1324 万。同时，艾瑞调查统计，智能手机用户中，有近六成表示在使用手机银行/支付时最担心手机安全，39.7% 的用户认为手机安全中财产安全保护比个人隐私更重要。由此可见，移动支付的安全问题备受关注，因此我们有必要对移动支付的安全性进行分析，并提出相应解决办法。

10.5.1　移动支付的方式及安全问题

移动支付也称为手机支付，就是允许用户使用其移动终端（通常是手机）对所消费的商品或服务进行账务支付的一种服务方式。单位或个人通过移动设备、互联网或者近距离传感直接或间接向银行等金融机构发送支付指令产生货币支付与资金转移行为，从而实现移动支付功能。移动支付将终端设备、互联网、应用提供商以及金融机构相融合，为用户提供货币支付、缴费等金融业务。

根据移动支付在电子商务中的应用，我们可将移动支付按业务种类分为以下几种方式。

（1）短消息业务（Short Message Service，SMS），终端用户通过发送短消息的形式请求服务内容，从用户的话费中扣除费用，通常只适合于小额支付，如利用短信支付服务进行铃声下载等。

（2）无线应用通信（wireless Application Protocol，WAP），终端用户通过访问 WAP 站点，进行简单的金融业务操作，用户可通过手机上网进行远程操作，如在互联网上进行购物及缴纳话费、水费、电费、燃气费等。

（3）非结构化补充数据业务（Unstructured Supplementary Service Data，USSD），是一

种基于全球移动通信系统(Global System for Mobile Communications,GSM)的新型交互式数据业务,它可单独使用或与短消息技术等结合,提供种类繁多的增值服务。当你使用手机键盘输入一些网络已预先定制的数字或者符号 * ♯ 等,再按 send(也就是拨号键)就可以向网络发送一条指令,网络根据你的指令选择你需要的服务提供给你,如证券交易、移动银行业务、网上订票等。

(4)短距离通信(Near Field Communication,NFC),是一种短距离的无线连接技术,用户可以使用"手机钱包"在合作商户 POS 机上现场刷"机"消费,比如,在便利店、商场、超市等场所进行现场刷卡消费。

综上所述,目前发生移动支付行为是基于手机号上绑定的银行卡、信用卡以及与商家之间的交互行为完成的,或者基于手机 SIM 卡与 POS 机近距离完成,故此,类似于密码破解、信息复制、病毒感染等都有可能对移动支付造成重大的损失。在移动支付中可能隐藏的安全问题包括以下几点。

(1)移动终端易受到黑客侵扰。由于手机的运算能力低内存小,加上带宽小容易掉失数据,所以无法运行太复杂的加密算法,造成数据保密程度低,也无法传递大量数据。用户在用手机进行支付时,加密等安全措施做得不到位,而黑客们通过钓鱼网站或木马程序就可以窃取用户信息,可对移动支付功能进行非法复制,从而造成用户的损失。

据 360 安全中心 2011 年 5 月调查结果显示,Android 木马传播者开始直接在伪劣新机里野蛮地嵌入系统固件木马,普通用户根本无法删除。木马安装后,会出现自动侦测手机环境、选择锁屏或深夜私自发送短信定制 SP 业务等,偷偷消耗用户话费。根据其数据显示,手机木马的主要传播路径包括手机 Wap/Web 下载、短信/彩信的链接传播、手机论坛、手机下载站、应用商店/市场以及其他伪劣白卡机预装等渠道。

(2)手机信息在空中极容易被拦截,这属于电磁波辐射泄漏。网上经常有人叫卖"监听王(GSM/CDMA 多信道移动电话拦截系统)装置",称"监听地点没有限制,能在任何地点,包括车载移动手机空中拦截;监听数量多,可以同时监听 20 个手机号码;监听范围广,可以显示手机的短信息内容和来电号码;并且可以将监听到的信息录音并存于硬盘,以作证据之用"。这种宣传有水分,但这也明白无误地告诉我们,手机信息可被拦截;我们使用手机支付的信用卡数据同样也可被拦截。

此外,手机本身也可能成为泄漏信息的重要渠道。手机上所有信息均会被存储于手机的存储芯片当中,而这些存储芯片与计算机等 IT 产品所使用的存储芯片原理基本相同,尤其是一些支持存储卡的智能手机和 PDA 的构造与计算机越来越相似。随着手机更新速度加快,许多消费者喜欢将二手手机拿到旧货市场处理,而这些手机有可能就成为自己隐私外传的渠道。人们通常只是取下 SIM 卡和存储卡,却不删除手机内存中的信息,个人信息极易外泄,而且就算有心细的用户会将个人资料删除,甚至格式化存储卡,但只要通过一种恢复软件便可以将手机内被删除的信息全部恢复,且越是高档、智能化程度越高的手机恢复起来越容易。

(3)手机作为随身携带的物品易丢失。移动支付通常是手机卡与银行卡、信用卡相关联,由此可能造成用户在丢失手机后自己的移动支付账号被他人冒用。再者,用户信息体系还不够完善,手机丢失或者被盗后,其号码可能被转卖,甚至出现恶意透支的现象。

10.5.2 移动支付安全解决方案

从移动支付的整个流程来说,我们可依据互联网网上支付安全方案制订一套移动电子商务解决方案,具体如下。

1) 初始化

顾客、商家、移动支付中心分别到权威认证机构申请证书,生成数字证书和公钥私钥。

顾客在商家电子商务网站注册账号,并确定支付方式为手机话费,以及支付手机号;商家通过短信,确认手机主人身份。

顾客在移动支付中心以实名手机信息注册,并与移动支付中心交换证书和公钥。实名手机信息内容有:手机号码、姓名、身份证号码、固定电话号码、住址、邮政编码。其次,在银联系统进行手机与信用卡账号绑定,一旦手机话费余额不足时,可快速充值。

商家也在移动支付中心注册账号,并与中心交换证书和公钥。

顾客和商家获得移动支付中心证书,移动支付中心用顾客和商家的证书到权威注册机构验证,确保正确无误。

2) 手机交易安全支付流程

(1) 顾客使用手机浏览商务网站选择商品,将商品信息、用户编号、交货地址、使用移动话费支付方式等购买信息发给商家。商品信息包含内容:商品名称、规格、数量、价格、购买时间。

(2) 商家收到购买信息后,产生订单合同,并同时产生唯一的交易合同号。然后商家将订单合同信息、交易合同号发给顾客,订单合同信息包含内容:商品名称、规格、数量、价格、运送方式(平邮或快邮)、总金额、交货地址。

(3) 商家将订单合同信息、交易合同号、顾客手机号码,以及订单合同数字签名,使用DES 对称加密形成请求支付信息,再把 DES 密码使用移动支付中心公钥加密,然后一起发送到移动支付中心。

(4) 移动支付中心。

首先,使用私钥解出 DES 密码,使用 DES 解密算法解出订货合同。

其次,将订单合同、顾客现有话费(如果话费不足,加上提示),使用 DES 加密,再把 DES 密码使用顾客公钥加密,形成请求确认合同信息。把请求确认合同信息发到顾客手机上。

然后把交易合同写入移动支付中心的记录交易的网站中,以便顾客商家查询和检查交易进展。如果没有收到顾客确认合同信息,则拒绝交易,购买过程到此终止。

(5) 顾客首先对请求确认合同信息解密,确认订货合同无误。

如果顾客看到话费不够,顾客把银行信用卡号、密码、转账命令以及个人证书使用私钥签名,再用银行公钥加密,发送转账短信到银行。银行根据转账短信,把钱转到移动支付中心的顾客账号中。

其次,对合同进行确认。把确认合同信息以及订货合同号使用顾客私钥加密,通过手机发送到移动支付中心。

(6) 移动支付中心使用顾客公钥解密确认合同信息,从顾客账号中预扣货款;使用移动支付中心私钥加密请求发货通知,并把发货通知发给商家。

（7）商家根据通知发货，使用短信通知顾客收货，同时把订单合同号，货已发等信息加密后发送到移动支付中心。

（8）顾客收到货后进行验收，验收通过，把订货合同号、交易成功短信使用顾客私钥加密，使用手机向移动支付中心发送交易成功短信。

如果验收不合格，将货寄回商家，同时向移动支付中心发送交易不成功短信，并同时向商家和移动支付中心阐明交易不成功理由。如果顾客在规定时间内没有向移动支付中心发出交易成功或交易不成功信息，则移动支付中心自动按交易成功处理。

（9）移动支付中心收到交易成功短信后，将货款汇到商家账户。

（10）商家被退货到手后，向移动支付中心发出同意退款短信。移动支付中心将预扣款退回顾客账户里。

（11）商家和顾客在交易完后均须在移动支付中心记录交易网站对对方作出评价，累积诚信积分。移动支付中心根据顾客支付额度给予积分，从积分上给予顾客优惠话费，以降低交易成本。至此完成交易过程。

从安全技术方面考虑，我们可细化上述方案的具体实现过程。

（1）对于初始化中的证书申请，可以采用无线公钥基础设施（WPKI）。它是有限 PKI 的一种拓展，以 WAP 的安全机制为基础，通过管理实体间关系、密钥和证书等来增强移动支付的安全性。WPKI 采用优化的 ECC 椭圆曲线加密和压缩的 X.509 数字证书，是基于手机运算能力低内存小的特性对 PKI 的一种优化，主要功能和组件与 PKI 一致。

（2）在顾客和商家通信时，为保证通道的安全，可采用无线安全传输层（WTLS）。它是设计使用在传输层（Transport Layer）之上的安全层（Security Layer），并针对较小频宽的通信环境做修正。WTLS 的功能类似全球信息网站所使用的 SSL 加密传输技术，WTLS 可以确保资料在传输的过程中经过编码、加密处理，以避免黑客在数据传输过程中窃取保密性数据。

简单从硬件和软件方面来考虑，顾客可从以下几点来防范。

（1）从正规渠道购买手机，防止买到已被植入吸费木马的"白卡机"。

（2）从大型可信站点下载软件。

（3）安装软件时，注意观察软件权限。通过篡改正常软件来作恶的木马，通常在权限上会有所体现，木马包的权限和正常包会有明显不同，一般来说，木马会比正常软件多出数个敏感高危权限。

（4）安装手机安全软件。

习　题　10

1. 云计算的优点与缺点有哪些？
2. 云环境下如何保障信息安全？
3. 移动支付方式面临哪些安全问题及有何对策？

第11章 软件保护

11.1 软件保护概述

软件保护是指使用各种有效方法和技术来维护软件版权,增加其盗版的难度,或延长软件破解的时间,尽可能防止软件被非法使用。

人类社会已经踏入了 21 世纪。科学技术的发展使人类的活动范围不断扩展,计算机网络的进步与发展将人类社会推进了信息社会和知识经济时代,并创造了一个超时空的网络空间,其中,计算机软件产业的发展在很大程度上影响着一个国家的社会经济,并迅速渗透到人们的生活,产生巨大的冲击力。可以说:我们生活在一个网络时代。

但互联网提供给我们的并不只是一个新的平台,它还给人们提供了一个迥异于传统市场经济的追逐利益的场所和手段,而正是由于这种新的场所和手段,在增进经济发展和社会进步的同时,也打破了原有法律体系所建立起来的利益平衡。

自 20 世纪 60 年代软件产业兴起开始,计算机软件被侵权的现象就逐渐凸显,几乎在同一时期,德国学者首先提出了计算机软件的法律保护问题。至此,关于计算机软件的法律保护问题的讨论,一直争论不休。目前,对计算机软件进行保护,国际上比较流行的做法是将其纳入版权法,有些国家除版权法外,还兼采用专利法、商业秘密法对其进行综合保护,另外,还有一些国家采取专门立法的方式进行保护。在理论上,还有学者认为应单独采用专利法进行保护。下面从法律、技术角度出发,结合目前我国和国际上的相关规定,介绍并评析当前几种主要的软件知识产权保护模式,并进一步阐释计算机软件的保护机制。

11.1.1 计算机软件概述

软件一词于 20 世纪 60 年代初从国外传来,英文 software 目前公认的解释认为软件是计算机系统中与硬件相互依存的另一部分,它是包括程序、数据及其相关文档的完整集合。其中,程序是按事先设计的功能和性能要求执行的指令序列;数据是使程序能正常操纵信息的数据结构;文档是与程序开发、维护和使用有关的图文材料。在通常的论述中,计算机软件一词经常与计算机程序混用。但是,根据世界知识产权组织(WIPO)1978 年公布的《计算机软件保护标准条款》中对计算机软件的定义,计算机软件包括:① 计算机程序:包括附着于任何媒介上的原始码、目的码、微码等以任何语言、文字或符号所完成之计算机程序;② 程序描述:包括资料结构、演绎法则、流程图;③ 辅助资料:包括程序规格书、操作手册、使用手册。在我国,计算机软件是指计算机程序及其有关文档。计算机程序,是指为了得到某种结果而可以由计算机等具有信息处理能力的装置执行的代码化指令序列,或者可以被自动转换成代码化指令序列的符号化指令序列或者符号化语句序列。同一计算机程序的源程序和目标程序为同一作品。文档,是指用来描述程序的内容、组成、设计、功能、规格、开发情况、测试结果及使用方法的文字资料和图表等,如程序设计说明书、流程图、用户手册等。因此,计算机软件包含了计算机程序并且不局限于计算机程序,还包括与之相关的程序描述和辅助资料。笔者认为,从某种角度上讲,区分两者的意义不大,甚至在普通公众将两者视为同一的情况下,区分两者可能带来更大的困惑和不便,因此本文将计算机软件和计算机程序作为同一概念加以论述。

计算机软件具有以下特点。

(1) 软件是一种逻辑实体,不是具体的物理实体,具有抽象性,与计算机硬件和其他工程对象有着明显的差别。人们可以把它记录在纸面上,保存在计算机的存储器内部,也可以保存在磁盘、磁带和光盘上,但却无法看到软件本身的形态,而必须通过观察、分析、思考、判断去了解其功能、性能和其他特性。

(2) 软件的生产与硬件不同,在其开发过程中没有明显的制造过程,也不像硬件那样,一旦研制成功,可以重复制造,在制造过程中进行质量控制。软件是通过人的智力活动,把知识与技术转化成信息产品。一旦某一软件项目研制成功,即可大量复制,所以对软件的质量控制,必须着重在软件开发方面下工夫。也正是由于软件的复制非常容易,因此出现了对软件产品的保护问题。

(3) 在软件的运行和使用期间,不会出现硬件的机械磨损、老化问题。任何机械、电子设备在使用过程中,其失效率大都遵循“浴盆曲线”。在刚投入使用时,各部件尚未做到配合良好、运转灵活,容易出现问题,经过一段时间的运行,即可稳定下来。而当设备经历了相当长的时间运转,就会出现磨损、老化,使失效率越来越大,当达到一定程度时,就达到了寿命的终点。而软件不存在磨损和老化问题,只存在退化问题。在软件的生命周期中,为了使它能够克服以前没有发现问题使它能够适应硬件、软件环境的变化以及用户的新的要求,必须多次修改(维护)软件,而每次修改又不可避免地引入新的错误,导致软件失效率升高,从而使软件退化。

(4)软件的开发和运行常常受到计算机系统的限制,对计算机系统有着不同程度的依赖性。软件不能完全摆脱硬件而单独活动。有些软件依赖性大,常常为某个型号的计算机所专用,有些软件依赖于某个操作系统。

(5)软件的开发至今尚未摆脱手工艺的开发方式。软件产品大多是“定制”的,很少能做到利用现成的部件组装所需的软件。近年来,软件技术虽然取得了很大进展,提出很多新的开发方法,例如利用现成软件的复用技术、自动生成系统研制了一些有效的软件开发工具和软件开发环境,但在软件项目中采用的比率仍然很低。由于传统的手工艺开发方式仍然占统治地位,软件开发的效率自然受到很大限制。

(6)软件本身是非常复杂的。软件的复杂性可能来自它所反映的实际问题的复杂性,例如,它所反映的自然规律,或是人类社会的事物,都具有一定的复杂性;另一方面,也可能来自程序逻辑结构的复杂性。软件开发,特别是应用软件的开发常常涉及其他领域的专门知识,这对软件开发人员提出了很高的要求。软件的复杂性与软件技术的发展不相适应的状况越来越明显。

(7)软件的开发成本相当昂贵。软件的研制工作需要投入大量的、复杂的、高强度的脑力劳动,因此其成本比较高,美国每年投入软件开发的费用高达几百亿美元。

(8)相当多的软件工作涉及社会因素。许多软件的开发和运行涉及机构、体制及管理方式等问题,甚至涉及人的观念和心理。计算机软件按功能区分,包括系统软件和应用软件两大类。

系统软件的功能在于提供人与计算机的沟通桥梁,将使用者的命令转换成计算机的可执行程序,驱使计算机执行工作,之后把结果输出给使用者,系统软件主要包括作业系统、翻译程序、连接程序、载入程序、公用程序、程序语言、资料库管理系统及监督程序。

应用软件主要用于解决某些特定问题,种类和用途繁多。

11.1.2 计算机软件的版权保护

由版权法保护计算机软件是目前国际上主要采用的方式。1964 年,美国版权局正式接受计算机软件的版权登记,并提出三个条件:第一,有关的计算机程序必须具备足够的独创性;第二,程序出版时必须载有版权声明;第三,如果有关程序是以单一的机器可读形式出版的,请求出版登记者必须交存一份"自然人"可以阅读的程序复件。但是此时美国的版权法并没有作出相应的反应。1972 年 11 月,菲律宾率先在其版权法(著作权法)中确认计算机程序是其保护对象,成为世界上第一个以版权法保护计算机程序的国家。1980 年,美国国会通过"96-517 号公法",修订 1976 年著作权法第 101 条和第 117 条,正式将计算机软件纳入著作权法的保护范围。随后,许多国家都加强了计算机程序版权保护问题的研究和立法、司法活动。在此期间,美国采用大规模的外交、经济、法律等多种途径,推动全球的计算机软件的立法走向版权法保护的轨道。目前世界上已有 40 多个国家和地区采用版权法保护计算机软件。根据各国不同情况可以分为三种类型:一是对版权法进行修订,以明确规定计算机程序是版权法的保护对象,如英国、法国、加拿大等;二是在版权法范围内,单独颁布一项法规,实施对软件版权的保护,如韩国、巴西;三是通过判例、命令等方式确认计算机程序受版权法保护,如阿根廷、泰国和土耳其等近 20 个国家。之所以目前大多数国家对计算机软件加以版权法保护,其理由在于:一是计算机软件具有创造性和可复制性特征,与版权法的保护客体具有相似之处,而且,对计算机的侵权行为主要表现为复制、演绎以及对非法复制品的销售(传播)行为,这些行为也正是为大多数国家版权法所禁止;二是版权法实行自动保护原则,计算机软件一旦开发完成,相关权利人即可享有版权保护,便于软件权利人版权的取得与维护,手续简便,费用低廉,有利于先进技术的推广;三是版权仅保护作品的表现形式,而不保护其思想,便于其他软件开发者利用、借鉴已获版权保护的软件作品去开发、创作新的软件,以推动技术的不断进步;四是从国际保护来看,由于美国的推动,世界上已有的计算机软件知识产权保护公约如《与贸易有关的知识产权协议》(TRIPS 协议)和《世界知识产权组织版权公约》均把计算机程序纳入了版权法的保护体系,逐渐形成了以版权法为软件保护模式的潮流。我国《著作权法》和《计算机软件保护条例》也把计算机软件纳入版权法保护体系。

但是,对于计算机软件采用版权保护方式并非十全十美,以版权法保护计算机软件有其自身的缺陷:一是传统版权法只保护作品的表现形式,而不保护思想本身。TRIPS 协议第 9 条第 2 款规定:版权保护应延及表达,而不延及思想、工艺、操作方法或数学概念本身。与传统作品不同,计算机软件中的构思技巧和技术方案恰是软件作品中最具有价值的部分,是程序作品的精华所在,专业人士只要掌握这种构思,即可开发出大同小异的软件,版权保护不能解决采用不同表达方式抄袭同一程序方案的问题,因此,版权法对计算机软件的保护显然不够充分。另外,软件作品的思想与表达之间的界限往往难以区分,因为将流程图代码化的工作对于专业人士来说是一件非常简单的事情。二是版权法并不禁止他人使用作品,而软件的价值正是终于使用,这是由其功能性和技术性所决定的。计算机软件的目的是解决特定问题,同硬件相结合以获得某种经过和实现某种功能,而并非为了满足人们的精神享受。因此从某种意义上说,传统版权法的保护范围对于软件权利人来说显得过于狭窄,使得本应由软件权利人享有的专用权出现了大量空白。三是版权法对作品的保护期一般是作者有生之年加去世后 50 年。对软件作品来说,生命周期都较短。软件的实用性推动着软件开发者不断推出新的软件,计算机软件更新换代的速度不断加快,对软件作品加以 50 年的保护期是没有必要的,反而不利于软件产业技术水平的提高。因此,寻求计算机软件其他保护方式越来越受到人们的重视。

11.1.3　计算机软件的专利权保护

对于软件是否使用专利保护,争议很大,目前国际上只有少数国家肯定了对软件的专利权保护,并在具体适用中做了较为严格的规定。由于计算机软件版权保护的局限性,随着计算机应用的普及和软件对人类生产生活及经营活动的影响,计算机软件的专利权保护被重新提出并越来越受到重视。

众所周知,计算机网络发端于美国,在知识产权保护领域,美国的研究水平和保护是首屈一指的。同样,在对计算机软件的专利权保护方面,美国也走在了世界的前列。

1981 年,美国联邦最高法院在 Diamond v. Diehr 案中第一次向软件专利打开了大门,成为美国计算机软件专利史上的一个重要里程碑。该案的基本案情是 Diehr 的专利为处理橡胶于模具当中最佳硫化的时间,其利用由模具内部所量取的实际温度,自动输入一台利用 Arrhenius 方程式不断重新计算橡胶硫化时间的计算机内。当利用方程式所计算的时间与实际花费的时间相等时,便可以自动打开压模机。1976 年,专利局认为其专利请求书中新颖的部分是利用计算机软件控制而进行的步骤,认定其不属于法定标的物,而其余部分皆为常规的和该工序所必不可少的。1979 年,关税与专利上诉法院推翻了专利局的决定,认为此专利利用计算机软件完成先前须以人工方式完成的步骤,是方法上的改进,属于可专利标的。即一项发明是否可获得专利,关键不在于它是否涉及计算机的使用,只要专利申请的内容符合专利法的规定,即使该发明在实施过程中涉及了计算机,也应能够获得专利。该项申请的专利要求并没有导致数学算法或改进的计算方法,而是一种通过解决橡胶产品压模中产生的实际问题,进行橡胶产品压模的改进工序,可以授予专利。1980 年,专利局要求最高法院复审,最高法院支持了关税与专利上诉法院的判决,决定授予该项发明专利权。在判决书中,法院首先承认了专利保护的对象不及于自然法则、自然现象和抽象观念,并总结道:某属于法定主题的权利要求并不会仅仅因为它利用了数学公式、计算机程序或数字计算机而变得不属于法定主题。1971 年起草的《欧洲专利公约》第 52 条第 2 款明文排除了计算机软件的可专利性,被认为是第一个将计算机程序本身排除在发明之外的国际公约。欧洲专利局 1978 年的专利审查基准也表示,一项发明对既有技术的贡献若仅表现在计算机程序,则应驳回其专利申请,而不论其专利请求范围如何表现此项发明。根据该审查基准,载体上的计算机程序本身不具备可专利性。这种限制使得软件产业在欧洲无法获得对抗竞争者商业活动所需要的最大保护而广受各界批评。然而在事实上,该局至 2000 年初为止核发软件相关之发明专利已有 15000 件,其专利种类繁多,涉及专家系统、神经网络、商业及生产管理系统、计算机辅助设计、制造系统、计算机绘图、应用程序、自然语言处理、最佳化软件、科学分析、仿真、语音辨识、语言组合、电子表格、教学系统及文字处理软件等。与此同时与,欧洲一些国家如德国虽在专利法中遵循《欧洲专利公约》的上述规定,但德国最高法院却一再表示计算机程序与专利之技术思想并非对立、互斥之概念,一项发明是否具有可专利性与其是否被定性或称为或包含计算机程序无关。依据这类判决,计算机程序可分为技术性与非技术性两大类。前者与技术工具及技术处理过程结合,自然属于技术领域而具备可专利性;反之,后者只有在"为数据处理设备提供新颖的建构方式,或该设备可从中得出以往既非常见亦非显而易见之新的使用方式时",才具有可专利性,范围很小。德国联邦法院在司法判决中明显放宽承认计算机程序具备技术性质之情形,使得直接涉及计算机本身功能并且使得计算机之组件得以共同作用者亦具备技术性与可专利性。

2000 年 10 月 30 日欧洲专利立法机构(即行政理事会)关于欧洲专利公约修正草案的决议已经决定删除将计算机程序本身排除在专利对象之外的规定。从发展趋势上看,计算机软件尤其是其中的程序部分与专利法的关系可能回越来越密切。一台计算机如果没有程序,只是一堆硬件的堆砌,不能实现任何技术功能。只有在其中安装了系统程序后,计算机才可能在系统程序的指挥下实现其最为基本的功能。根据特定的需求编制专门的软件,安装在计算机中便可使计算机具备所需要的特定功能。当第一次将某种硬件与程序组合在一起构成一台具有某种新功能如运算、控制等功能的机器,这台机器应当可以获得专利。现在,美国专利局、欧洲专利局和日本特许厅都已经修改了专利审查指南,为涉及计算机软件的专利申请的权利要求开发了绿灯。在我国,关于计算机软件的专利保护在专利法和专利法实施细则中并没有明确的规定,而是体现在国家知识产权局发布的《专利审查指南》之中。根据 2001 年国家知识产权局《专利审查指南》,凡是为了解决技术问题,利用技术手段,并可以获得技术效果的涉及计算机程序的发明专利申请属于客人给予专利保护的客体。因此,涉及计算机程序的用于工业过程控制或用于测量或测试过程控制的或用于外部数据处理的发明创造主题,以及涉及计算机内部运行性能改善的发明创造主题属于可给予专利保护的对象。

以专利法保护计算机软件,优势在于:一是当一项计算机软件发明取得专利权后,专利权人在一定的时间、地域内就拥有了对该项软件发明的专有权,从而使得发明人在控制市场占有及后续产品的开发上具有更多优势,而且还有利于打破大公司的技术垄断;二是专利权的取得,以公开技术方案为前提,计算机软件源代码的公开,能够有效避免公众对对已有软件的重复开发,也在一定程度上控制公司垄断技术;三是专利权的保护期较短,对于软件的保护较之版权法,更具有合理性;四是专利法较之版权法,有一套完善的鼓励发明发明创造的机制,有利于软件技术的创新;五是计算机软件的核心在于程序,而不在于相关文档,对程序的保护更接近对技术方案的保护,而不像版权法仅仅拔海程序的表达方式。但是用专利法保护计算机软件也有其不足之处:一是对计算机软件发明专利的审查周期长,而软件的生命周期一般较短;二是各国专利法对专利的审查规定了严格的实质要件、审查标准和流程,因此要获得专利权较之获得版权要困难得多;三是高昂的专利维持费,增加了软件的保护成本。

11.1.4 计算机软件的商业秘密保护

基于软件的版权和专利权保护都不能令人满意,软件权利人自然想到了用其他法律手段来满足自己的合理要求,通过商业秘密保护就是其中之一。

虽然目前国际上对商业秘密一词尚未作出统一定义,但很多国家的法律和国家公约明确规定了计算机软件属于商业秘密范畴。我国最高人民检察院、国家科学技术委员会 1994年联合发布的《关于办理科技活动中经济犯罪案件的意见》将技术秘密解释为不为公众所知悉,具有实用性、能为拥有者带来经济利益或竞争优势,并为拥有者采取保密措施的技术信息、计算机软件和其他非专利技术成果。各国法律并未对运用商业秘密保护计算机软件设置障碍,重要计算机软件符合商业秘密的构成要件即可作为商业秘密受到法律保护。

根据我国《计算机软件保护条例》,作为商业秘密保护的计算机软件的范围包括保密的源程序;虽公开销售,但并未或不容易被反向工程破解的目标程序;未完成的程序;保密的计算机文档如安装手册、操作指南、维护检验手册等;计算机程序的结构、顺序和组织。

用商业秘密保护计算机软件,优势在于:首先作为商业秘密的软件既可保护表达,也可保护思想,任何采取不正当手段或违约获取和使用信息的行为都在禁止之列;二是计算机软件的商业秘密保护突出了软件作为一种智力成果受法律保护的属性;三是以商业秘密保护软件不必经过审批程序,更不需要公开计算机软件的核心内容;四是计算机软件权利人对其未发表而被他人窃取的资料数据或流程图可以主张商业秘密权;五是通过商业秘密保护可以限制员工跳槽后利用原单位获取的信息开发出与原单位功能相同或相似的计算机软件。缺点在于它需要花费大量的成本和严密的措施防止泄密,而且不能阻止第三人通过自行开发、反向工程产生同样功能的软件。

11.1.5 计算机软件的商标专用权保护

计算机软件作为知识产品,是一种特殊的商品,理应获得商标专用权的保护。但是目前,软件开发者大多忽视计算机软件的商标保护。

根据传统商标法理论,当一项软件获得商标权后,商标权利人可以禁止他人基于商业目的未经授权许可擅自使用其商标,或将商标权利人的商标主要部分用作自己的商标并用于和商标权利人生产或经营的商品相同或类似的商品上,混淆消费者的认识。

11.1.6 计算机软件的组合保护

当前计算机软件保护面临的形势严峻,用任何一种现有体系保护计算机软件都有些力不从心。采取对计算机软件专门立法的方式进行保护是合理的,也是比较可行的。我国目前以行政法规附属于著作权法的方式进行保护,具有很大局限性,应当由全国人大常委会制定的《计算机软件保护法》进行保护,理由在于:一是计算机软件保护客体的特殊性决定了其不宜纳入任何现有的法律体系;二是计算机软件知识产权有其自身特点;三是用专门立法保护计算机软件符合我国国情；四是用专门立法保护有利于软件产业的发展，且不会破坏我国现有法律体系。

11.2 软件保护原理与技术

从理论上说，几乎没有破解不了的软件。但是，如果一种保护技术的安全强度达到了让破解者付出比购买软件还要高的成本，这种保护技术就是成功的，值得使用。同时对软件的保护仅仅靠技术是不够的，也要靠国家法制的完善、人们对知识产权保护意识的提高。

从技术上说，软件保护一般分为软加密和硬加密两种。软加密一般采用与计算机硬件特征绑定的电子许可证形式。硬加密主要是指加密狗或加密锁。

常用软件保护技术有以下几种类型。

1）序列号保护机制

当用户从网络上下载某个共享软件后，一般都有使用时间上的限制，当过了共享软件的试用期后，用户必须注册后方能继续使用。注册过程一般是用户把自己的信息告诉给软件公司，软件公司会根据用户的信息计算出一个序列码，在用户得到这个序列码后，按照注册需要的步骤在软件中输入注册信息和注册码，其注册信息的合法性由软件验证通过后，软件就会取消掉本身的各种限制，这种加密实现起来比较简单，用户购买也非常方便，互联网上的软件大部分都是以这种方式来保护的。

软件验证序列号的合法性过程，其实就是验证用户名和序列号之间的换算关系是否正确的过程。其验证最基本的有两种，一种是按用户输入的姓名来生成注册码，再同用户输入的注册码比较，用公式表示如下：

$$序列号＝F(用户名) \tag{11-1}$$

但这种方法等于在用户软件中再现了软件公司生成注册码的过程，实际上是非常不安全的，不论其换算过程多么复杂，解密者只需把你的换算过程从程序中提取出来就可以编制一个通用的注册程序。

另外一种是通过注册码来验证用户名的正确性，用公式表示如下：

$$用户名称＝F 逆(序列号)(如 ACDSEE) \tag{11-2}$$

这其实是软件公司注册码计算过程的反算法，如果正向算法与反向算法不是对称算法的话，对于解密者来说，的确有些困难，但这种算法相当不好设计。

于是有人考虑到以下的算法：

$$F1(用户名称)＝F2(序列号) \tag{11-3}$$

F1、F2 是两种完全不同的算法，但用户名通过 F1 算法计算出的特征字等于序列号通过 F2 算法计算出的特征字，这种算法在设计上比较简单，保密性相对以上两种算法也要好得多。如果能够把 F1、F2 算法设计成不可逆算法，则保密性相当好；可一旦解密者找到其中之一的反算法，这种算法就不安全了。一元算法的设计看来再如何努力也很难有太大的突破，那么二元呢？

$$特定值＝F(用户名,序列号) \tag{11-4}$$

这种算法使得用户名与序列号之间的关系不再那么清晰了，但同时也失去了用户名与序列号的一一对应关系,软件开发者必须自己维护用户名与序列号之间的唯一性,比如建立用户数据库。当然也可以把用户名和序列号分为几个部分来构造多元的算法。

$$特定值＝F(用户名 1,用户名 2,\cdots,序列号 1,序列号 2,\cdots) \quad (11\text{-}5)$$

软件验证序列号的合法性过程就是验证用户名和序列号之间的换算关系,即数学映射关系是否正确的过程。

(1) 以用户名生成序列号,

$$序列号＝F(用户名)$$

(2) 通过注册码来验证用户名的正确性,

$$序列号＝F(用户名)$$

$$用户名＝F(序列号-1)$$

(3) 通过对等函数检查注册码,

$$F1(用户名)＝F2(序列号)$$

(4) 同时采用用户名和序列号作为自变量,

$$特征值＝F(用户名,序列号)$$

$$特征值＝F(用户名 1,用户名 2,\cdots,序列号 1,序列号 2,\cdots)$$

映射关系越复杂,越不容易破解。

2) 警告窗口

警告窗口是软件设计者用来不断提醒用户购买正式版本的窗口。

去除警告窗口最常用的方法是利用资源修改工具来修改程序的资源,将可执行文件中的警告窗口的属性改成透明、不可见,这样就可以变相去除警告窗口了。

若要完全去除警告窗口,只要找到创建此窗口的代码,并跳过该代码的执行。

3) 时间限制

时间限制程序有两类:一类是对每次运行程序的时间进行限制;另一类是每次运行时间不限,但是有时间段限制。

若使程序运行 10 min 或 20 min 后就停止执行,则必须重新启动该程序才能正常工作。

要实现时间限制,应用程序中必须有计时器来统计程序运行的时间,在 Windows 下使用计时器有 SetTimer()、TimeSetEvent()、GetTickCount()、TimeGetTime()。

4) 时间段限制

这类保护的软件一般都有时间段的限制,如试用 30 天等。安装软件的时候,或在程序第一次运行时获得系统日期,并且将其记录在系统中的某个地方。这个时间称为软件的安装日期。

程序在每次运行的时候首先读取当前系统日期,并将其与记录下来的安装日期进行比较,当其差值超出允许的天数(比如 30 天)时就停止运行。

为了增加解密难度,软件最少要保存两个时间值:一个就是上面所说的安装时间;另外一个时间值就是软件最近一次使用的日期。

5) 注册保护

注册文件(Key File)是一种利用文件来注册软件的保护方式。注册文件的内容是一些加密过或未加密过的数据,其中可能有用户名、注册码等信息。

当用户向软件作者付费注册之后,会收到注册文件,用户只要将该文件存入到指定的目录中,就可以让软件成为正式版。

为增加破解难度,可以在注册文件中加入一些垃圾信息;对于注册文件的合法性检查可分散在软件的不同模块中进行判断;对注册文件内的数据处理也应尽可能采用复杂的算法。

6)功能限制

这类程序一般是演示版,一般分为两种。

(1)试用版和正式版的软件完全分开的两个版本,正式版只有向软件作者购买。

(2)试用版和注册版为同一个文件,一旦注册之后,用户就可以使用全部功能。

7)光盘软件保护

为了有效地防止光盘盗版,从技术上要解决以下问题。

(1)要防止光盘之间的拷贝;

(2)要防止破解和跟踪加密光盘;

(3)要防止光盘与硬盘的拷贝。

目前防止光盘盗版技术有以下几种。

(1)特征码技术。

特征码技术是通过识别光盘上的特征码,如 SID(Source Identification Code)来区分是正版光盘还是盗版光盘。该特征码是在光盘压制生产时自然产生的,而不同的母盘压制出的特征码不一样。光盘上的软件运行时必须先使用该特征码,而这种特征码在盗版者翻制光盘过程中是无法提取和复制的。

(2)非正常导入区。

光盘的导入区(Track On CD)是用来记录有关光盘类型等信息,是由光盘自动产生的,但光盘无法复制非正常的导入区。因此,在导入区内添加重要数据以供读盘使用,能有效地防止光盘之间的非法复制。

(3)非正常扇区。

对于一般的应用软件来说,在读取光盘非正常扇区数据的时候,ECC 纠错会出现错误,无法读出非正常扇区的数据。但可以通过特定的方法在光盘上制造一个特殊的扇区,并在光盘上编写一个程序专门读取该扇区的数据。

如果在非正常扇区当中添加有用的数据,如应用程序的一部分或者是加密、解密的密钥。这样对于盗版者来说,在使用一般软件读该扇区时,则会造成数据读出错误。同时,如果把光盘上的数据读到硬盘之后,由于密钥等在正版光盘上,通过硬盘数据来制作盗版光盘时,程序也是无法执行的。

(4)修改文档结构。

光盘的文档结构是遵循 ISO 9660 标准所制定的,在 ISO 9660 格式中包括有一种称为 Directory Record 记录组,记录了文件的或文件夹的名称、属性、长度、生产日期、时间等信息,若是直接修改 Directory Record 记录组表达的内容,就能骗过 Windows 等操作系统,制作出隐藏文件夹和超大文件等。

（5）使用光盘保护软件。

还可以使用一些商业光盘保护软件，通过保护软件能对光盘的多种镜像文件系统进行可视化修改，将光盘镜像文件中的目录和文件进行特别隐藏，将普通文件变为超大文件，将普通目录变为文件目录等。

8）软件狗

软件狗又称加密锁、加密狗等，是一个可安装在计算机并口、串口或 USB 接口上的硬件小插件。同时有一套适用于各种语言的接口软件和工具软件。

当被软件狗保护的应用软件运行时，程序向插在计算机上的软件狗发出查询命令，软件狗迅速计算查询并给出响应。如果响应正确，软件将继续运行，否则程序将停止工作。

软件狗技术属于硬加密技术，其中一般都有几十或几百字节的非易失性存储空间可供读/写，现在较新的软件狗内部还包含了单片机。单片机里包含有专用于加密算法软件，该软件写入单片机后就不能再被读出。这样，就保证了软件狗具有硬件不可被复制、加密强度大、可靠性高等特点，软件狗广泛应用于计算机商业软件保护。

从结构上来说，使用软件狗进行加密的软件分为以下几个部分。

（1）软件狗的驱动程序部分；

（2）负责与驱动程序进行通信的具体语言模块；

（3）客户软件部分。

为了提高软件狗的安全性，现在软件狗采用了一些防破译技术。如：

（1）随机噪声技术是针对监视通信口工具设计的。如果试图截听通信口与软件狗的交互数据流，将会发现那里面夹杂了大量的无用随机数据，让解密者难辨真假。而应用软件和狗之间却可以按照通信协议正常通话。也可以采用不对称加密算法，解决通信监听破解的难题，传统的对称算法加密，黑客只要从内存中获得其加密密钥，就可以破解整个通信过程。

（2）时间闸技术是监视程序的运行时间。如果有人想把程序停下来进行分析，软件将被时间闸切断运行或者自毁应用程序，使破解者付出沉重代价。

（3）迷宫技术是在程序的入口和出口间插入了大量的跳转来迷惑破解者，使他们很难分析出程序逻辑。

（4）将应用程序的一部分写到软件狗中，如果不使用软件狗，应用程序是不完整的，也就无法执行了。

9）反跟踪技术

反跟踪技术是防止破解者通过直接"跟踪"软件的执行过程，如动态调试、静态反汇编等，来获取重要信息和加密方法。一款加密软件的安全性好坏很大程度上取决于软件的反跟踪能力。

下面介绍了一些反跟踪技术的基本方法。

（1）当应用程序启动时，先判断内存中是否有调试程序，若发现有调试程序存在，程序将拒绝运行等。

（2）对重要的程序段应是不可修改的。

（3）综合多种软件加密方法，交叉使用不同的加密技术。

(4) 设置跟踪障碍,提高破解难度。

(5) 一旦发现跟踪行为,就可以采取自毁行为,这将大大增加破解者的成本。

(6) 当应用程序执行到重要程序段之前,可以采用封锁键盘输入,封锁显示器和打印机输出。待重要程序段任务完成后再解除键盘、显示器和打印机封锁。

(7) 为防止破解者通过修改堆栈指针的值来达到跟踪目的,可将堆栈指针设在特定的区域,使堆栈指针指向无意义的操作。

(8) 加密程序最好以分段的密文形式装入内存,执行完一段程序后,再解密和执行下一段程序,同时在内存中删除上一段程序。

10) 网络软件保护

(1) 在线方式的软件保护原理。

传统的软件保护产品主要通过应用程序与本地计算机上的加密锁或许可证文件进行验证的方式,这种方式的缺点是需要安装客户端硬件、驱动或者是本地许可证,而且在软件开发商与应用程序之间没有联系,因此后期的许可升级比较麻烦。此外,无论是客户端的加密锁硬件还是许可证文件,都较容易被破解者分析、破解。对于加密锁来说,目前硬件复制的破解方式也非常多。

随着互联网的发展,一种新的、基于互联网服务器认证的软件保护方式油然兴起。这种在线方式(On-line Protection)的软件保护是以新兴的互联网技术为基础,以互联网服务器来替代传统的加密锁硬件。

应用程序通过开发商发放的授权码与网络认证服务器建立连接,并调用服务器上的Web Service 接口完成软件保护工作。因为这种客户端/服务器模式之前采用了高强度的类似 TSL 的通信加密技术,而且服务器远离软件用户,因此它的软件保护强度可以非常高。除此之外,在线方式的软件保护不需要在客户端安装众多的模块,因此安装、部署、维护都非常简单。最重要的是,高性能的服务器可以提供除了软件保护之外的其他众多接口,如数据存储、远程通信等,其应用范围已经大大超出了传统软件保护的范围。

在线方式的客户端通过与服务器的实时连接,为开发商收集软件用户使用状态、统计软件使用情况、快速升级与服务提供了可能。

(2) 网络加密产品的原理和使用。

首先要在网络上启动一个网络加密狗(或加密卡)的加密服务程序,将使得网络上所有合法用户可以访问到网络狗。当用户在客户端运行加密后的软件时,客户端会向网络中寻找提供加密服务的网络狗。当网络狗存在并且返回正确检测信息后,用户被认为是合法的,网络软件就可以正常使用了。

11) 补丁技术

补丁技术主要是针对已发布的软件漏洞和软件功能更新所采取的软件更新技术,也是一种软件保护方式。补丁技术主要有文件补丁和内存补丁两种。

(1) 文件补丁,直接修改文件本身某些数据或代码,主要针对没有被加密、加壳和 CRC 校验的目标程序。

(2) 内存补丁,主要针对被加密、加壳、CRC 校验的程序,内存补丁的总体思想就是在目标程序解密、解压、校验等情况发生以后,在目标程序的地址空间中修改数据。

11.3　软件破解原理与技术

11.3.1　软件加壳与脱壳

1) 软件加壳

加壳,就是用专门的工具或方法,在应用程序中加入一段如同保护层的代码,使原程序代码失去本来的面目,从而防止程序被非法修改和编译。

用户在执行被加壳的程序时,实际上是先执行"外壳"程序,而由这个"外壳"程序负责把原程序在内存中解开,并把控制权交还给解开后的原程序。

加壳软件按照其加壳的目的和作用,可分为两类。

(1) 保护程序。这是给程序加壳的主要目的,就是通过给程序加上保护层的代码,使原程序代码失去本来的面目。它的主要目的在于反跟踪,保护代码和数据,保护程序数据的完整性,防止程序被调试、脱壳等。

(2) 压缩程序。这是加壳程序的附加功能。压缩后原程序文件代码也失去了本来的面目,可以保护软件。

壳的一般加载过程如下:

(1) 获取壳自己所需要的 API 地址;

(2) 加密原程序的各个区块的数据;

(3) 重定位;

(4) HOOK-API;

(5) 跳转到程序原入口点。

2) 软件脱壳

对一个加了壳的程序,就要去除其中的无关干扰信息和保护限制,把它的壳脱去,解除伪装,还原软件的本来面目,这一过程就称为脱壳。

对软件进行脱壳时,可以使用脱壳软件,也可手动脱壳。手动脱壳前,需要熟悉 Win32下的可执行文件标准格式,可以使用一些辅助工具。手动脱壳主要步骤有查找程序入口点,获取内存映像文件,重建输入表等。

壳的加载过程如下文所述。加壳过的.exe 文件是可执行文件,它可以同正常的.exe 文件一样执行。用户执行的实际上是外壳程序,这个外壳程序负责把用户原来的程序在内存中解压缩,并把控制权交还给解开后的真正程序,这一切工作都是在内存中运行的,整个过程对用户是透明的。

(1) 获取壳自己所需要使用的 API 地址。

如果用 PE 编辑工具查看加壳后的文件,会发现未加壳的文件和加壳后的文件的输入表不一样,加壳后的输入表一般所引入的 DLL 和 API 函数很少,甚至只有 Kernel32. dll 以及 GetProc Address 这个 API 函数。壳实际上还需要其他的 API 函数来完成它的工作,为了隐藏这些 API,它一般只在壳的代码中用显式链接方式动态加载这些 API 函数。

（2）解密原程序的各个区块的数据。

出于保护原程序代码和数据的目的,壳一般都会加密原程序文件的各个区块。在程序执行时外壳会对这些区块数据解密,以让程序能正常运行。壳一般按区块加密的,那么在解密时也按区块解密,并且把解密的区块数据按照区块的定义放在合适的内存位置。如果加壳时用到了压缩技术,那么在解密之前还有一道工序,当然是解压缩。

（3）重定位。

文件执行时将被映像到指定内存地址中,这个初始内存地址称为基地址（Image Base）。例如,某.exe 文件的基地址为 0x400000,而运行时 Windows 系统提供给程序的基地址也同样是 0x400000。在这种情况下就不需要进行地址"重定位"了。由于不需要对.exe 文件进行"重定位",所以加壳软件把原程序文件中用于保存重定位信息的区块干脆也删除了,这样使得加壳后的文件更加小巧。不过对于 DLL 的动态链接库文件来说,Windows 系统没有办法保证每一次 DLL 运行时提供相同的基地址。这样"重定位"就很重要了,此时壳中也需要提供进行"重定位"的代码,否则原程序中的代码是无法正常运行起来的。

（4）HOOK-API。

程序文件中的输入表的作用是让 Windows 系统在程序运行时提供 API 的实际地址给程序使用。在程序的第一行代码执行之前,Windows 系统就完成了这个工作。

壳一般都修改了原程序文件的输入表,然后自己模仿 Windows 系统的工作来填充输入表中相关的数据。在填充过程中,外壳就可填充 HOOK-API 的代码的地址,这样就可间接地获得程序的控制权。

（5）跳转到程序原入口点（OEP）。

一般的压缩壳,都有专用的脱壳机。而加密壳一般很少有脱壳机,必须手动脱壳。

手动脱壳一般分三步:一是查找程序的真正入口点（Original Entry Point,OEP）;二是抓取内存映像文件;三是输入表重建。外壳初始化的现场环境（各寄存器值）与原程序的现场环境是相同的。加壳程序初始化时保存各寄存器的值,外壳执行完毕,会恢复各寄存器的内容。

11.3.2　静态分析和动态分析

1）静态分析

静态分析是从反汇编出来的程序清单上分析程序流程,从提示信息入手,了解软件中各模块的功能,各模块之间的关系及编程思路,从而根据自己的需要完善、修改程序的功能。

对于破解者来说,通过对程序的静态分析,了解软件保护的方法,也是软件破解的一种必要的手段。

对软件进行静态分析时首先要了解和分析程序的类型,了解程序是用什么语言编写的,或用什么编译器编译的,程序是否有加壳保护。针对现在流行的可执行程序进行反编译,即把可执行的文件反编译成汇编语言,以便于分析程序的结构和流程。

对于已打包后的.exe、.dll 和.ocx 等文件,可以通过资源修改工具 Resource Hacker、eXeScope和 ResScope 等修改其资源。

一般资源修改工具具有如下功能。

（1）在已编译和反编译的格式下都可以查看 Win32 可执行文件和相关文件的资源。

（2）提取和保存资源到文件（.res 格式），生成二进制文件或反编译资源脚本或图像。

（3）修改和替换可执行文件的资源。

（4）添加新的资源到可执行文件。

（5）删除资源。

用静态分析法可以了解编写程序的思路，但是有时并不可能真正地了解软件编写的整个细节和执行过程，在对软件静态分析无效的情况下就可以对程序进行动态分析了。

2）动态分析

动态分析就是通过调试程序、设置断点、控制被调试程序的执行过程来发现问题。如根据两个数据运算结果确定程序跳转，静态分析就不行了。

对软件动态跟踪分析时可以分两步进行。

（1）对软件进行简要跟踪。主要根据程序的顺序执行结果分析该段程序的功能，找到所要关心的模块或程序段。

（2）对关键部分进行详细跟踪。在获取软件中关键模块后，这样就可以针对性地对该模块进行具体而详细的跟踪分析。要把比较关键的中间结果或指令地址记录下来，直到读懂该程序为止。

动态分析技术使用的调试器可分为用户模式和内核模式两种类型。

用户模式调试器工作在 Win32 的保护机制 Ring3 级（用户级）上，如 Visual C++ 等编译器自带的调试器就是用户级的。

内核模式调试器是指能调试操作系统内核的调试器，它们处于 CPU 和操作系统之间，工作在 Win32 的保护机制 Ring 0 级（特权级）上。

习　题　11

1. 如何更好地开展软件保护工作？

2. 中国盗版光盘泛滥，如何有效地保护光盘软件？

3. 如何对一个加了壳的软件进行脱壳处理？

附录 A 实　验

实验一　用单台计算机虚拟一个局域网

一、实验目的

在一台计算机上模拟出一个包含 2 台或者 2 台以上计算机的局域网网络环境。

二、实验环境

(1)接入 Internet 的计算机一台,有网卡、4G 以上内存、40G 以上的空余硬盘空间。
(2)VMware 5.5 以上版本的虚拟机软件。

三、实验内容

既然是学习网络,只有一台计算机是远远不够的,可不管是学校机房,还是网吧或者家庭用户,往往都是单人单机,这样的环境可以抽象成图 A-1 所示的网络环境。

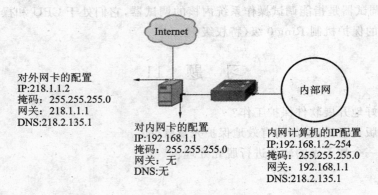

对外网卡的配置
IP:218.1.1.2
掩码: 255.255.255.0
网关: 218.1.1.1
DNS:218.2.135.1

对内网卡的配置
IP:192.168.1.1
掩码: 255.255.255.0
网关：无
DNS:无

内网计算机的IP配置
IP:192.168.1.2~254
掩码: 255.255.255.0
网关: 192.168.1.1
DNS:218.2.135.1

图 A-1　机房的真实网络拓扑

在图 A-1 所示的拓扑中,一般用户仅拥有内部网中的一台计算机,与真实的环境相差甚远,作为一名网管,至少要拥有图 A-1 中的所有设备。这里需要借助于虚拟机软件 VMware(本书以版本 5.5 为例)或类似的虚拟机软件来模拟出多台计算机,给每位读者都提供出图 A-1 的网络环境,模拟出来的计算机在功能上与真实计算机几乎没有差异。图 A-2 所示方框中的所有设备均由一台计算机模拟出来,这样就拥有了三台计算机,其中真实机安装 Windows XP,虚拟机 1 和虚拟机 2 安装 Windows Server 2003,当然虚拟机 1 和虚拟机 2 安装 Windows XP 也可以。接下来构建出图 A-2 所示的网络环境。

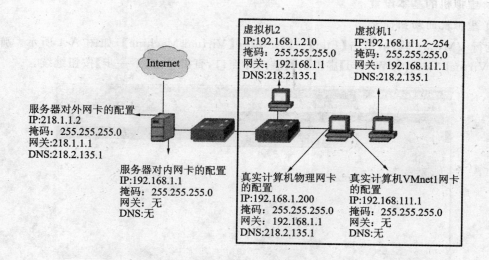

图 A-2 模拟出来的拓扑

四、实验步骤

1. 安装 VMware 虚拟机软件

为了能愉快地完成本书中的大部分实验,计算机的配置越高越好,推荐最低配置为:

CPU 1500 MHz,最好是 3000 MHz 以上,双核的更好。

内存 512 MB,最好是 1 GB,2 GB 更好。

空闲硬盘空间 6 GB。

双击"软件\VMware-workstation\VMware-workstation-5.5.1-19175.exe"文件,开始安装,安装过程比较简单,在此不作介绍。安装完成后真实计算机的网络连接如图 A-3 所示,多出两块网卡,简称为 VMnet1 和 VMnet8,本书涉及的所有实验中都使用不到 VMnet8,建议直接把该网卡禁用。

图 A-3 VMware 安装完成后的网络连接

2. 虚拟机的基本设置

1) 虚拟机的初始设置

运行 VMware 软件，单击【File】→【New】→【Virtual Machine】，如图 A-4 所示。弹出【New Virtual Machine Wizard】虚拟机安装向导窗口，直接单击【下一步】按钮继续。

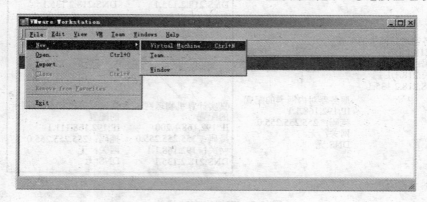

图 A-4　新建虚拟机

弹出【Virtual machine configuration】窗口，如图 A-5 所示。保持默认的【Typical】选项，直接单击【下一步】按钮继续。

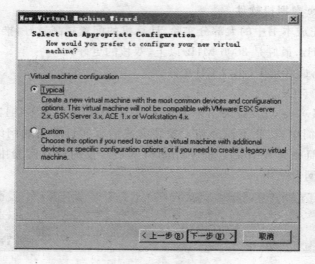

图 A-5　新建虚拟机向导

弹出【Select a Guest Operating System】窗口，如图 A-6 所示。这里选择【Windows Server 2003 Enterprise Edition】，单击【下一步】按钮继续。

弹出【Name the Virtual Machine】窗口，如图 A-7 所示。注意"Location"是 Windows Server 2003 将要安装的路径，选择一个空闲空间比较大的硬盘分区，至少要 3 GB 以上。

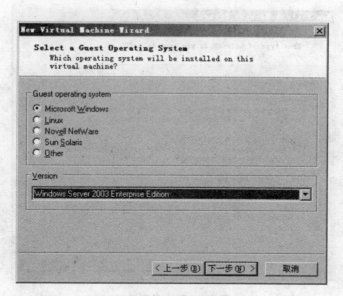

图 A-6 选择要安装的操作系统

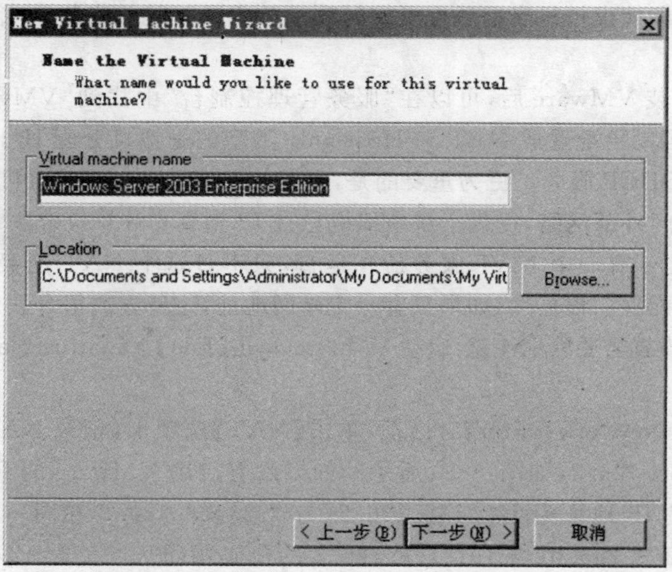

图 A-7 选择虚拟机的保存路径

单击【下一步】按钮继续,弹出【Network Type】窗口,如图 A-8 所示。提供了 4 个选项。

(1) Bridge:这种方式最简单,直接将虚拟网卡桥接到真实机的物理网卡上,相当于在真实机的前面接了一台交换机,虚拟出来的计算机和真实的计算机都接在交换机上。在这种模式下,虚拟机的网卡直接连到了真实机物理网卡所在的网络上,可以想象为虚拟机和真实机处于同等的地位,在网络关系上是平等的,没有谁先谁后的问题。使用这种方式很简

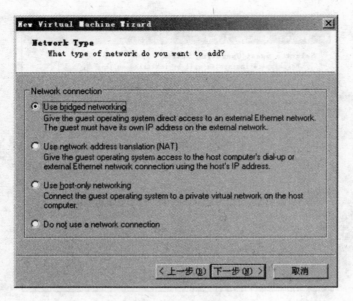

图 A-8　网卡类型选择

单,前提是需要得到一个以上的 IP 地址。图 A-2 中虚拟机 2 的网卡使用这个选项,网卡类型可以随时改变,即使虚拟机启动后也可实时改动并立即生效。安装完成后按图 A-2 中所示配置 IP 地址。

（2）NAT:安装 VMware 后,可以在“服务管理控制台”中找到“VMware DHCP Service”服务,该服务自动给配置成 NAT 和 Host-only 类型的虚拟机分配 IP 地址信息,这样虚拟机就可以使用 DHCP 服务。更为重要的是,配置为 NAT 类型的虚拟机可以借助真实计算机的合法 IP 访问外部网络,提供了从虚拟机私有 IP 到真实计算机合法 IP 之间的地址转换。这种情况相当于有一个 NAT 服务器在运行,只不过这个 NAT 配置集成到 VMware 中了,不需要用户配置。很显然,如果只有一个外网地址,这种方式很合适。使用这种方式,虚拟机 IP 地址的设置需要特别注意:启动 VMware,单击【Edit】下【Virtual Network Setting…】,如图 A-9 所示。

弹出【Virtual Network Editor】对话框,单击【NAT】选项卡,记录 NAT 的 Gateway IP address 为 192.168.126.2,如图 A-10 所示。如果没有启用 VMware 的 DHCP 服务,可以手工设置虚拟机的 IP 地址为 192.168.126.5（与 192.168.126.2 在同一个网段的不同地址）、掩码为 255.255.255.0（与 192.168.126.2 的掩码相同）,网关为 VMware 中的 NAT 网关 192.168.126.2,DNS 设置成真实机的 DNS。配置完成后,虚拟机即可通过 NAT 服务访问外部。

（3）Host-only:和 NAT 不同的是,此种方式下,没有地址转换服务。因此,默认情况下,虚拟机只能通过真实机的 VMnet1 网卡访问到真实计算机,这也是 Host-only 的名字的意义。默认情况下,也会有一个 DHCP 服务加载到 VMnet1 上。这样连接到 VMnet1 上的虚拟机仍然可以设置成 DHCP,以方便系统的配置。是不是这种方式就没有办法连接到外网呢？当然不是,事实上,这种方式更为灵活,你可以手工配置 NAT,在 Windows Server 上

图 A-9　查看虚拟网络设置

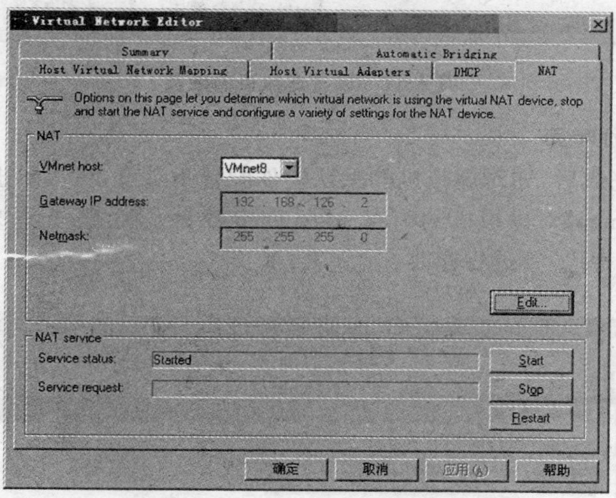

图 A-10　虚拟网卡中的 NAT 地址

实现 NAT 的方法很多,简单的如"Internet 连接共享",复杂的如"路由和远程访问中的 NAT 服务"。Host-only 这种模式和图 A-1 中的情形类似,因此可以方便进行与之有关的实验。图 A-2 中虚拟机 1 的网卡使用这个选项。

　　有一点要注意:Host-only 需要借助真实计算机的 VMnet1 网卡,真实计算机的 VMnet1 网卡不能禁用,虚拟机的网关要指向 VMnet1 网卡的 IP 地址。

　　(4)Do not use:不使用网络,虚拟系统为一个单机。每种网络类型都有自己的优势和特点,读者可以根据实际需要进行选择。

　　在图 A-8 中,单击【下一步】按钮,设定虚拟的硬盘,如图 A-11 所示。虚拟机硬盘默认是 8 GB,但可以调整。【Allocate all disk space now】表示立即从物理硬盘中划出虚拟机使用的硬盘空间,如果不选择此筛选框,则虚拟机的硬盘大小是动态变化的。【Split disk into 2 GB files】表示把虚拟机硬盘文件分成 2 GB 的多个文件。这里保持默认状态,单击【完成】按钮,完成 VMware 虚拟机的初始设定。

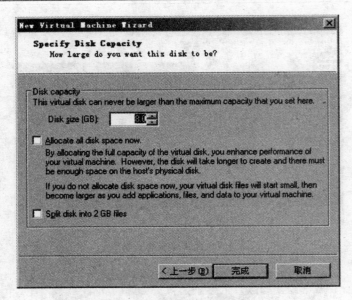

图 A-11　设置虚拟机的硬盘

2）更改虚拟机的配置

虚拟机初设置完成后，如对虚拟机的默认硬件配置不满意，可以单击图 A-12 中的【Edit virtual machine settings】对虚拟机的内存大小、网卡数量及类型、光盘来源（如没有系统光盘，可以用 ISO 文件替代）等进行修改。

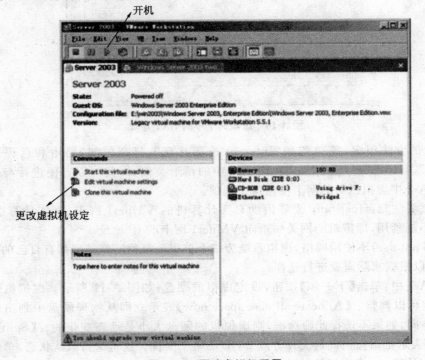

图 A-12　更改虚拟机配置

虚拟机安装完成,启动后也可动态更改网卡类型,单击菜单【VM】→【Removable Devices】→【Ethernet】→【Edit】,如图 A-13 所示。

图 A-13 虚拟机启动后,编辑设备

在打开的图 A-14 所示的窗口中,更改网卡的类型后马上生效。从图 A-13 中可以看到,"CD-ROM"也支持随时更改。

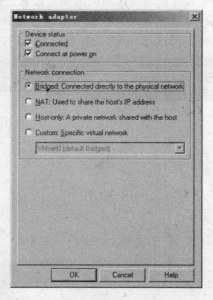

图 A-14 虚拟机启动后,修改网络类型

3)安装虚拟机的操作系统

VMware 只是提供了计算机的硬件,接下来还需要给计算机安装操作系统。首先安装虚拟机 1,可以从光盘直接安装,如果没有光盘,找到 Windows Server 2003 的 ISO 文件也可以,如图 A-15 所示。

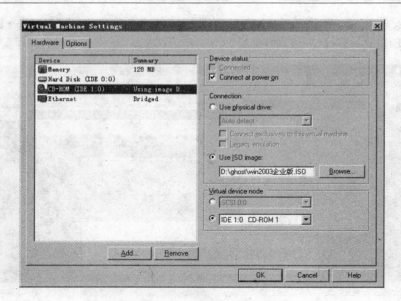

图 A-15　使用 ISO 文件替代光盘

　　操作系统安装步骤与真实计算机上的安装步骤完全相同,也需要分区、格式化等,但不论在虚拟机中如何分区和格式化,对真实计算机的硬盘分区和数据没有任何影响,读者可以放心大胆地尝试,限于篇幅,本书不介绍操作系统的安装过程。接下来安装虚拟机 2,把虚拟机 1 安装的整个目录复制一份,然后在图 A-4 中,单击【File】→【Open】,浏览到复制文件夹下的"Windows Server 2003,Enterprise Edition. vmx"文件,然后单击【打开】按钮,如图 A-16 所示。

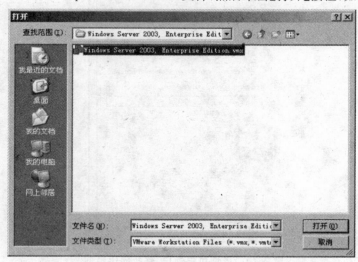

图 A-16　打开一个新的虚拟机系统

　　虚拟机 2 启动后,修改虚拟机 2 的主机名、网卡类型、IP 地址。至此,虚拟机 2 也安装完成。
　　操作系统安装完成后,会发现鼠标移进 VMware 中的虚拟机后,需按"Ctrl＋Alt"组合键才能移出,很是不便,可以通过安装 VMware Tools 来解决。选择菜单【VM】→【Install VMware Tools】,安装完成后,鼠标可以自由地移进移出,还可更改适配器的模式,调整屏幕的分辨率和色彩等。

3. 构建局域网

按图 A-2 所示配置各计算机的网络地址信息如表 A-1 所示,读者所在的局域网 IP 地址如果不是 192.168.1.0/24,则可以把该段地址换成实际使用的那段地址。

表 A-1 各计算机的网络配置

	网卡名称	网卡类型	IP 地址	子网掩码	网关	DNS
真实机	本地连接	物理网卡	192.168.1.200	255.255.255.0	192.168.1.1	218.2.135.1
真实机	VMnet1	虚拟网卡	192.168.111.1	255.255.255.0	无	无
虚拟机 1	本地连接	Host-only	192.168.111.2	255.255.255.0	192.168.111.1	218.2.135.1
虚拟机 2	本地连接	Bridged	192.168.1.210	255.255.255.0	192.168.1.1	218.2.135.1

4. 测试局域网

配置完各计算机的 IP 地址信息后,关闭真实机和虚拟机的防火墙,分别测试网络之间的连通性,下面是正确的测试结果。

在真实机上操作"ping 192.168.111.2"、"ping 192.168.1.210"、"ping 192.168.1.1"、全部都可以 ping 通。

在虚拟机 1 上操作"ping 192.168.111.1"、"ping 192.168.1.200"、"ping 192.168.1.1"、"ping 192.168.1.210",其中前两个是可以 ping 通的,后两个是 ping 不通的。

在虚拟机 2 上操作"ping 192.168.111.1"、"ping 192.168.111.2"、"ping 192.168.1.1"、"ping 192.168.1.200",其中前两个是 ping 不通的,后两个是可以 ping 通的。在虚拟机 2 上访问 http://www.263.net,可以成功访问 263 网站,如图 A-17 所示。这里的虚拟机和真实计算机几乎没有任何差异,对一些未经确认是否安全的网站和一些未经确认是否可靠的软件都可在虚拟机上尝试。

图 A-17 虚拟机的使用

在虚拟机1上访问 http://www.263.net,结果失败,这是因为虚拟机1处在真实计算机的内部网络中,需要在真实计算机上配置代理之类的设置,才可以使虚拟机1访问 Internet。

至此,就完成了图 A-2 中各个计算机操作系统的安装、计算机 IP 地址配置、网络连通性测试等。

实验二　端口扫描实验

一、实验目的

(1)理解端口的概念;
(2)了解常用的端口扫描原理;
(3)能够熟练地使用常用的端口扫描工具进行弱点检测和修复。

二、实验环境

(1)具备基本的局域网环境;
(2)PC 机一台;
(3)版本为 3.3 的 X-Scan 端口扫描工具。

三、实验内容

网络服务或应用程序提供的功能由服务器或主机上的某个或多个进程来实现,端口则相当于进程间的大门,可以随便定义,其目的是让两台计算机能够找到对方的进程。"端口"在计算机网络领域是非常重要的概念,它是专门为网络通信而设计的,它由通信协议 TCP/IP 定义,其中规定由 IP 地址和端口作为套接字,它代表 TCP 连接的一个连接端,一般称为SOCKET,具体来说,就是用【IP:端口】来定位主机中的进程。

可见,端口与进程是一一对应的,如果某个进程正在等待连接,则称为该进程正在监听。在计算机【开始】-【运行】里输入"cmd"进入 dos 命令行,然后输入"netstat-a"可以查看本机有哪些进程处于监听状态。根据 TCP 连接过程(三次握手),入侵者依靠端口扫描可以发现远程计算机上处于监听状态的进程,由此可判断出该计算机提供的服务,端口扫描除了能判断目标计算机上开放了哪些服务外,还提供如判断目标计算机上运行的操作系统版本(每种操作系统都开放有不同的端口供系统间通信使用。因此从端口号上也可以大致判断目标主机的操作系统,一般认为开有 135、139 端口的主机为 Windows 系统,除了 135、139 外,如果还开放了 5000 端口,则该主机为 Windows XP 操作系统,常见的端口号如表 A-2 和表 A-3所示。)等诸多强大的功能。一旦入侵者获得了上述信息,则可以利用系统漏洞或服务漏洞展开对目标的攻击。

由上所述,端口扫描是一帮助入侵的工具,但是安全人员同样可以使用端口扫描工具定期检测网络中关键的网络设备和服务器,以查找系统的薄弱点,并尽快修复。因此理解端口扫描原理和熟练使用端口扫描工具对防治入侵有很大的帮助。

表 A-2　常见的 TCP 端口号

服务名称	端口号	说　明
FTP	21	文件传输服务
Telnet	23	远程登录服务
Http	80	网页浏览服务
Pop3	110	邮件服务
Smtp	25	简单邮件传输服务
Socks	1080	代理服务

表 A-3　常见的 UDP 端口号

服务名称	端口号	说　明
Rpc	111	远程调用
Snmp	161	简单网络管理
TFTP	69	简单文件传输

常见的端口扫描工具有 X-Scan、X-Port、Superscan、PortScanner 等。

四、实验任务

(1)学习或听任课老师介绍关于端口扫描的基础知识；

(2)安装 X-Scan 扫描工具；

(3)使用 X-Scan 进行扫描；

(4)记录并分析扫描结果；

(5)根据扫描结果采取相应的措施巩固系统。

五、实验步骤

(1) X-Scan 是免安装软件，解压后直接双击 xscan_gui. exe 图标，如图 A-18 所示。

图 A-18　X-Scan 文件内容

（2）双击 xscan_gui.exe 图标打开 X-Scan 主界面，如图 A-19 所示。

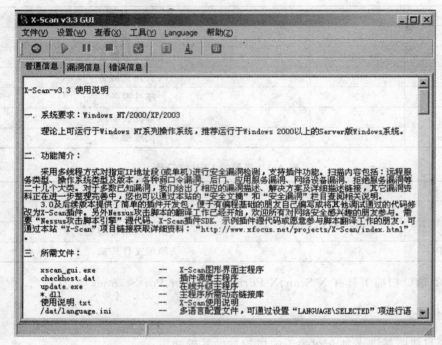

图 A-19　X-Scan 主界面

（3）认真学习主界面上的使用说明。

（4）选择菜单中的设置选项，打开下拉菜单，选择扫描参数，打开扫描参数对话框，如图 A-20 所示。在该对话框的左边有三个设置选项：① 检测范围；② 全局设置；③ 插件设置。使用扫描工具主要是理解扫描参数的作用。

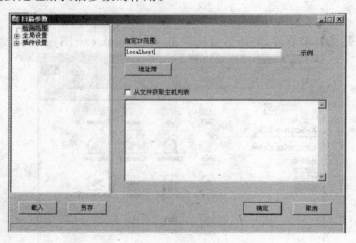

图 A-20　X-Scan 扫描参数对话框

（5）检测范围用以确定要扫描的目标或目标范围，现在检测范围内输入 IP 地址段 192.168.4.2～192.168.4.10，如图 A-21 所示。

(6) 展开全局设置选项,在"扫描模块"中可以定义扫描的主要内容,选择的内容越多,可能收集到的信息越多,但扫描的时间就越长。"并发扫描"中的"最大并发线程数量"不可设置太大,特别是对自己管理的网络设备或服务器扫描的时候,因为设置太大可能会导致扫描对象的异常。对于一般的扫描,可以使用 X-Scan 的默认设置。

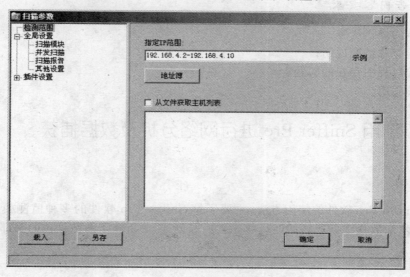

图 A-21　X-Scan 扫描范围指定

(7)"插件设置"中有很多名词术语,如 SNMP 中的 WINS 用户列表、NETBIOS 等,请自行查找资料了解其含义。

(8) 设置完毕后开始扫描,如图 A-22 所示。

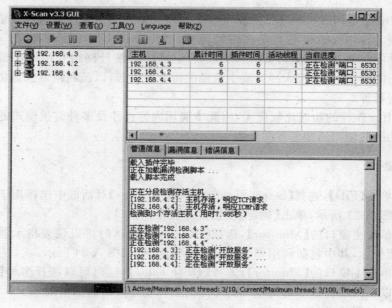

图 A-22　检测过程

• 213 •

（9）认真观察扫描过程，待扫描结束后认真阅读自动生成的扫描报告（生成的检测报告可以是 HTML、WORD 等格式类型，可以打印，也可以直接作为安全测试报告）。

（10）分析扫描目标存在的问题，并拟定解决措施。

六、实验报告内容要求

（1）具体的操作步骤；

（2）实验完成情况说明；

（3）实验过程中存在的问题；

（4）实验心得。

实验三 利用 Sniffer Pro 进行网络分析及数据捕获

一、实验目的

掌握 Sniffer Pro 软件的使用方法，主要了解 Sniffer Pro 软件的多种监测模式的使用，利用它的图示和数据掌握网络的运行状况。抓取数据，分析和了解数据包的头部信息。

二、实验环境

（1）具备基本的局域网环境和 Internet 联网环境；

（2）PC 机一台；

（3）版本为 3.2 以上的 Sniffer Pro 网络分析工具。

三、实验内容

Sniffer Pro 是美国 Network Associates 公司出品的一款网络分析软件，可用于网络故障与性能管理。Sniffer 软件是目前在网络监控、故障分析应用中使用非常广泛的软件之一。其主要功能包括：实时监控网络活动、收集网络流量、统计网络利用率和错误率等有关网络运行状态的数据、捕获接入冲突域中流经的所有数据包，以及利用专家分析系统诊断网络中存在的问题等。

由于 Sniffer 软件的功能比较庞大，因此本实训内容仅涉及多种监视模式的使用方面的内容。其他功能的使用请参考有关资料。

四、实验步骤

步骤一：单击【File】，选择【Select Settings】，在【Settings】对话框中选择用于检测网络的接口网卡，如图 A-23 所示，单击【确定】按钮打开程序主窗口。

步骤二：单击主窗口的【Monitor】，选择【Dashboard】，这时将以仪表指示器的形式显示各项网络性能指标，其中包括利用率、传输速度、错误率，如图 A-24 所示。

步骤三：单击主窗口的【Monitor】，选择【Host Table】，这时可以选择多种图形（如直方图、圆饼图），以不同颜色显示出其他主机与你的主机相连接的通信量的多少。本例以 IP 地址为测量基准，如图 A-25 所示。

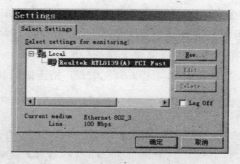

图 A-23 【Settings】对话框

图 A-24 【Dashboard】窗口

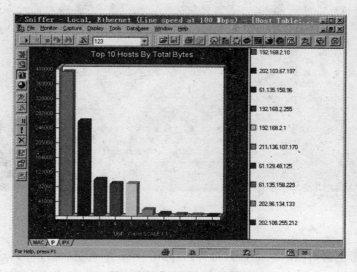

图 A-25 【Host Table】窗口

步骤四:单击主窗口的【Monitor】,选择【Matrix】,这时出现如图 A-26 所示的窗口,在窗口的圆圈中,各点连线表明了当前处于活跃状态的点对点连接。另外,也可通过将鼠标光标放在 IP 地址上单击右键,在打开的快捷菜单上选择【show select nodes】,查看选定点对多点的网络连接,如图 A-27 所示,图中表示出与 192.168.0.250 相连接的其他 IP 地址的主机。

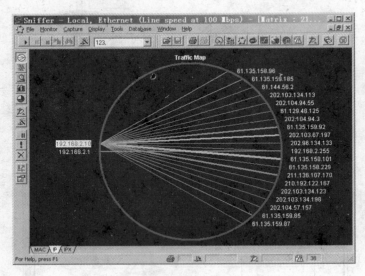

图 A-26 【Matrix】窗口 1

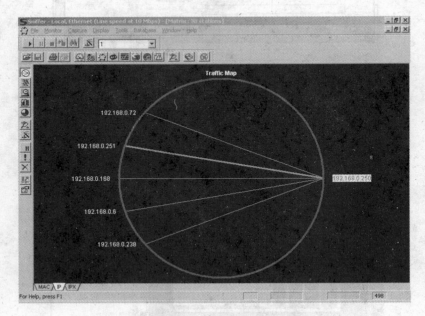

图 A-27 【Matrix】窗口 2

步骤五:单击主窗口的【Monitor】,选择【Application Response Time】,这时将显示出各种所应用的响应时间,如图 A-28 所示。如果要选择其他应用,可点击左侧的【options】工具按钮,并在【ART Options】对话框中选择相应应用,如图 A-29 所示。

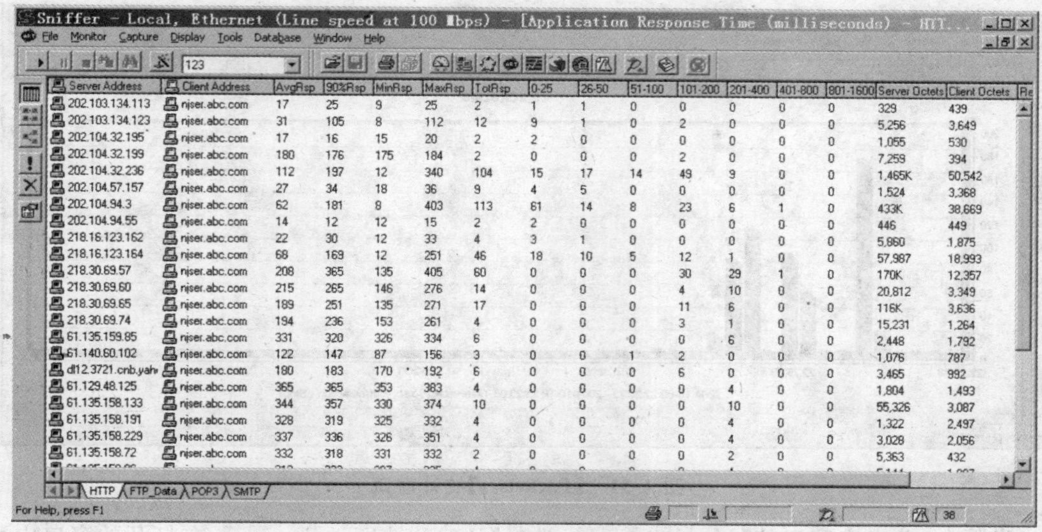

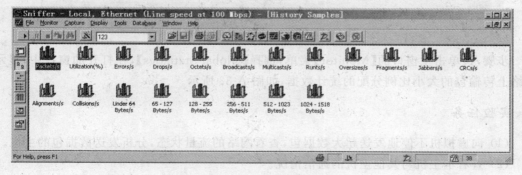

图 A-28 【Application Response Time】窗口

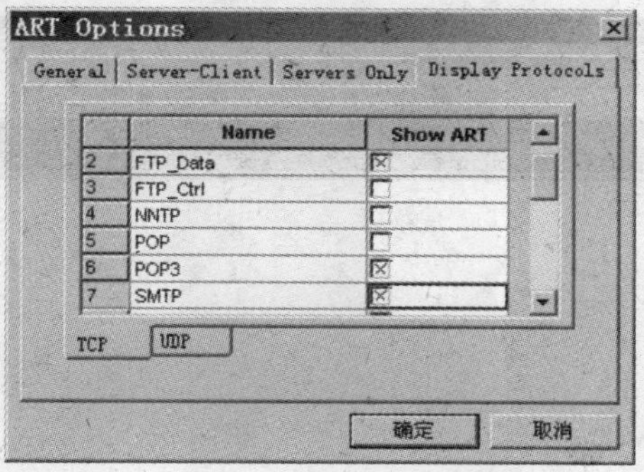

图 A-29 【ART Options】对话框

步骤六：单击主窗口的【Monitor】菜单，选择【History Samples】，打开【History Samples】窗口，里面有多种历史取样统计数据类型可供选择，如图 A-30 所示。双击【Packets/s】图标，将会对网络中每种数据包流量进行统计，如图 A-31 所示。

图 A-30 【History Samples】窗口

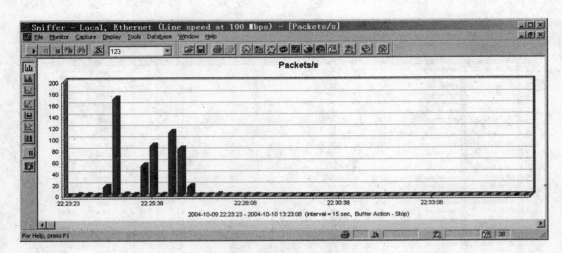

图 A-31 【Packets/s】统计窗口

步骤七:单击主窗口的【Monitor】菜单,选择【Protocol Distribution】,在打开的窗口中可查看被使用协议的分布状态,不同颜色的区块代表不同的网络协议,如图 A-32 所示。

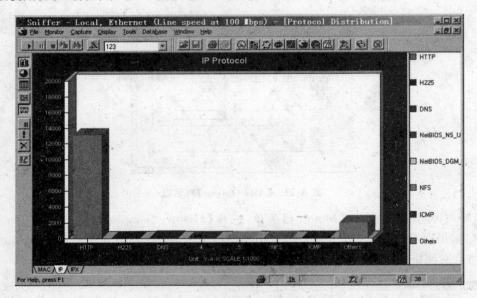

图 A-32 【Protocol Distribution】窗口

步骤八:单击主窗口的【Monitor】菜单,选择【Global Statistics】,在打开的窗口中,显示网络上传输包的大小比例分配的统计数据,如图 A-33 所示。

五、实验任务

(1)向虚拟机不停地发送超大数据包,查看网络的流量状态,分析发送数据包的主机。

(2)查看本主机与其他主机的通信情况。

(3)抓取本机到虚拟机的数据包。

① 抓取 IP 数据包,分析 IP 数据包的头部信息和 ICMP 数据包的头部信息,如图 A-34 所示。

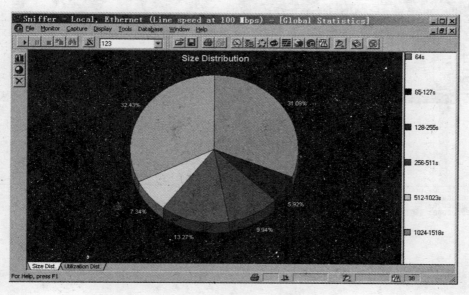

图 A-33　【Global Statistics】窗口

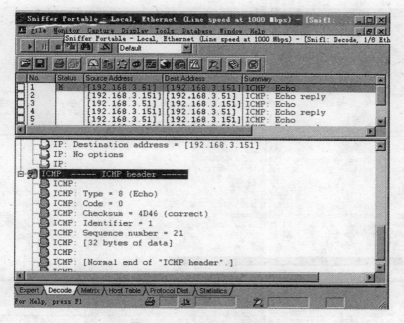

图 A-34　分析 ICMP 数据包

② 抓取 TCP 数据包,分析 TCP 数据包的头部信息,如图 A-35 所示。

③ 抓取 UDP 数据包,分析 UDP 数据包的头部信息,如图 A-36 所示。

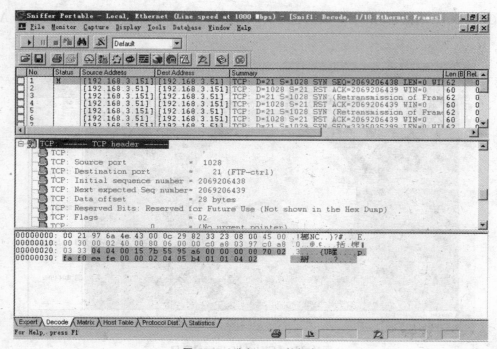

图 A-35　分析 TCP 数据包

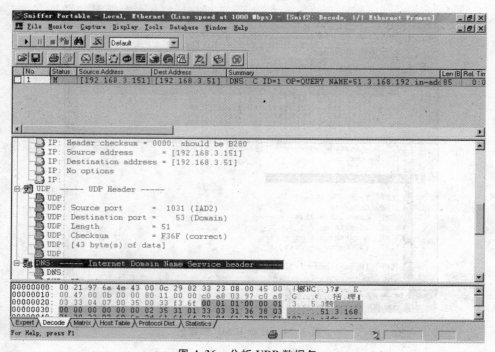

图 A-36　分析 UDP 数据包

④ 截取 FTP 的数据包，分析出用户名和密码，如图 A-37 所示。

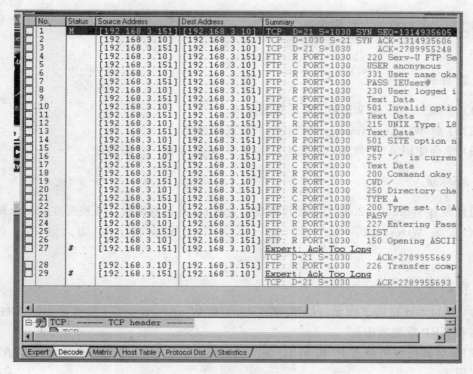

图 A-37 分析 FTP 数据包

⑤ 截取 Telnet 数据包，分析用户名和密码，如图 A-38 所示。

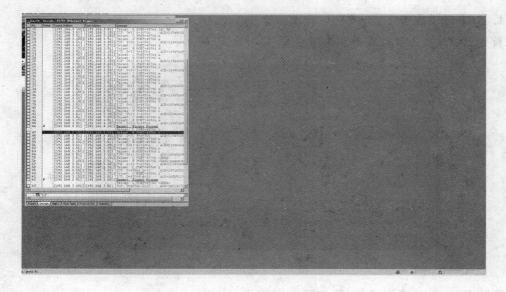

图 A-38 分析 Telnet 数据包

实验四　ARP攻击实验

一、实验目的

(1) 掌握 sniffer 和 Wireshark 工具的使用。

(2) 了解 WinArpAttacker 软件攻击的方法和步骤。

(3) 学会使用 ARP 欺骗的攻击方法和掌握 ARP 欺骗的防范方法。

二、实验环境

两台装有 Windows 2000/XP 操作系统的计算机,并且这两台计算机要在同一个局域网内,一台安装 Wireshark、WinArpAttacker 工具,另一台安装 ARP 防火墙工具 antiarp软件。

三、实验内容

(1) 通过本次试验了解如何使用 Wireshark 和 WinArpAttacker 软件来实现 ARP 的洪泛攻击和 ARP 欺骗攻击。

(2) 学会如何使用静态 IP 和 MAC 绑定的方法和安装 antiarp 软件来达到防范 ARP 攻击的作用。

四、实验步骤

1. ARP 泛洪攻击

首先测试攻击方和被攻击方的连通性,如图 A-39 所示。

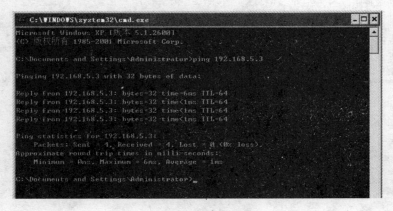

图 A-39　测试连通

安装 Wireshark 软件并运行,如图 A-40 所示。

在软件对话框内选择【Capture】→【Options】,在弹出的对话框内输入被攻击方的 IP 地址,如图 A-41 所示。

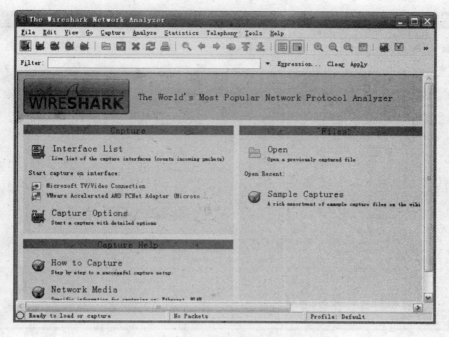

图 A-40 运行 Wireshark

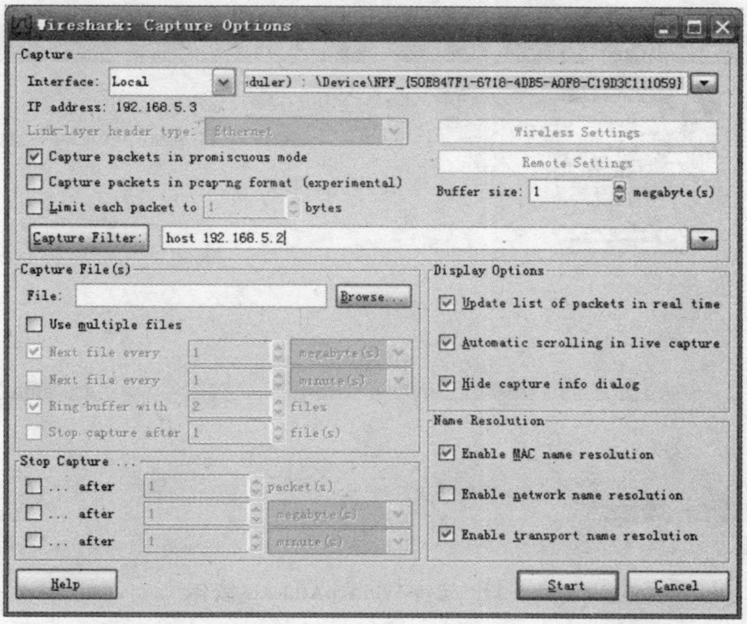

图 A-41 输入被攻击方 IP 地址

单击【Start】按钮,开始嗅探被攻击方的数据包,如图 A-42 所示。

安装 WinArpAttacker 软件并运行,选择【Options】→【Adapter】,如图 A-43 所示。

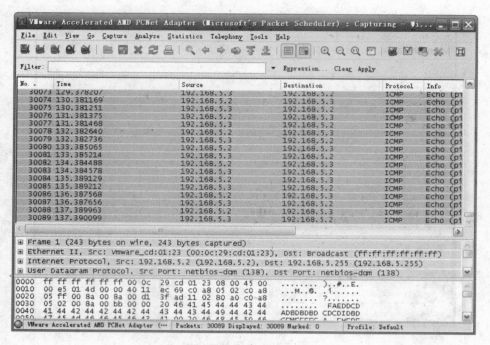

图 A-42　嗅探被攻击方的数据包

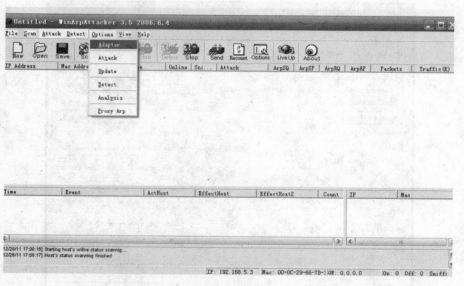

图 A-43　运行 WinArpAttacker 软件

在弹出的对话框内选择【Attack】选项,延长攻击的时间(时间可随意设置),如图 A-44 所示。

进行扫描,设置被攻击方的 IP,如图 A-45 所示。扫描成功则如图 A-46 所示。

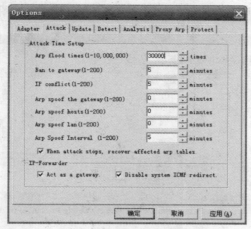

图 A-44　设置攻击时间

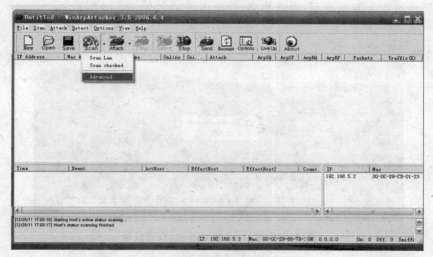

图 A-45　设置被攻击方的 IP

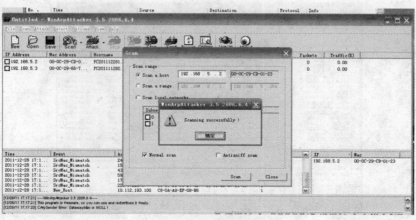

图 A-46　扫描成功

选择设置好的目的 IP 后选择【Attack】，进行【Flood】攻击，如图 A-47 所示。

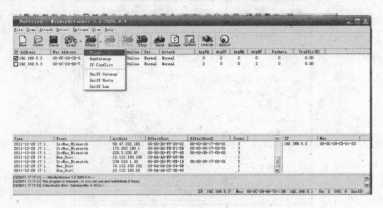

图 A-47　Flood 攻击

这时发现被攻击方出现 IP 地址冲突，即攻击成功，如图 A-48 所示。

图 A-48　显示 IP 地址冲突，攻击成功

打开 Wireshark 查看嗅探到的信息，如图 A-49 所示。

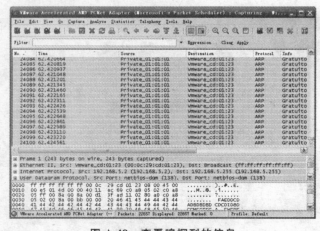

图 A-49　查看嗅探到的信息

2. 使用 Send 实施 ARP 欺骗攻击

使用"ipconfig/all"命令查看攻击方的 MAC 地址,如图 A-50 所示。并用"arp-a"命令查看本地局域网内所有用户 IP 和 MAC 地址的绑定关系,如图 A-51 所示。

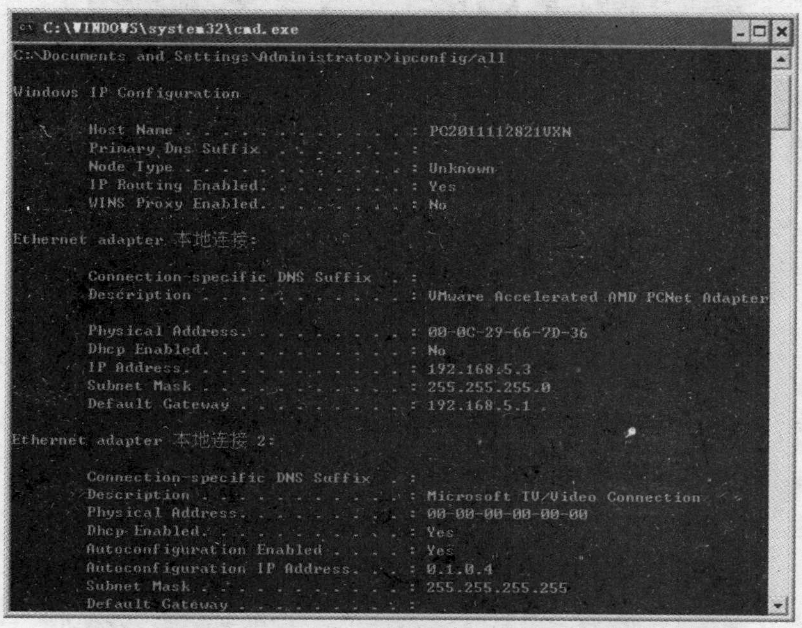

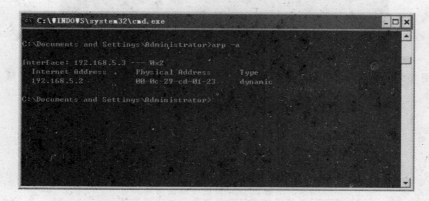

图 A-50 使用"ipconfig/all"命令查看攻击方的 MAC 地址

图 A-51 用"arp-a"命令查看本地局域网内所有用户 IP 和 MAC 地址的绑定关系

同样使用"ipconfig/all"命令查看被攻击方的MAC地址,如图A-52所示。并用"arp-a"命令查看本地局域网内所有用户 IP 和 MAC 地址的绑定关系,如图 A-53 所示。

运行 WinArpAttacker 软件,选中【Send】选项,设置相应的参数。然后点击【Send】开始攻击,如图 A-54 所示。

再次使用"arp-a"命令查看信息,发现 IP 和 MAC 地址绑定关系发生改变,并发现 ping 不通,如图 A-55 所示。

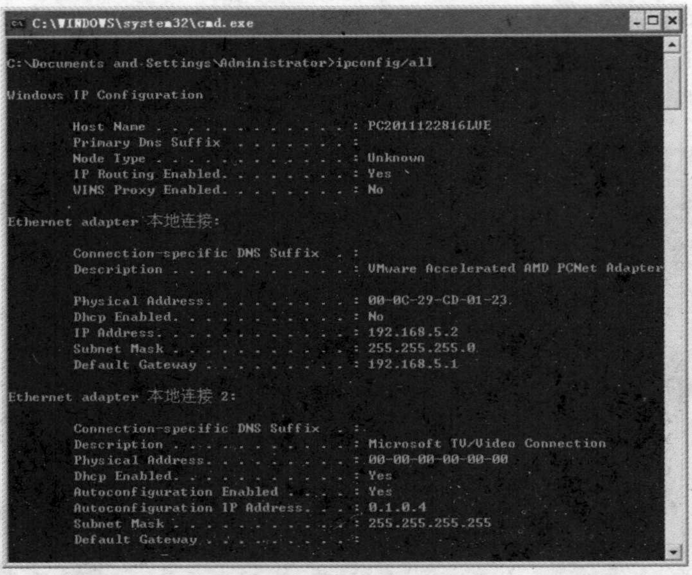

图 A-52　使用"ipconfig/all"命令查看被攻击方的 MAC 地址

图 A-53　使用"arp-a"命令查看本地局域网内所有用户 IP 和 MAC 地址的绑定关系

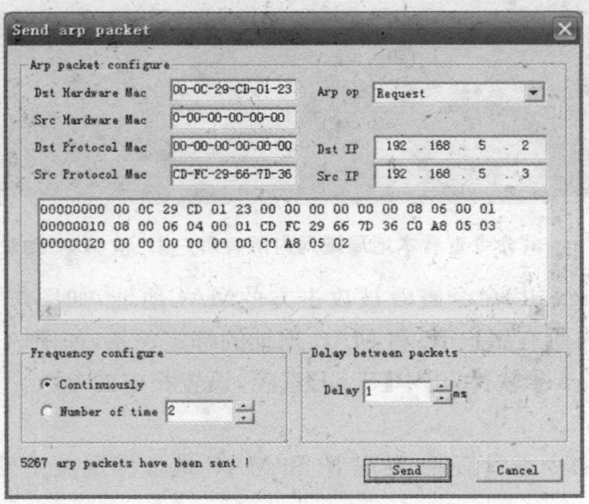

图 A-54　Send 开始攻击

图 A-55 再次使用"arp-a"命令查看信息

3. 防范 ARP 欺骗

为防止 ARP 欺骗,使用静态绑定 IP 和 MAC 地址。先使用"arp-d"命令清除缓存表,如图 A-56 所示。

图 A-56 使用"arp-d"命令清除缓存表

攻击方绑定被攻击方的 IP 和 MAC 地址,如图 A-57 所示。

图 A-57 攻击方绑定被攻击方的 IP 和 MAC 地址

被攻击方绑定攻击方的 IP 和 MAC 地址,如图 A-58 所示。

图 A-58 被攻击方绑定攻击方的 IP 和 MAC 地址

攻击方再次攻击后,被攻击方再次利用"arp-a"命令查看,发现攻击方的 IP 与 MAC 没有改变,说明绑定成功,如图 A-59 所示。

安装 antiarp 软件实现 ARP 的拦截,如图 A-60 所示。

图 A-59 被攻击方再次利用"arp-a"命令查看攻击方的 IP 与 MAC 没有改变

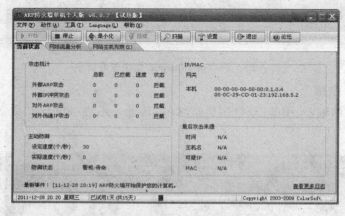

图 A-60 antiarp 软件

可在 antiarp 软件中单击【设置】配置相应的选项,如图 A-61 所示。也可在高级设置中设置,如图 A-62 所示。

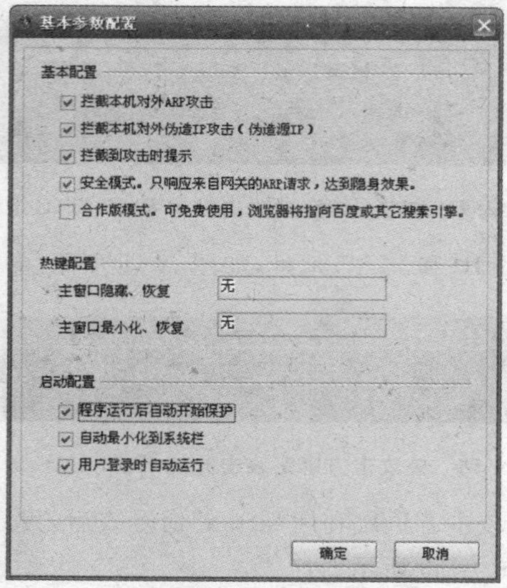

图 A-61 基本参数配置

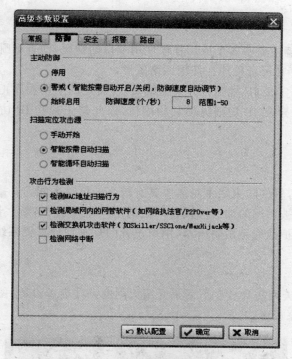

图 A-62 高级参数配置

五、思考题

还有什么方法可以对 ARP 欺骗进行防范？

① 在交换机上做端口与 MAC 地址的静态绑定。

② 在路由器上进行 IP 地址与 MAC 地址的静态绑定。

③ 使用"ARP SERVER"按一定的时间间隔广播网段内所用主机正确的 IP-MAC 映射表。

④ 及时安装系统补丁程序和为系统设置强壮的密码，不要随便运行不受信任的软件。

实验五 网络安全防火墙的配置实验

一、实验目的

通过对天网个人防火墙的设置和管理，掌握防火墙的功能和工作原理。

二、实验环境

Windows XP 或 Windows 7；天网防火墙软件。

三、实验内容

（1）在天网防火墙中监听各个应用程序使用端口的情况，即查看哪些程序使用了端口、使用哪个端口、是否存在可疑程序在使用网络资源。

（2）根据要求，自定义 IP 规则打开某些端口，使特定的应用程序正常使用。

（3）根据要求，自定义 IP 规则封锁某些端口，以此禁止某些 IP 访问自己的计算机，从而达到安全的目的。

四、相关知识

在计算机系统上，软件防火墙本身需要具有较高的抗攻击能力，一般设置于系统和网络协议的底层。访问与被访问的端口应设置严格的访问规则，以切断一切规则以外的网络连接。防火墙的安全防护性能是由防火墙、用户设置的规则和计算机系统本身共同保证的。

五、实验步骤

（1）安装并打开天网防火墙。下面来介绍天网的一些简单设置，图 A-63 所示为系统设置界面，可以参照此来设置。

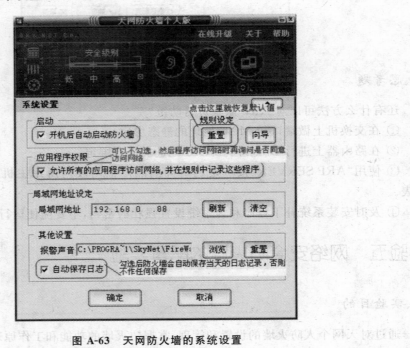

图 A-63　天网防火墙的系统设置

（2）定义 IP 规则，一般默认就可以了。其实未经过修改的自定义 IP 规则是与默认安全级别中的规则一样的。也可以自定义，这里是采用默认情况，见图 A-64。

（3）图 A-65 是各个应用程序使用端口的情况。

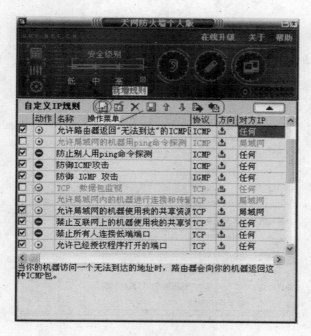

图 A-64　自定义 IP 规则

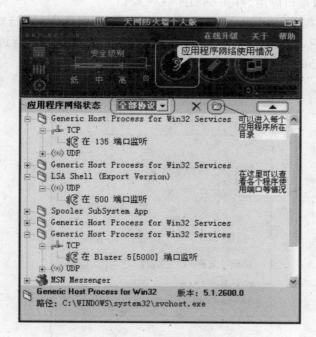

图 A-65　端口使用情况

（4）图 A-66 就是日志，上面记录了程序访问网络的记录，局域网和互联网上被 IP 扫描端口的情况。

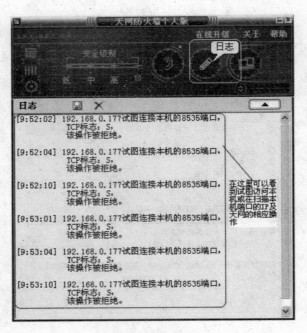

图 A-66　网络日志

（5）防火墙开放端口应用，打开 6881～6889 端口。

①建立新的 IP 规则，如图 A-67 所示，在自定义 IP 规则里双击进行新规则设置。

②设置新规则后，把规则上移到该协议组的置顶处，并保存。然后进行在线端口测试，判断这些端口是否已经开放，如图 A-68 所示。

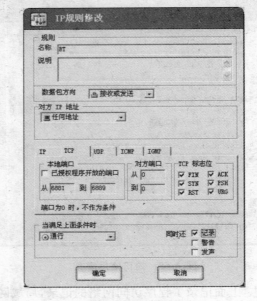

图 A-67　IP 规则修改

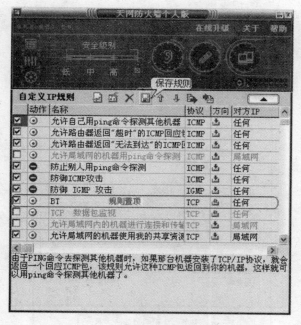

图 A-68 保存规则

（6）应用自定义规则防止常见病毒。下面是防范冲击波病毒的实例应用,冲击波就是利用 Windows 系统的 RPC 服务漏洞以及开放的 69、135、139、445、4444 端口入侵。

①图 A-69 为禁止 4444 端口的示意图。

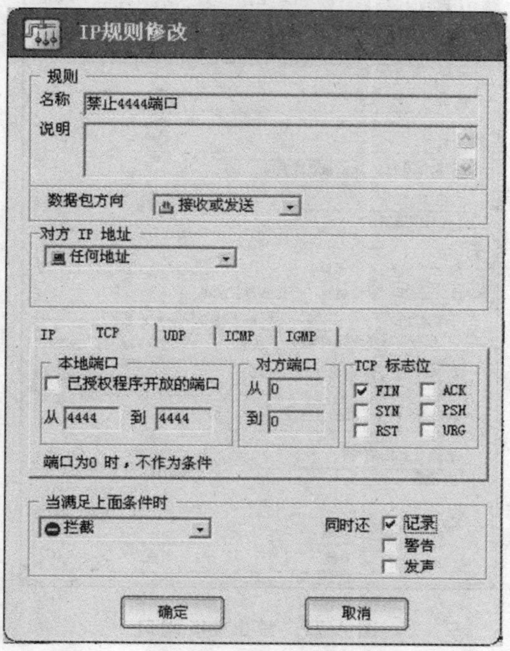

图 A-69 禁止 4444 端口

②封锁 69 端口，如图 A-70 所示。

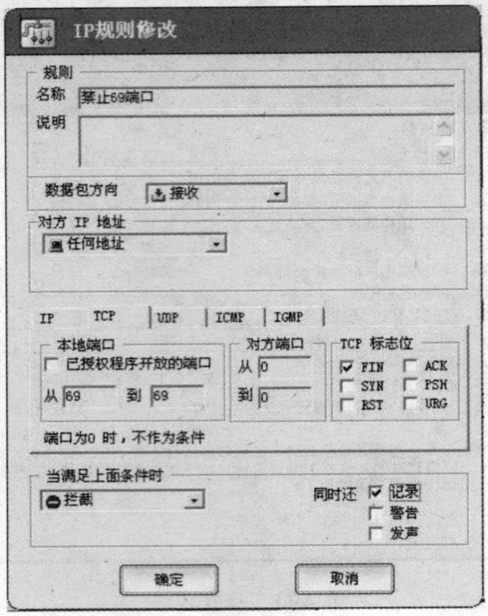

图 A-70　禁止 69 端口

③封锁 445 端口，如图 A-71 所示。

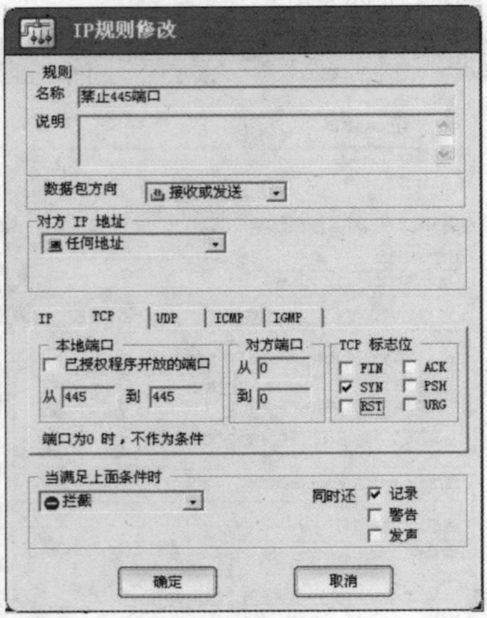

图 A-71　禁止 445 端口

④建立完后保存，就可以防范冲击波病毒了。

实验六 入侵检测系统的配置与实施

一、实验目的

通过实验深入理解 IDS 的原理和工作方式,熟悉入侵检测工具 snort 在 Windows 操作系统中的安装和配置方法。

二、实验环境

Windows XP 或 Windows 7;snort 软件和下列软件:acid-0.9.6b23.tar.gz,adodb360.zip,Apache_2.0.46-win32-x86-no_src.msi,Jpgraph-1.12.2.tar.gz,mysql-4.0.13-win.zip,php-4.3.2-win32.zip,snort-2_0_0.exe,WinPcap_3_0.exe。

三、实验步骤

(1) 安装 mysql 数据库,安装 Apache 服务,安装 php、WinPcap、Jpgraph、adodb、acid 等软件;

(2) 对 snort 进行配置。

四、相关知识

snort 是一个轻量级的入侵检测系统。它具有实时数据流量分析和 IP 数据包日志分析的能力,具有跨平台特征,能够进行协议分析和内容的搜索/匹配。它能够检测不同的攻击行为,如缓冲区溢出、端口扫描、DoS 攻击等,并进行实时报警。

snort 有三种工作模式:嗅探器、数据包记录器、入侵检测模式。做嗅探器时,它只读取网络中传输的数据包,然后显示在控制台上。作数据包记录器时,它可以将数据包记录到硬盘上,已备分析之用。入侵检测模式功能强大,可通过配置实现,但稍显复杂,snort 可以根据用户事先定义的一些规则分析网络数据流,并根据检测结果采取一定的动作。

snort 具有良好的扩展性和可移植性,可支持 Linux、Windows 等多种操作系统平台,在本实验中,主要介绍 snort 在 Windows 操作系统中的安装和使用方法,以便于同学们对入侵检测系统的深入理解。

五、实验步骤

在下面的实验内容中涉及较多 mysql 数据库服务器以及 snort 规则的配置命令,为了便于对实验内容的深入了解,首先对 mysql 和 snort 的使用方法进行简单介绍。下面主要介绍基于 Windows 操作系统的操作方法。

1. mysql 的使用

mysql 默认安装在 C:\mysql 文件夹下,其运行文件为 C:\mysql\bin\mysql.exe,故在使用时需先在 Windows 命令行方式下进入 C:\mysql\bin 文件夹,即单击【开始】按钮,选择【运行】,输入"cmd"后,输入下面的命令,

```
C:\> cd  mysql\bin
```

出现下面的提示符,

```
C:\mysql\bin>
```

在此目录下可连接 mysql 数据库。

1) 连接 mysql 数据库

连接 mysql:

```
mysql-h 主机地址-u 用户名-p 用户密码。
```

如果只连接本地的 mysql,则可以省去主机地址一项,默认用户的用户名为 root,没有密码,故可以用下面的语句登录,

```
mysql  -u root -p< 回车>
```

屏幕上会出现密码输入提示符,

```
Enter password:
```

由于根用户没有密码,直接回车,出现下面的提示符,

```
mysql>
```

这表示已经进入 mysql 数据库的管理模式,可在此模式下对数据库、表、用户进行管理。

2) 数据库和表的管理

创建新的数据库:

```
create database 数据库名;
```

注意一定要在命令末尾加上";"为语句的终止符,否则 mysql 不会编译该条命令。

使用某数据库:

```
use 数据库名;
```

在某库中建立表:

```
create table 表名(字段设定列表)
```

也可以从事先导出的表文件导入数据库中,

```
C:\mysql\bin\mysql-D 数据库名-u 用户名-p 密码 <  路径及文件名
```

删除数据库:

```
drop database 数据库名;
```

删除表:

```
drop table 表名;
```

3) 用户的管理

创建新用户:

```
grant select on 数据库.*  to 用户名@ 登录主机 identified by 密码;
```

为用户分配权限:

```
grant 权限 on 数据库 .*  to "用户名"@ "主机名";
```

4) 退出 mysql

退出 mysql:

```
quit 或 exit;
```

则可以退出 mysql 数据库的管理模式,回到操作系统命令行界面。

mysql 作为一款功能较强的数据库管理软件,其使用规则还有很多内容,感兴趣的读者

可自行查阅 mysql 联机帮助。

2. snort 的启动

要启动 snort，通常在 Windows 命令行中输入下面的语句，

      C:\snort\bin> snort-c "配置文件及路径"-l "日志文件的路径"-d-e-X;

其中：-X 参数用于在数据链接层记录 raw packet 数据；-d 参数记录应用层的数据；-e 参数显示/记录第二层报文头数据；-c 参数用以指定 snort 的配置文件的路径。

如：

      C:\snort\bin> snort-c "C:\snort\etc\snort.conf"-l "c:\snort\log"-d-e-X

也可以控制 snort 将记录写入固定的安全记录文件中：

      C:\snort\bin> snort -A fast -c 配置文件及路径   -l 日志文件及路径

3. 安装

1）安装 Apache_2.0.46

双击 apache_2.0.46-win32-x86-no_src.msi，安装在默认文件夹 C:\apache 下。安装程序会在该文件夹下自动产生一个子文件夹 apache2。

打开配置文件 C:\apache\apache2\conf\httpd.conf，将其中的 Listen 8080 更改为 Listen 50080，如图 A-72 所示。

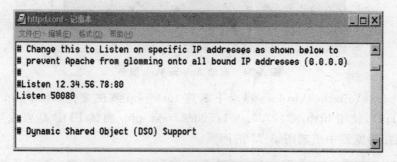

图 A-72　httpd.conf 配置文件

注意，这是由于 Windows IIS 中的 Web 服务器默认情况下在 TCP 80 端口监听连接请求，而 8080 端口一般留给代理服务器使用。所以，为了避免 Apache Web 服务器的监听端口与其发生冲突，将 Apache Web 服务器的监听端口修改为不常用的高端端口 50080。

单击【开始】按钮，选择【运行】，输入"cmd"，进入命令行方式。输入下面的命令，

      C:\> cd apache\apache2\bin

      C:\apache\apache2\bin\apache-k install

这是将 apache 设置为 Windows 中的服务方式运行。

2）安装 PHP

解压缩 php-4.3.2-Win32.zip 至 C:\php，拷贝 C:\php 下 php4ts.dll 至％systemroot％\system32，php.ini-dist 至％systemroot％\php.ini。

注意，这里的第二步应该是 php.ini-dist 至％systemroot％\目录下，然后改名为 php.ini。

添加 gd 图形库支持，在 php.ini 中添加 extension＝php_gd2.dll。如果 php.ini 有该句，则将此语句前面的"；"注释符去掉，如图 A-73 所示。

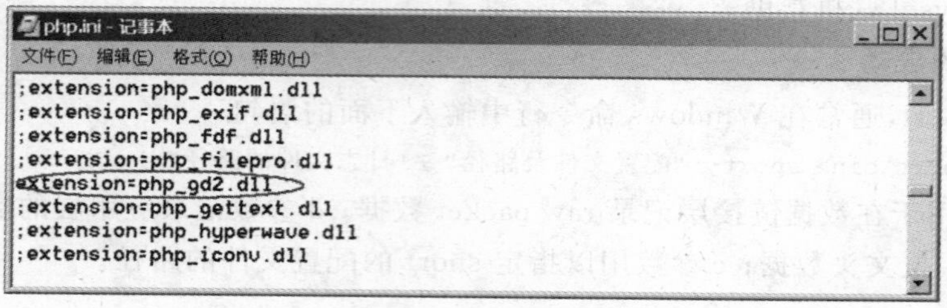

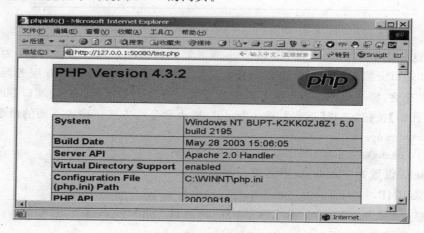

图 A-73　php.ini 配置文件

注意，这里需要将文件 C:\php\extensions\php_gd2.dll 拷贝到目录 C:\php\下。
添加 Apache 对 PHP 的支持。在 C:\apache\apache2\conf\httpd.conf 中添加：

```
LoadModule php4_module "c:/php/sapi/php4apache2.dll"
AddType application/x- httpd- php  .php
```

单击【开始】按钮，选择【运行】，在弹出的窗口中输入"cmd"，进入命令行方式，输入命令
"net start apache2"，在 Windows 中启动 Apache Web 服务，如图 A-74 所示。

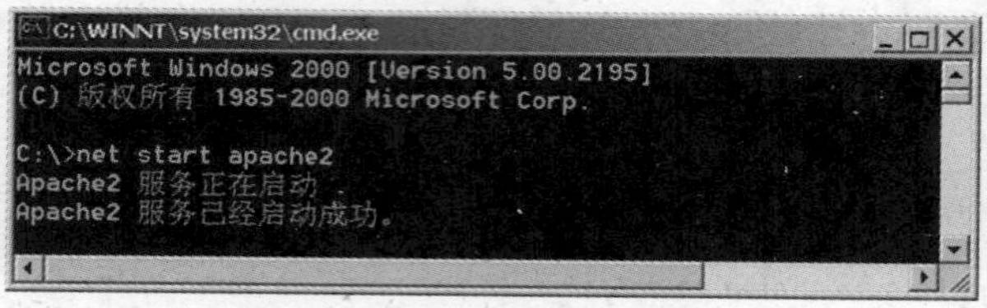

图 A-74　启动 Apache Web 服务

在 C:\apache\apache2\htdocs 目录下新建 test.php 测试文件，test.php 文件内容为
〈? phpinfo();?〉，使用 http://127.0.0.1:50080/test.php 测试 PHP 是否成功安装，如果
成功安装，则在浏览器中出现图 A-75 的网页。

图 A-75　PHP 测试网页

3）安装 snort

安装 snort-2_0_0.exe，snort 的默认安装路径在 C:\snort。

4）安装配置 mysql 数据库

安装 mysql 到默认文件夹 C:\mysql，并在命令行方式下进入 C:\mysql\bin，输入下面的命令：

```
C:\mysql\bin\mysqld  - nt  - install
```

在命令行方式下输入"net start mysql"，启动 mysql 服务。

单击【开始】按钮，选择【运行】，输入"cmd"，在出现的命令行窗口中输入下面的命令，如图 A-76 所示。

```
C:\> cd mysql\bin
C:\mysql\bin> mysql - u root -p
```

图 A-76　登录 mysql 数据库

出现 Enter password 提示符后直接回车，这就以默认的没有密码的 root 用户登录 mysql 数据库，在 mysql 提示符后输入下面的命令，

```
mysql> create database snort;
```

（注意：在输入分号后 mysql 才会编译执行语句）

```
mysql> create database snort_archive;
```

（上面的 create 语句建立了 snort 运行必需的 snort 数据库和 snort_archive 数据库）

输入"quit"命令退出 mysql 后，在出现的提示符之后输入：

```
mysql - D snort - u root - p < C:\snort\contrib\create_mysql

C:\mysql\bin> mysql - D snort_archive - u root - p <  C:\snort\contrib\create
_mysql
```

（上面两条语句表示以 root 用户身份，使用 C:\snort\contrib 目录下的 create_mysql 脚本文件，在 snort 数据库和 snort_archive 数据库中建立了 snort 运行必需的数据表）

注意，以此形式输入的命令后没有"；"，屏幕上会出现密码输入提示，由于这里使用的是没有密码的 root 用户，直接回车即可。

再次以 root 用户登录 mysql 数据库，在提示符后输入下面的语句：

```
mysql> grant usage on *.*  to "acid"@ "localhost" identified by "acidtest";

mysql> grant usage on *.* to "snort"@ "localhost" identified by "snorttest";
```

上面两条语句表示在本地数据库中建立了 acid（密码为 acidtest）和 snort（密码为 snorttest）两个用户，以备后面使用。

在 mysql 提示符后面输入下面的语句：

```
mysql> grant select, insert, update, delete, create, alter on snort .*  to "acid" @
"localhost";
mysql> grant select, insert on snort .*  to "snort" @ "localhost";
mysql> grant select, insert, update, delete, create, alter on snort_archive .*  to
"acid" @ "localhost";
```

（这是为新建用户在 snort 和 snort_archive 数据库中分配的权限）

5）安装 adodb

将 adodb360. zip 解压缩至 C:\php\adodb 目录下，即完成了 adodb 的安装。

6）安装配置数据控制台 acid

解压缩 acid-0. 9. 6b23. tar. gz 至 C:\apache\apache2\htdocs\acid 目录下，修改 C:\a-pache\apache2\htdocs\acid 下的 acid_conf. php 文件：

```
$ DBlib_path =  "C:\php\adodb";
$ DBtype =  "mysql";
$ alert_dbname  = "snort";
$ alert_host   = "localhost";
$ alert_port   = "3306";
$ alert_user   = "acid";
$ alert_password = "acidtest";
/* Archive DB connection parameters * /
$ archive_dbname  = "snort_archive";
$ archive_host   = "localhost";
$ archive_port   = "3306";
$ archive_user   = "acid";
$ archive_password = "acidtest";
$ ChartLib_path =  "C:\php\jpgraph\src";
```

注意，修改时要将文件中原来的对应内容注释掉，或者直接覆盖。

查看 http://127. 0. 0. 1:50080/acid/acid_db_setup. php 网页，如图 A-77 所示。

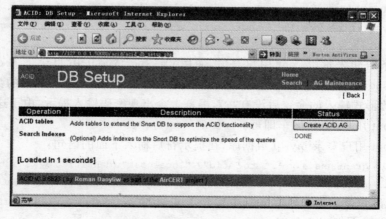

图 A-77 acid 控制台 1

点击 create ACID AG 建立数据库,如图 A-78 所示。

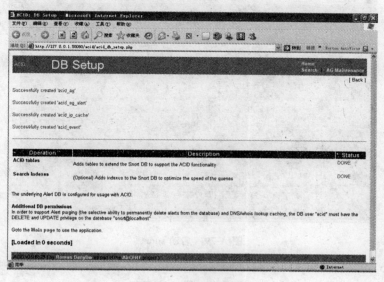

图 A-78　建立数据库

7）安装 jpgrapg 库

解压缩 jpgraph-1. 12. 2. tar. gz 至 C:\php\jpgraph,修改 C:\php\jpgragh\src 下jpgragh. php 文件,去掉下面语句的注释:

```
DEFINE("CACHE_DIR","/tmp/jpgraph_cache/");
```

8）安装 winpcap

安装默认选项和默认路径安装 winpcap。

9）配置并启动 snort

打开 C:\snort\etc\snort. conf 文件,将文件中的下列语句:

```
include classification.config
include reference.config
```

修改为绝对路径:

```
include C:\snort\etc\classification.config
include C:\snort\etc\reference.config
```

在该文件的最后加入下面语句:

```
output database:alert,mysql,host= localhost user= snort password= snorttest db-
name= snort encoding= hex detail= full
```

单击【开始】按钮,选择【运行】,输入"cmd",在命令行方式下输入下面的命令:

```
C:\> cd snort\bin;
C:\snort\bin> snort -c "C:\snort\etc\snort.conf" -l "C:\snort\log" -d -e -X
```

上面的命令将启动 snort,如果 snort 正常运行,系统最后将显示出如图 A-79 所示的信息。

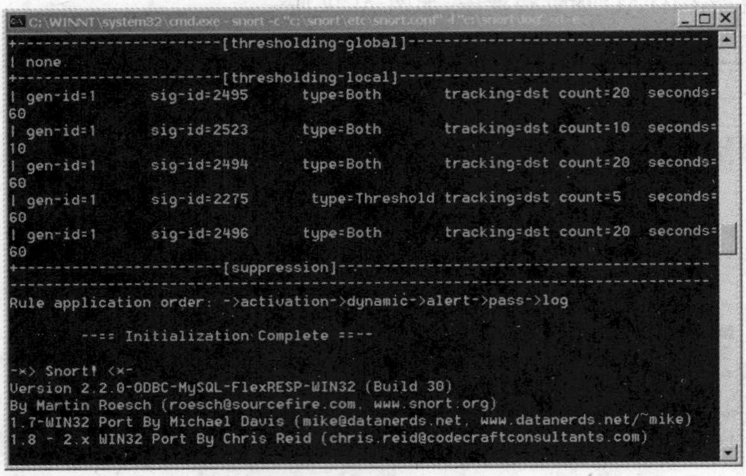

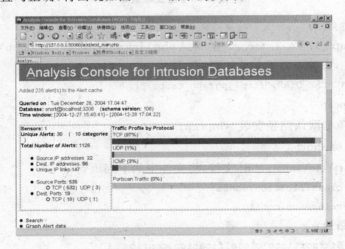

图 A-79　启动 snort

打开 http://127.0.0.1:50080/acid/acid_main.php 网页,进入 acid 分析控制台主界面。如果上述配置均正确,将出现如图 A-80 所示的页面。

图 A-80　acid 控制台 2

4. 安装配置 snort

安装 snort 时注意关闭防火墙。

1)完善配置文件

打开 C:/snort/etc/snort.conf 文件,查看现有配置。

设置 snort 的内、外网检测范围。将 snort.conf 文件中 var HOME_NET any 语句中的 any 改为自己所在的子网地址,即将 snort 监测的内网设置为本机所在的局域网。如本地 IP 为 192.168.1.10,则将 any 改为 192.168.1.0/24,并将 var EXTERNAL_NET any 语句中的 any 改为 192.168.1.0/24,即将 snort 监测的外网改为本机所在局域网以外的网络。

设置监测包含的规则。找到 snort.conf 文件中描述规则的部分,如图 A-81 所示。

snort.conf 文件中包含的检测规则文件,前面加♯表示该规则没有启用,将 local.rules 之前的♯去掉,其余规则保持不变。

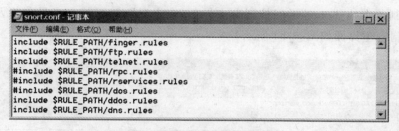

图 A-81 snort.conf 配置文件

使用控制台查看检测结果。打开 http://127.0.0.1:50080/acid/acid_main.php 网页,启动 snort 并打开 acid 检测控制台主界面,如图 A-82 所示。

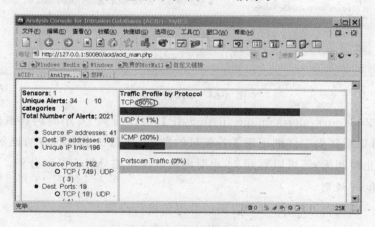

图 A-82 acid 控制台 3

点击图 A-82 中 TCP 后的数字"80%",将显示所有检测到的 TCP 协议日志详细情况,如图 A-83 所示。TCP 协议日志网页中的选项依次为流量类型、时间戳、源地址、目标地址

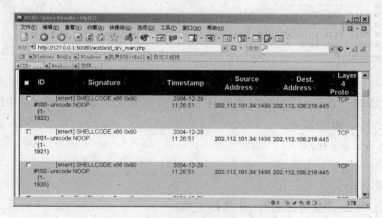

图 A-83 TCP 协议日志详情

以及协议。由于 snort 主机所在的内网为 202.112.108.0,可以看出,日志中只记录了外网 IP 对内网的连接(即目标地址均为内网)。

选择控制条中的"home"返回控制台主界面,在主界面的下部有流量分析及归类选项。 acid 检测控制台主界面如图 A-84 所示。

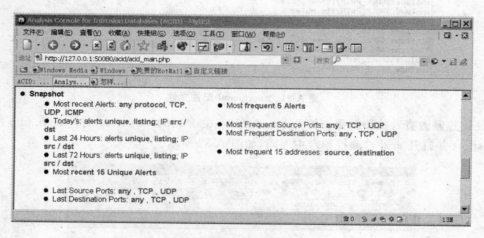

图 A-84 acid 控制台 4

选择【last 24 Hours:alerts unique,listing:IP】,可以看到 24 小时内特殊流量的分类记录和分析,也可以看到表中详细记录了各流量的种类、在总日志中所占的比例、出现该类流量的起始和终止时间等,还可以看到 24 小时内特殊流量的分类记录和分析。

2)配置 snort 规则

练习添加一条规则,以对符合此规则的数据包进行检测。

打开 C:\snort\rules\local.rules 文件,如图 A-85 所示。

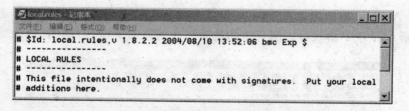

图 A-85 local.rules 配置文件

在规则中添加一条语句,实现对内网的 UDP 协议相关流量进行检测,并报警:udp ids/ dns-version-query。语句如下:

alert udp any any < > $ HOME_NET any(msg:"udpids/dns- version- query";content: "version";)

保存文件后,退出。

重启 snort 和 acid 检测控制台,使规则生效。

实验七 基于 IIS 的 Web 服务器的安全配置实验

一、实验目的

（1）了解 IIS 服务器的安全漏洞以及安全配置；

（2）了解 SSL 协议的工作原理；

（3）熟悉基于 IIS 服务器的 SSL 配置。

二、实验环境

通过局域网互联的若干台 PC 机。其中，一台安装 Windows 2003 Server，安装并配置证书服务，作为 CA 服务器；一台安装 Windows XP 和 IIS 服务，作为 Web 服务器；其余安装 Windows XP，作为客户端实验机。

三、实验内容

（1）Windows 环境下 CA 服务器、IIS 和 SSL 的配置，了解安全 Web 服务器的配置过程。

（2）熟悉数字证书的生成、申请、使用的全过程。

四、实验步骤

1．IIS 服务器的安全配置

1）确定 IIS 与系统安装在不同的分区

2）删除不必要的虚拟目录

打开 *\wwwroot（*代表 IIS 安装的路径）文件夹，删除在 IIS 安装完成后默认生成的目录，包括 IISHelp、IISAdmin、IISSamples 等。

3）停止默认网站或修改主目录

在【Internet 服务管理器】中右击【默认 Web 网站】，单击【停止】命令，根据需要使用自己创建的站点；或者在【Internet 服务管理器】中右击所选网站，选择其属性，在主目录页面中修改本地路径。

4）对 IIS 的文件和目录进行分类，分别设置权限

右击 Web 主目录中的文件和目录，在【属性】中按需要给它们分配适当的权限（静态文件允许读，拒绝写；ASP 和 exe 允许执行，拒绝读/写；所有的文件和目录将 Everyone 用户组的权限设置为"只读"）。

5）删除不必要的应用程序映射

在【Internet 服务管理器】右击所选网站，在属性对话框的【主目录】页面中（见图 A-86）；单击【配置】，在弹出的对话框的【应用程序映射】页面，删除无用的程序映射（只需要留下 .asp、.aspx），如图 A-87 所示。

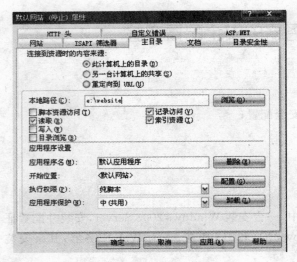

图 A-86　主目录属性

图 A-87　删除无用的程序映射

6）维护日志安全

在【Internet 服务管理器】中右击所选网站，选择其属性，在属性对话框的【网站】页面中，选中【启用日志记录】的【属性】按钮，如图 A-88 所示；在【常规属性】页面中，单击【浏览】或直接在输入框中输入修改后的日志存放路径即可，如图 A-89 所示。

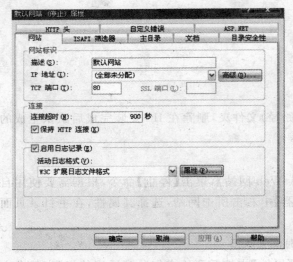

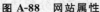

图 A-88　网站属性

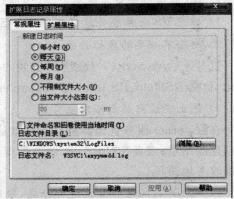

图 A-89　常规属性

7）修改端口值

在前一步操作的【网站】页面中，Web 服务器默认的 TCP 端口值为 80，如果将该端口改用其他值，可以增强安全性，但会给用户访问带来不便，系统管理员可以根据需要决定是否修改。

2. 用户机的 SSL 配置

1）生成服务器证书请求文件

在【Internet 服务管理器】中打开【默认网站（停止）属性】对话框，切换到【目录安全性】选项卡，如图 A-90 所示。单击【安全通信】中的【服务器证书】，出现【IIS 证书向导】对话框，如图 A-91 所示。

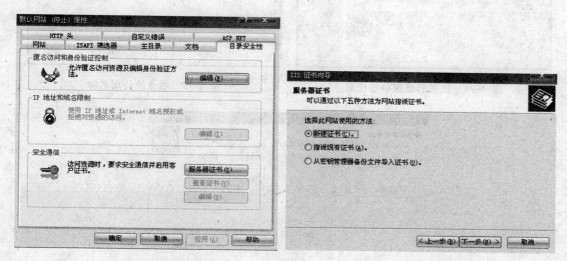

图 A-90 【目录安全性】选项卡　　　　　　　图 A-91 【IIS 证书向导】对话框

在图 A-91 中选择【新建证书】，单击【下一步】按钮，在弹出的对话框中选择【现在准备证书请求，但稍后发送】；单击【下一步】按钮，设置证书名称和安全选项，如图 A-93 所示。

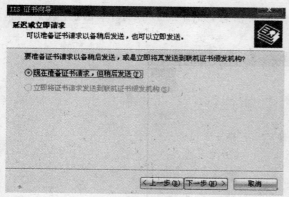

图 A-92 新建证书　　　　　　　　　　　　　图 A-93 输入新证书名称

单击【下一步】按钮，设置证书的组织单位信息，如图 A-94 所示；单击【下一步】按钮，设置站点的公用名称，如图 A-95 所示；单击【下一步】按钮，设置要产生的证书请求文件名以及路径，如图 A-96 所示。

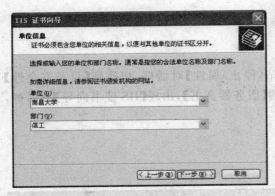

图 A-94 证书的组织单位信息

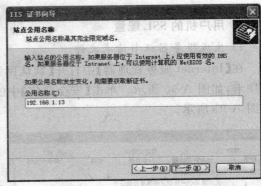

图 A-95 站点的公用名称

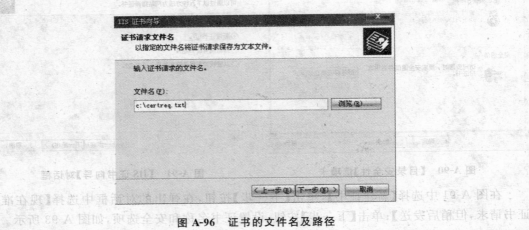

图 A-96 证书的文件名及路径

单击【下一步】按钮,显示证书请求文件的摘要信息,如图 A-97 所示,单击【完成】按钮,结束证书文件的生成。

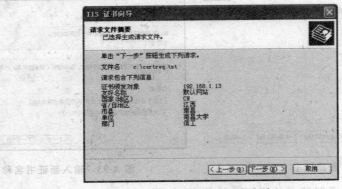

图 A-97 完成证书申请

2) 提交服务器证书申请

打开 IE 浏览器,输入证书颁发结构的 URL 地址,选择 Request Certificate(申请证书),如图 A-98 所示。

单击"Advanced Certificate Request"（高级证书请求），如图 A-99 所示；选择第二种方式，即使用 base-64 编码的 CMC 或 PKCS♯10 文件提交证书，如图 A-100 所示。

填写申请表单，将前面保存的证书请求文件的全部内容复制到 Saved Request（保存的申请）表单中，单击【Submit】（提交）按钮，如图 A-101 所示。此时，证书挂起，需要等待服务器端的证书管理员审查并颁发已经提交的申请。

图 A-98 证书颁发结构的 URL 地址

图 A-99 申请一个证书

图 A-100 提交证书

图 A-101 完成证书提交

3）获取服务器证书

在得到服务器证书颁发通知后，即可下载证书，如图 A-102 所示。同时，要在颁发机构下载证书链，点击【安装此 CA 证书链】，使浏览器端将 CA 证书添加为其根证书，以保证自建的 CA 能够得到用户端的信任，使证书有效，如图 A-103 所示。

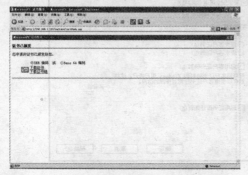

图 A-102 下载证书

图 A-103 添加 CA 证书为根证书

4）安装服务器证书

在【Internet 服务管理器】中打开所选网站属性，切换到【目录安全性】，在【安全通信】区域选择服务器证书，选择【处理挂起的请求并安装证书】，如图 A-104 所示。

单击【下一步】按钮，输入路径，如图 A-105 所示；单击【下一步】按钮，显示所安装的证书信息，如图 A-106 所示；再单击【完成】按钮，完成服务器证书的安装，如图 A-107 所示。

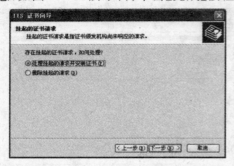

图 A-104　处理挂起的请求并安装证书

图 A-105　输入路径

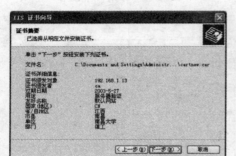

图 A-106　显示安装证书信息

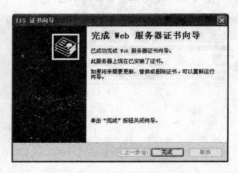

图 A-107　完成证书安装

安装完成后，可以在【目录安全性】中查看证书，证书为有效，如图 A-108 所示。此外，还需要进一步设置 Web 站点的 SSL 选项，单击【编辑】，打开【安全通信】，选择【要求安全通道（SSL）】，将强制浏览器与 Web 站点建立 SSL 加密通道，如图 A-109 所示。

图 A-108　证书信息

图 A-109　申请安全通道

实验八　Internet Explorer 安全配置实验

一、实验目的

通过对 IE8 浏览器的设置，掌握 IE 浏览器的安全配置过程。

二、实验环境

Windows XP 或 Windows 7；IE8 浏览器。

三、实验内容

（1）对浏览器设置受信任的站点和受限制的站点。

（2）设置浏览器的隐私安全。

四、实验步骤

（1）打开 IE 浏览器，点击工具菜单中的【Internet 选项】，打开【Internet 选项】对话框，如图 A-110 所示。

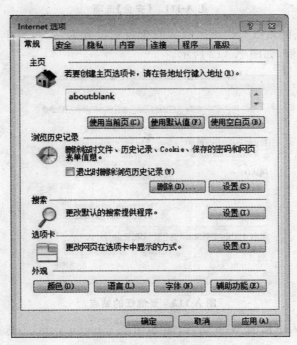

图 A-110　Internet 选项

（2）单击【安全】选项，如图 A-111 所示。

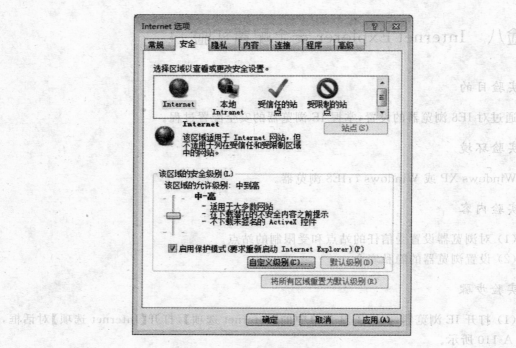

图 A-111 【安全】选项

（3）单击"受信任的站点"，把该区域的安全级别设置为"低"，再单击【站点】按钮，打开【受信任的站点】对话框，如图 A-112 所示。

图 A-112 受信任的站点

（4）在该区域输入可信的 Web 站点，如 http://*.baidu.com，不选中"对该区域中的所有站点要求服务器验证（https:）"选项。设置好之后单击【关闭】按钮。

（5）点击【自定义级别（C）…】按钮，设置 ActiveX 控件、脚本与下载为【禁用】或【启用】，将重置自定义设置为"低"，如图 A-113 所示，设置完成后单击【确认】按钮。

图 A-113　自定义级别

（6）单击【受限制的站点】，再单击【站点】按钮，打开【受限制的站点】对话框，把要限制的 web 站点输入该区域，如 www.163.com。设置好之后单击【关闭】按钮，如图 A-114 所示。

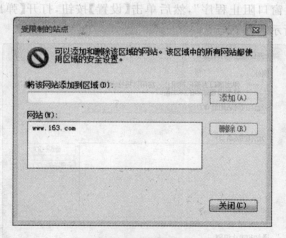

图 A-114　受限制的站点

（7）单击【确定】按钮关闭【Internet 选项】对话框。

（8）重启 IE 浏览器，在地址栏输入 www.163.com，将不能完全加载网易主页。

（9）选择【Internet 选项】对话框的【隐私】选项卡，可以通过滑杆来设置 Cookie 的隐私设置，从高到低划分为【阻止所有 Cookie】、【高】、【中上】、【中】、【低】、【接受所有 Cookie】6 个级别（默认级别为"中"），如图 A-115 所示。

图 A-115　【隐私】选项

（10）当浏览一些网页的时候，往往会出现一些弹窗，它们会占用网络带宽，减慢浏览速度。在【隐私】选项卡中可以设置弹出窗口阻止程序，设置允许访问的站点以及弹窗的阻止级别。选中"启用弹出窗口阻止程序"，然后单击【设置】按钮，打开【弹出窗口阻止程序设置】对话框，如图 A-116 所示。

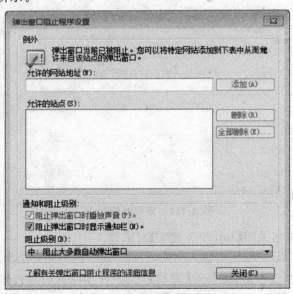

图 A-116　弹出窗口阻止程序

设置好之后单击【关闭】按钮，实验结束。

实验九　数据备份与数据恢复

一、实验目的

熟悉利用备份工具和还原工具进行数据备份以及恢复。

二、实验环境

（1）硬件环境：Desktop PC 或 notebook PC、以太网络连接。
（2）软件环境：Windows PC 两台（虚拟机，充当 LAB 1 和 LAB 2），IP 地址必须设置为静态地址，可自定义，需要确保在一个网段。

三、实验内容

当系统硬件或存储媒体发生故障时，"备份"程序有助于防止数据意外丢失，利用"备份"程序可以创建硬盘中数据的副本，然后将数据存储到其他存储设备。备份存储介质可以是硬盘、单独的存储设备等。如果硬盘上的原始数据被意外删除或覆盖，或因为硬盘故障不能访问该数据，那么利用还原工具可以很方便地从存档副本中还原该数据。

四、实验步骤

1. 实验拓扑

实验拓扑结构如图 A-117 所示。

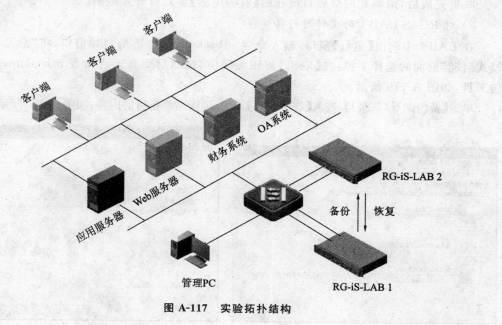

图 A-117　实验拓扑结构

2. 实验流程

实验流程如图 A-118 所示。

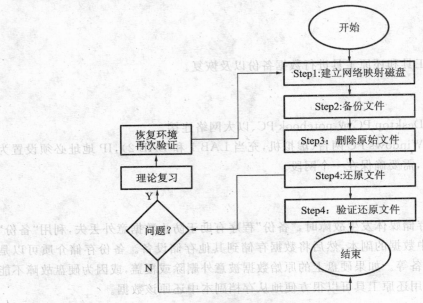

图 A-118　实验流程图

1）建立网络映射磁盘

在 LAB 2 中配置共享文件夹,并将此共享文件夹映射为 LAB 1 的网络磁盘。

映射完成后,请将此网络磁盘所在的【我的电脑】窗口打开并截图。

2）对 RG-iS-LAB 1 的文件进行备份

在 LAB 1 中调出【运行】窗口,输入命令 ntbackup,弹出备份向导窗口,将"总是以向导模式启动"前面的选择去掉,按【取消】按钮关闭窗口,然后重新运行命令 ntbackup,启动备份工具,如图 A-119 所示。

单击【备份向导(高级)】,进入【备份向导】界面,选择需要备份的内容,如图 A-120 所示。

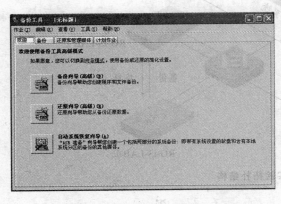

图 A-119　调用备份工具

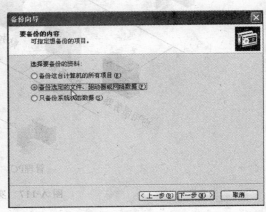

图 A-120　要备份的内容

在本实验中,我们进行选定文件的备份。选择"备份选定的文件、驱动器或网络数据"后,单击【下一步】按钮,弹出要备份项目选择窗口,选择需要备份的文件路径(例如"F:\存储实验")后点击【下一步】按钮,指定备份的文件名以及备份文件的存放路径。

存放位置通常选择网络上的异地存储空间,在本实验中,选择 LAB 1 上的网络映射磁盘,此磁盘的物理位置在 LAB 2 上。文件名通常包含备份日期,以便于数据恢复时了解备份文件的备份时间。完成后单击【下一步】按钮,弹出完成备份向导的界面,如图 A-121 所示。

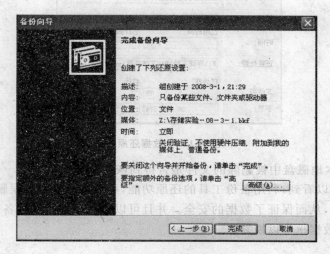

图 A-121 完成备份向导

点击【完成】按钮,开始进行数据备份,将随后出现的备份进度窗口截图保存。

3)数据还原

删除 LAB 1 本地磁盘 F 上的文件夹"存储实验",在备份工具界面选择【还原向导】,在弹出的还原项目窗口中选择需要还原的文件,如图 A-122 所示。

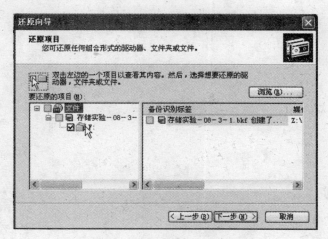

图 A-122 选择需要还原的文件

单击【下一步】按钮，开始进行数据还原，如图 A-123 所示。

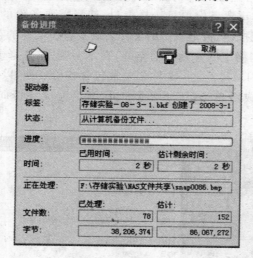

图 A-123　数据还原

查看 LAB 1 本地磁盘中被删除的文件是否得到恢复。

从实验结果可以看到，利用备份工具的还原功能，可以将磁盘中被误删除或因设备故障而损坏的文件还原，从而保证了数据的安全。并且可以进行数据的远程备份，可以保证当硬盘或系统损坏时，数据也可以恢复。

参 考 文 献

[1] 刘永华. 网络信息安全技术[M]. 北京:中国铁道出版社,2011.

[2] 徐国爱. 网络安全[M]. 北京:北京邮电大学出版社,2004.

[3] 陈建伟. 计算机网络与信息安全[M]. 北京:中国林业出版社,2006.

[4] 阎慧,王伟,宁宇鹏. 防火墙原理与技术[M]. 北京:机械工业出版社,2004.

[5] 刘远生. 计算机网络安全[M]. 北京:清华大学出版社,2006.

[6] Christof Paar,Jan Pelzl. Understanding Cryptography:A Textbook for Students and Practitioners[M]. Berlin:Springer,2009.

[7] 印润远. 信息安全导论[M]. 北京:中国铁道出版社,2011.

[8] William Stallings. Cryptography and Network Security Principles and Practice, Fifth Edition[M]. New York:Pearson Education,2010.

[9] 易观智库. 中国网上零售市场企业年度盘点专题研究报告 2015[EB/OL]. http://www. analysys. cn/report/detail/8734. html,2015.

[10] 中国站长站. 网络攻击与防护[EB/OL]. http://chinaz. com/zt/websafe/,2009.

[11] 360doc. 常用网络攻击原理与防范[EB/OL]. http://www. 360doc. com/content/12/0517/10/1429472_211608775. shtml,2012.

[12] 吴晓波. VPN 技术详解[EB/OL]. http://www. yesky. com/20001215/145349. shtml,2000.

[13] 易观智库. 中国移动支付安全研究报告 2014[EB/OL]. http://www. enfodesk. com/SMinisite/newinfo/reportdetail-id-417556. html,2014.

[14] 崔北亮. CCNA 学习与实验指南[M]. 北京:电子工业出版社,2012.

[15] 崔北亮,陈家迁. 非常网管:网络管理从入门到精通[M]. 2 版. 北京:人民邮电出版社,2010.

[16] 吴旭东. 云计算数据安全研究[C]. 北京:第 26 次全国计算机安全学术交流会论文集,2010.

[17] Yusuf Bhaiji. Network Security Technologies and Solutions[M]. Indianapolis: Cisco Press,2009.

[18] Behrouz A. Forouzan. Cryptography and Network Security[M]. America: McGraw-Hill Higher Education,2009.

[19] Chris Hurley,Jan Kanclirz Jr. ,Brian Baker,et al. How to Cheat at Securing a Wireless Network[M]. America:Syngress,2009.

[20] Allan Liska. The Practice of Network Security:Deployment Strategies for Production Environments[M]. Upper Saddle River:Prentice Hall PTR,2004.

[21] Rebecca Gurley Bace. Intrusion Detection[M]. Florida:Macmillan Technical

Publishing,2002.

[22] William Stallings. Network Security Essentials Applications and Standards,Fifth Edition[M]. Upper Saddle River:Prentice Hall,2014.

[23] 王宁. 带您认识大数据[EB/OL]. 金黔在线-贵州日报 http://gzrb. gog. com. cn/system/ 2014/02/26/013227291. shtml,2014.

[24] Scobinz. Hadoop 词条[EB/OL]. http://baike. baidu. com/view/908354. htm,2014.

[25] Dong. Hadoop 安全机制介绍[EB/OL]. http://dongxicheng. org/mapreduce/hadoop-security/,2012.

[26] 刘军. Hadoop 大数据处理[M]. 北京:人民邮电出版社,2013.

[27] 程晨. 计算机软件的知识产权保护研究综述[D]. 武汉:华中科技大学,2010: 1-12.

[28] 应明. 计算机软件的知识产权保护[M]. 北京:知识产权出版社,2009.

[29] 佚名. 计算机软件的知识产权保护[EB/OL]. http://www. chinalawedu. com,2006.

[30] 佚名. 无线网络安全及其威胁和防护[EB/OL]. http://wenku. baidu. com/view/ 6af9afe74afe04a1b071dec4? fr=prin,2013.

[31] TAT. 无线网络攻击安全介绍[EB/OL]. http://www. anywlan. com/.